HEJIN GUTAI XIANGBIAN

合金固态相变

白 静　郑润国　主 编

杨 静　叶 杰　副主编

化学工业出版社

·北京·

固态相变理论是金属材料工程技术的理论基础，也是材料科学的重要支柱之一。本书系统介绍了金属固态相变的经典理论，并补充了笔者在固态相变领域的一些新发现和新理论。

本书共分为7章，分别介绍固态相变概论，奥氏体的形成，珠光体转变，马氏体转变，贝氏体转变以及铝、镁、铜合金中的相和相变。

本书可作为材料相关领域技术人员的参考书，也可作为高等院校材料科学与工程相关专业的教学参考书。

图书在版编目（CIP）数据

合金固态相变/白静，郑润国主编. —北京：化学工业
出版社，2019.12
ISBN 978-7-122-35902-5

Ⅰ. ①合… Ⅱ. ①白…②郑… Ⅲ. ①合金-固态
相变 Ⅳ. ①TG13

中国版本图书馆 CIP 数据核字（2019）第 276865 号

责任编辑：邢　涛　　　　　　　　文字编辑：林　丹
责任校对：杜杏然　　　　　　　　装帧设计：韩　飞

出版发行：化学工业出版社（北京市东城区青年湖南街 13 号　邮政编码 100011）
印　　装：北京虎彩文化传播有限公司
710mm×1000mm　1/16　印张 14　字数 263 千字　2019 年 12 月北京第 1 版第 1 次印刷

购书咨询：010-64518888　　　　　　售后服务：010-64518899
网　　址：http://www.cip.com.cn
凡购买本书，如有缺损质量问题，本社销售中心负责调换。

定　　价：98.00 元　　　　　　　　　版权所有　违者必究

前　言

　　金属等固态材料在温度或压力等外界条件发生变化时，内部组织或结构会发生变化，即发生从一种相状态到另一种相状态的转变，这种转变称为固态相变。固态相变理论是金属材料工程技术的理论基础，也是材料科学的重要支柱之一。近年来，随着分析和表征手段的进步以及理论模型的引入，人们对材料成分、结构以及性能的认知更加全面和深入，固态相变理论也更加丰富，不仅研制出了大量新型金属结构材料，而且相变控制技术也有了极大的发展。本书在继承以往成熟理论的基础上，增加了近年来国内外固态相变领域的一些新发现和新理论，以期能对发掘传统材料的性能潜力、开发新型金属材料以及完善固态相变理论起到推动作用。

　　本书共分为 7 章，第 1 章为固态相变概论，主要从整体上介绍固态相变的基础知识，使读者初步了解固态相变理论；第 2～5 章分别介绍钢中奥氏体的形成、珠光体转变、马氏体转变及贝氏体转变；第 6 章介绍了脱溶沉淀理论以及铝合金、镁合金在固溶处理和时效处理中的沉淀过程；第 7 章主要介绍了铜合金中的相和相变。

　　本书第 1、4 章由白静编写，第 2、3、5 章由杨静编写，第 6 章由叶杰编写，第 7 章由郑润国编写，权力伟、顾江龙、王锦龙、石少锋、刘叠、陈明菊、付守军、李娜娜也参加了资料整理工作，白静负责全书的统稿。本书的出版得到了东北大学秦皇岛分校资源与材料学院的大力支持，在此深表感谢。

　　在编著本书的过程中，参考并引用了一些书刊、文献等资料的有关内容，谨此致谢。由于作者水平有限，书中难免存在不妥之处，敬请广大读者批评指正。

白静

2019 年 11 月

目 录

第3章　珠光体转变　　55

第4章　马氏体转变　　79

第5章　贝氏体转变　127

第1章

固态相变概论

相（phase）是物质体系中具有相同化学成分、相同凝聚状态并以界面（相界）彼此分开的物理化学性能均匀的部分。"均匀"是指成分、结构和性能相同。微观上，允许同一相内存在成分、结构和性能上的某种差异。但是，这种差异必须呈连续变化，不能有突变。

当外界条件变化时，体系中相的性质和数目可能发生变化，这种变化称为**相变**。相变是自然界中的普遍现象，从液相到固相的凝固、从液相到气相的蒸发都属于相变过程。当构成物质的原子或分子聚合状态在特定的外界约束条件（如压力、温度等）下达到平衡时，形成一种或几种均匀的且具有不同物理学特性的区域，代表着不同的聚集状态，具有不同的原子结构或成分，这些区域即为"相"。相变前后的凝聚状态不变且均为固态时，就是**固态相变**。相变前的相状态称为母相或旧相，相变后的相状态称为新相。相变发生后，新相和母相之间必然存在某些差异。根据相的概念，这种差异可以表现在以下 3 个方面：

① 晶体结构的变化；

② 化学成分的变化；

③ 有序程度的变化，包括原子排列和电子自旋的有序化等。

无论存在何种变化，最根本的变化是宏观性能。从广义上讲，当外界约束条件发生改变时，相状态发生的变化即为相变。相变指的是当外界约束（温度或压强）做连续变化时，在特定条件（温度或压强达到某定值）下，物相发生突变。这种突变可以体现为：

① 从一种结构变化为另一种结构，如同素异构转变；

② 化学成分的连续变化，如 Spinodal 调幅分解；

③ 某种物理性质的跃变，例如顺磁体—铁磁体转变，顺电体—铁电体转变，正常导体—超导体转变等，反映了某一"长程有序"的出现或消失；金属—非金属转变，液态—玻璃态转变等，则对应于构成物相的某一种粒子（如电

子或原子)在两种明显不同的状态(如扩展态或局域态)之间的转变。

固态相变是材料科学中的一个重要课题。许多材料在不同外界条件下具有不同的结构,当外界条件变化时,这些材料便发生结构和性能的变化。在生产中对金属材料实施的热处理,主要就是利用材料能够发生固态相变的性质,通过加热、冷却的工艺措施来改变其组织结构,进而获得所需的性能。因此,了解和掌握固态材料相变的特点与规律,对于开发和研制新材料、充分发挥现有材料的潜力无疑都非常重要。

金属材料中的固态相变种类很多,许多材料在不同条件下会发生几种不同类型的相变。掌握金属材料的固态相变规律,就可以控制固态相变过程,获得预期的组织结构和性能,最大限度地发挥材料的潜力,并可以根据性能要求开发新型材料。

材料显微组织的基本构成体是相,在相的性质和数目不变的情况下,相的形状、大小和分布不同会引起组织形态的变化,宏观性能也会产生差异。因此,从广义上讲,组织形态的变化也是一种相变,例如再结晶。

所有的相变过程均要涉及三个方面的共性问题——方向、路径和结果:
① 相变能否进行及相变进行的方向,这是相变热力学要解决的问题;
② 相变的路径(途径及速度),这是相变动力学要解决的问题;
③ 金属固态相变的结果,即相变时结构转变的特征,这是相变晶体学要解决的问题。

三个共性问题的答案是显而易见的:①相变是朝着能量降低的方向进行;②相变是选择阻力最小、速度最快的途径进行;③相变可以有不同的终态,只有最适合结构环境的新相才能够保存下来。这就是相变的普遍规律。

新相的形成是内因和外因共同作用的结果,外因是指热力学条件,材料内部存在的"三大起伏"为相变的内因——能量起伏、结构起伏和成分起伏,也是相变的充分条件。在一定外界条件下,宏观上体系处于相对"稳定"的状态,但微观上,体系内部一直存在"三大起伏"的变化。当宏观上能检测出相应的变化时,就发生了质变或相变,从满足热力学条件到宏观上确定相变开始,这段时间称为孕育期。相变需要孕育期是相变的第二个普遍规律,存在孕育期是绝对的,孕育期的长短是相对的。即使是无核相变的调幅分解,其初期也有形成高浓度和低浓度成分起伏区的过程。

相变是驱动力与阻力竞争的结果,而驱动力和阻力是对立的统一体。体系中已存在的一切高能量状态都是"不稳定"因素,是诱发相变的内因;一切因新相形成而引起的体系能量的增加,都是新相形成的阻力。例如,金属凝固时,新相依附已有的相界面形核,形核功小,而晶核形成产生的新相界面却是相变的阻力;体系中已存在的晶体缺陷(点、线、面缺陷)都有利于降低新相的形核功,但新相形成产生的晶体缺陷却制约新相继续形核长大,这就是晶体缺陷的两面性。

相变的最终状态既可以是稳定态，也可以是亚稳定态甚至不稳定态。事实上，被强韧化的金属材料都在亚稳定态下使用。因此，"稳定"和"不稳定"是相对的，相变速度才是衡量稳定程度的一把标尺。

1.1 固态相变的分类与特征

1.1.1 固态相变的分类

固态相变种类繁多，特征各异，因此只能从不同角度对其进行归类，这里仅介绍几种常见的分类。

（1）按热力学分类

从热力学角度对固态相变进行分类的依据是相变前后化学势的变化。相变过程中新、旧两相的化学势相等，但化学势的一次偏微商不等，这种相变称为一级相变，其数学表达式为：

$$\mu^{\alpha}=\mu^{\beta};\ \left(\frac{\partial \mu^{\alpha}}{\partial T}\right)_P\neq\left(\frac{\partial \mu^{\beta}}{\partial T}\right)_P;\ \left(\frac{\partial \mu^{\alpha}}{\partial P}\right)_T\neq\left(\frac{\partial \mu^{\beta}}{\partial P}\right)_T \tag{1.1}$$

由于$\left(\frac{\partial \mu}{\partial T}\right)_P=V$、$\left(\frac{\partial \mu}{\partial P}\right)_T=-S$因此有：

$$S^{\alpha}\neq S^{\beta};V^{\alpha}\neq V^{\beta} \tag{1.2}$$

这表明一级相变时发生体积和熵的突变，其熵的突变又意味着相变时有潜热发生。

若相变时两相的化学势相等，一次偏微商也相等，但二次偏微商不等，这样的相变称为二级相变，数学表达式为：

$$\mu^{\alpha}=\mu^{\beta};\left(\frac{\partial \mu^{\alpha}}{\partial T}\right)_P=\left(\frac{\partial \mu^{\beta}}{\partial T}\right)_P;\left(\frac{\partial \mu^{\alpha}}{\partial P}\right)_T=\left(\frac{\partial \mu^{\beta}}{\partial P}\right)_T$$

$$\left(\frac{\partial^2 \mu^{\alpha}}{\partial P^2}\right)_T\neq\left(\frac{\partial^2 \mu^{\beta}}{\partial P^2}\right)_T;\left(\frac{\partial^2 \mu^{\alpha}}{\partial T^2}\right)_P\neq\left(\frac{\partial^2 \mu^{\beta}}{\partial T^2}\right)_P;\frac{\partial^2 \mu^{\alpha}}{\partial P\partial T}\neq\frac{\partial^2 \mu^{\beta}}{\partial P\partial T} \tag{1.3}$$

由热力学知：

$$\left(\frac{\partial^2 \mu}{\partial T^2}\right)_P=-\left(\frac{\partial S}{\partial T}\right)_P=-\frac{C_P}{T};\left(\frac{\partial^2 \mu}{\partial P^2}\right)_T=\left(\frac{\partial V}{\partial P}\right)_T=VK;\left(\frac{\partial^2 \mu}{\partial P\partial T}\right)=\left(\frac{\partial V}{\partial T}\right)_P=V\alpha$$

故对于二级相变有：

$$S^{\alpha}=S^{\beta};\ V^{\alpha}=V^{\beta};\ C^{\alpha}\neq C^{\beta};\ K^{\alpha}\neq K^{\beta};\ \alpha^{\alpha}\neq \alpha^{\beta}$$

式中，$C_p = T\left(\dfrac{\partial S}{\partial T}\right)_P$ 为热容；$K = \dfrac{1}{V}\left(\dfrac{\partial V}{\partial P}\right)_T$ 为压缩系数；$\alpha = \dfrac{1}{V}$ $\left(\dfrac{\partial V}{\partial T}\right)_P$ 为膨胀系数。这表明二级相变时熵和体积不发生改变，相变过程中不伴有潜热发生，但热容、压缩系数及膨胀系数均发生不连续变化。一级相变和二级相变时两相自由能 G、熵 S 及体积 V 的变化如图 1.1 所示。

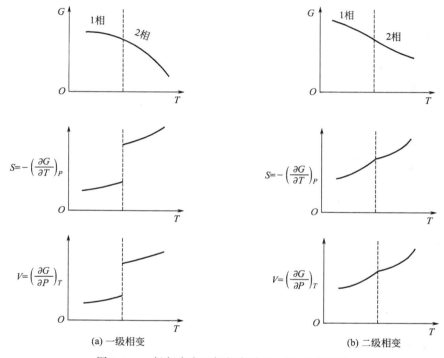

图 1.1　一级相变和二级相变时 G、S、V 的变化

二级相变与一级相变在相图上表现出不同的规律性。在二元相图中，一级相变时通常两个单相区之间被含有这两个相的两相区分开，只有存在极大点或极小点时，两个平衡相才有相同的成分，如图 1.2(a)所示。对于二级相变，两个单相区之间仅以一条单线所分隔。即在任一平衡温度下，处于平衡的两个相成分相同，如图 1.2(b)所示。

根据一级相变与二级相变的定义可以类推出三级或更高级相变，即当化学势的 $n-1$ 阶偏微商相等，而 n 阶偏微商不等时的相变称为 n 级相变。

大多数的固态相变是一级相变，磁性转变、超导态转变及一部分有序—无序转变为二级相变，三级以上相变则很少见到。

（2）按结构变化分类

根据相变过程中的结构变化，可将固态相变分为两种：一种为重构型相

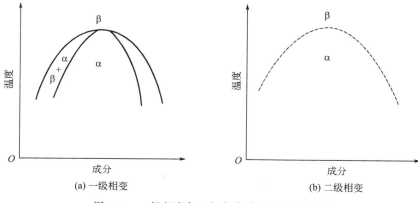

图 1.2　一级相变与二级相变在相图上的特征

变；另一种为位移型相变。所谓重构型相变，可以想象为将相变前的原有结构拆散为许许多多小单元，然后再将这些小单元重新组合起来，形成相变后的新相结构。在这种相变过程中涉及大量化学键的破坏，原子间近邻关系也产生明显变化，新相和母相之间也没有明确的晶体学位向关系。此外，这类相变要克服较高的势垒，相变潜热很大，因而相变进行缓慢。例如，方石英—鳞石英、鳞石英—石英之间的相变，以及合金中的脱溶分解、共析转变等均为这种相变。

位移型相变的主要特征为相变前后原子近邻关系保持不变，相变过程中不涉及化学键的破坏，相变时所发生的原子位移很小，且新相与母相之间存在着明确的晶体学位向关系。此外，位移型相变要克服的势垒甚小，相变潜热也甚小或没有。

（3）按相变方式分类

相变过程一般要经历涨落，根据涨落发生范围及程度的不同，吉布斯（Gibbs）将其分为两类：一类是在很小范围内发生原子相当激烈的重排；另一类则是在很大范围内原子发生轻微的重排。以前一类涨落形成新相核心，而后向周围母相中长大的方式进行的相变称为形核—长大型相变。由于新相核心形成后与母相间产生了相界面，因而引入了不连续的区域。从这个意义上来说，这种相变是非均匀的、不连续的，因此有人将其称为非均匀或不连续相变。但由于非均匀和不连续两词通常还用于其他场合（如非均匀形核、不连续脱溶），因此这些名称一般不被采用，以免混淆。当相变的起始状态和最终状态之间存在一系列连续状态时，可以由上述的后一种涨落连续长大成新相，这种相变称为连续型相变。本章将要讨论的失稳分解就是这种相变的典型例子。

以上从不同角度对固态材料的相变进行了分类。可以看到，一种相变在不同分类中都有其相应的位置。例如，金属与合金的凝固过程便是一级、结构重构、形核—长大型相变。

1.1.2 固态相变的一般特征

固态相变时，有些规律是与液态结晶相同的。例如，许多固态相变都包含新相的形核与长大过程，相变的驱动力均为新、旧两相的自由能差。然而，固态相变毕竟是一种由固相到固相的转变，因而存在着与液态结晶明显不同之处。

（1）相界面

固态相变中，新旧两相之间总是要形成界面的。按界面原子的排列特点可分为以下几种界面，即共格界面（coherent interface）、半共格界面（部分共格界面）和非共格界面，如图 1.3 所示。界面结构对相变时的成核、长大过程以及相变后的组织形态都有很大影响。

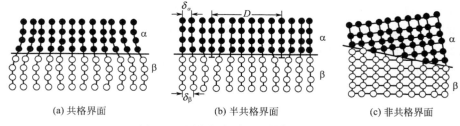

(a) 共格界面　　　　(b) 半共格界面　　　　(c) 非共格界面

图 1.3　固态相变时界面结构示意图

① 共格界面　如果界面上的原子同时属于两相，即两相晶格在界面上彼此完全衔接，界面上的原子为两相共有，便可形成如图 1.3(a) 所示的共格界面。由于两相晶体结构（至少在点阵常数上）总会有所差异，因此在共格界面两侧必然存在一定的弹性应力场，其大小取决于相邻两相界面原子间距的相对差值 $\delta=(\alpha_\beta-\alpha_\alpha)/\alpha_\alpha$。$\delta$ 越大，弹性应变能也越大。但是，共格界面的界面能很低。

② 半共格界面　当 δ 增大到一定程度时，相界面不可能继续维持完全共格。为了使界面上的原子大部分仍为两相共有，必须由一系列调配位错调节，形成如图 1.3(b) 所示的半共格（或部分共格）界面。半共格界面的界面能和弹性应变能介于共格界面和非共格界面之间。

③ 非共格界面　错配很大时，界面处两相原子根本无法匹配，只能形成如图 1.3(c) 所示的非共格界面。这种界面由不规则排列的原子构成，厚度约为3~4个原子层，其性质与大角度晶界相似，界面能较高而弹性应变能很小。

界面能按共格界面、半共格界面和非共格界面的顺序而递增。

（2）相变阻力大

固态相变时，通常新、旧两相的质量体积不同，新相形成时要受到母相的约束，使其不能自由胀缩而产生应变，结果导致应变能的额外增加。因此，固态相变时相变阻力除界面能一项外，又增加了一项弹性应变能，这是新相与母相建立界面时，由于相界面原子排列的差异引起的。这种弹性应变能以共格界面最大，半共格界面次之，非共格界面最小。更为重要的是，由于新相和母相比体积往往不同，新相形成时的体积变化会受到周围母相的约束，也会增加弹性应变能。应当指出的是，应变能的大小除与新、旧两相质量体积差有关外，还与新相的几何形状有关。图 1.4 表示出在非共格界面情况下，由新、旧两相比体积差引起的应变能（相对值）与新相粒子几何形状的关系。可见，盘状新相引起的比体积差应变能最小（$c/a \ll 1$），针状次之（$c/a \gg 1$），而球状最大（$c/a = 1$）。

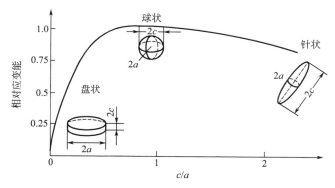

图 1.4　新相粒子的几何形状对应变能（相对值）的影响
a—椭圆形球体的赤道半径；$2c$—两级之间的距离

（3）惯析面和位向关系

固态相变时新相往往沿母相的一定晶面优先形成，该晶面被称为惯析面，在铁基合金和一些有色合金中都可看到沿惯析面析出的新相。例如在亚共析钢中，先共析铁素体往往优先在粗大的奥氏体的{111}晶面呈针片状析出，该晶面就是先共析铁素体的惯析面。

固态相变过程中，为了减少界面能，相邻接的新、旧两晶体之间的晶面和相对晶向往往形成一定的晶体学关系。例如，面心立方奥氏体向体心立方铁素体转变时，两者之间便存在着{111}$_\gamma$∥{110}和<$\bar{1}$01>$_\gamma$∥<11$\bar{1}$>的晶体学关系。新、旧两相的界面结构与其晶体学关系相关联。当界面为共格或半共格时，新、旧两相间必有一定的晶体学位向关系。如果两相之间没有确定的晶体学位向关系，则其界面一定是非共格界面。

（4）母相中晶体缺陷的作用

固态相变时母相中的晶体缺陷对相变起着促进作用。晶界、位错、层错、空位等缺陷往往是新相形核的有利位置。这是由于在缺陷处存在晶格畸变，自由能较高，因而晶核容易在这些地方形成。实验表明，母相的晶粒越细，晶内缺陷越多，相变速度越快。

（5）过渡相

过渡相是指成分或结构，或两者都处于新、旧相之间的一种亚稳相。固态相变的一个很重要的特点就是容易先析出亚稳相，然后再向平衡相过渡。但有些固态相变可能由于动力学条件的限制，始终都是亚稳相的形成过程，而不产生平衡相。

（6）相变时的热滞与压滞

一级相变需要一定的驱动力，因而相变时显示出一定的热滞。在两相自由能相等的 T_0 温度相变并不发生，加热时发生相变的温度要高于 T_0，而冷却时发生相变的温度要低于 T_0。例如，将再结晶后的多晶钴冷却至 390℃ 开始由 β 相转变为 α 相，而重新加热时需加热到 430℃ 才由 α 相逆转变为 β 相。在加热、冷却相变过程中形成热滞回线，如图 1.5 所示。

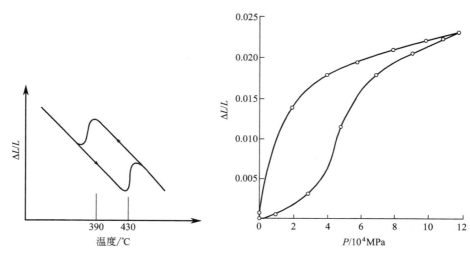

图 1.5　钴的加热和冷却相变的热滞回线　　图 1.6　Ag_2O 在 30℃ 时的压滞回线

与温度改变时出现热滞的情况类似，当压强改变发生可逆相变时会产生压滞。图 1.6 为 30℃ 条件下，Ag_2O 在增压和减压时产生的压滞回线。

综上所述，固态相变时的应变能和表面能均为相变的阻力。共格和半共格新相晶核形成时的相变阻力主要是应变能，而非共格新相晶核形成时的相变阻力主要是表面能。与液态物质结晶时的阻力相比，固态相变阻力较大，因此要在较大的过冷度下提供足够的相变驱动力才能使相变成核。

1.1.3　固态相变的基本结构特征

（1）重构型相变和位移型相变

根据晶体结构变化的相变可分成重构型相变和位移型相变两种基本类型。重构型相变表现为在相变过程中物相的结构单元间发生化学键的断裂和重组，形成一种崭新的结构，其形式与母相在晶体学上没有明确的位向关系。位移型相变则与此完全不同，在相变过程中不涉及母相晶体结构中化学键的断裂和重建，而只涉及原子或离子位置的微小位移，或其键角的微小转动。碳的石墨—金刚石转变是典型的重构型转变的例子。石墨和金刚石同是由碳元素所组成，石墨具有层状结构，其特点为层内每个碳原子与周围 3 个碳原子形成共价键，而层间则由脆弱的分子键相连。但在高温高压下石墨可转变成结构完全不同的金刚石，结构中每个碳原子均由共价键与其配位的 4 个碳原子相连，从而使金刚石具有完全不同于石墨的力学和电学性能。石英的众多变体间的转变既有重构型相变又有位移型相变，其中石英、鳞石英和方石英本身 α、β 或 γ 变体间的转变在结构上仅表现为 Si—O—Si 键角的微小变化。而位移型相变虽不及重构型相变那样广泛地存在，但由于它和一些重要物理性质的变化联系在一起，因而已成为现代物理学和材料科学有关分支的研究热点。

（2）马氏体转变

马氏体（Martensite）是钢在淬火时得到的一种高硬度产物的名称，马氏体转变是固态相变的基本形式之一。马氏体转变发生在很大的过冷情况下，转变速率极高，原子间的相邻关系保持不变，故称作切变型无扩散相变，即"协同型"转变。在过去几十年的研究中，人们发现在一些超导体、纯金属（Zr、Li、Co）、有色金属（如 Ni-Ti、Cu-Zn-Al、Cu-Al-Ni 等）、聚合物、陶瓷（ZrO_2）和生物材料中也有马氏体转变。现在把材料中具有这种特性的转变过程通称为马氏体转变。这种转变在热力学和动力学上都有其特点，但最重要的特征体现在结晶学上。

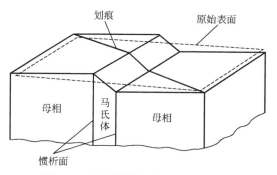

图 1.7　马氏体转变引起的表面浮凸

马氏体转变时，当一片马氏体与母相的自由表面交截时，表面会产生浮凸，如图 1.7 所示，这是马氏体转变的重要特征。若在任意截取的抛光表面上划一直线标记，这一直线在相变时的变形可能有 3 种情况，见图 1.8，图（a）

是经常能观察到的，而图(b)和图(c)未能观察到。由直线标记处的观察结果可知，在相界面处划痕改变方向，但仍然保持连续，而不发生弯曲。由此可以肯定，母相中任一直线在转变后仍为直线，平面仍保持为平面，这种性质反映了转变产生的形变是均匀的。产生一个具有不变平面的均匀形变的应变为不变平面应变，这种类型的应变中，任一点的位移与该点距离此不变平面(惯析面)的距离成正比，孪生变形的简单切变就是不变平面应变的简单例子。而马氏体转变涉及更为复杂的不变平面应变，见图1.9。它的位移与不变平面成一定角度，可把它分解成为一个简单切变叠加上一个垂直于不变平面的单向拉伸和压缩。

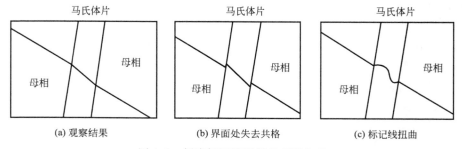

(a) 观察结果　　　　　(b) 界面处失去共格　　　　　(c) 标记线扭曲

图1.8　划痕标记处可能的变形方式

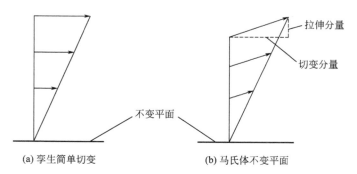

(a) 孪生简单切变　　　　　(b) 马氏体不变平面

图1.9　孪生简单切变与马氏体转变的不变平面应变

马氏体转变中马氏体与母相之间有一定的位向关系。例如，碳钢在奥氏体状态是面心立方结构，马氏体是体心四方结构，碳含量 $w(C)$ 为 0.014 的碳钢中马氏体与奥氏体有 K-S 取向关系，即 $\{111\}_\gamma//\{110\}_M$，$\{110\}_\gamma//\{111\}_M$；在 Fe-30Ni 合金单晶中，在 －70℃ 以下形成的马氏体具有西山关系，即 $\{111\}_\gamma//\{110\}_M$，$\langle 211 \rangle_\gamma//\langle 011 \rangle_M$。

（3）无序—有序转变

某些合金在高温状态时溶质、溶剂原子在点阵中无规分布，而在低温时会出现有序分布，溶质、溶剂原子各自分布在特定的点阵位置上。由无序状态变

到有序状态是一个原子交换位置的过程，被称为有序化转变。有序化的推动力是固溶体中原子混合能参量 E_m，即要求

$$E_m = E_{AB} - \frac{1}{2}(E_{AA} + E_{BB}) < 0 \qquad (1.4)$$

式中，E_{AB}、E_{AA}、E_{BB}分别表示 AB、AA、BB 原子间的交互作用能。

要达到稳定的有序化，必须是异类原子间的吸引力大于同类原子间的吸引力，以降低系统的自由能。有序化的阻力是组态熵，升温使其对自由能下降的贡献($-T\Delta S$)增加，当达到某个临界温度以后，紊乱无序的固溶体更为稳定，有序固溶体消失。

具有短程有序的固溶体，当其组成接近于一定的原子比且从高温缓冷至某一临界温度以下时，两种原子就可能在大范围内呈规则排列，亦即转变为长程有序结构。这便是有序固溶体。

1.1.4 相的稳定性

材料之所以能够发生相变，本质上是与相的稳定性有关的。人们只有利用材料显微组织或相稳定性的不同才可能使其发生转变。其实，能够被人们利用的稳定显微组织并不多，大多数有用的组织结构虽然可以获得期望的性能，但都不是稳定的。

为了解释相或显微组织的稳定性问题，首先给出一个有关力学稳定性的例子。图 1.10 为两个形状不同的物体被放在一个平面上，其势能 E 与角度 θ(物体长轴与水平面的夹角)有关。对于椭圆形物体来说，它的势能最高点出现在 $\theta = \pm\frac{\pi}{2}$ 处，最低点出现在 $\theta = 0$ 处，在这两个角度上，驱动力均为 0，这两点均为平衡点，但其力学稳定性$\left(B = 2\frac{d^2 E}{d\theta^2}\right)$则有很大差异。很显然，在角度为 0 时，其稳定性最高，在 $\theta = \pm\frac{\pi}{2}$ 时稳定性最低；或者说，前者为稳定的平衡态，称为稳定态(stable state)；后者为非稳定的平衡态，称为非稳定态(unstable state)；在 $0\sim\pi/2$ 之间存在一个稳定性参数为 0 的位置，其具有单向稳定性(只能自发地朝着一个方向发展)，称为 Spinodal 平衡。

图 1.10(c)所示的长方形物体的情况与前面有所不同。共存在三个平衡位置，分别出现在角度为 0、$\pi/2$ 和二者之间的某个角度(对应于对角线与平面垂直的位置)，其中，前两个平衡位置属于稳定平衡态，因为 θ 的起伏都会导致势能升高；而 $0\sim\pi/2$ 之间的平衡位置，驱动力为 0，属于不稳定平衡态(处于势能的高位)，物体处于这一状态会自发地向最低能量状态过渡。需要说明的

是，只有在驱动力为 0 的条件下才可以用 $\left(B = 2\dfrac{\mathrm{d}^2 E}{\mathrm{d}\theta^2} \right)$ 来比较稳定性的高低。

另外，$\theta = \pm\dfrac{\pi}{2}$ 的位置具有高于 $\theta = 0$ 位置的势能，当存在角度波动时，可以引起物体越过势能的最高点，达到势能最低位置，这种状态被称为"亚稳态"（metastable state）。从一种非稳态向稳定态发生过渡或变化，称为"失稳"（instability）。

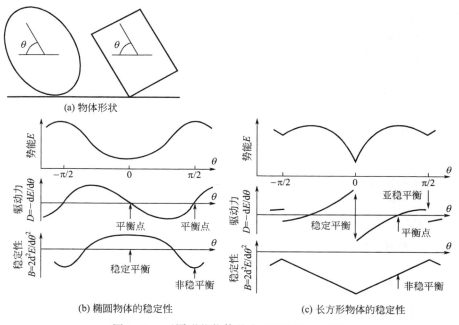

图 1.10　不同形状物体的力学稳定性示意图

相或显微组织的稳定性是指热力学上的稳定性，相根据热力学稳定性分为热力学稳定相、亚稳相和非稳定相。相在热力学上的稳定意味着其在一定条件下具有最低的吉布斯（Gibbs）或亥姆霍兹（Helmholtz）自由能。大多数的固体相处于亚稳态，经过快速凝固获得的非晶态合金也处于亚稳态，它可以在常温常压下长期存在，但是如果给它以足够的能量使其越过能垒，就可以转变为更加稳定的晶态。

亚稳相只具有局域平衡(localized equilibrium)；而只有热力学稳定相才具有全域平衡(global equilibrium)。热力学上的非稳定相不能稳定存在，会自发地向自由能更低的状态转变。

当母相失稳且新相具有更高稳定性时就会引起相变。材料相变中的组织结构失稳分为两种情况：一种是真实失稳；另一种就是亚稳态失稳。前者从非稳态组织转变为稳态组织，几乎不需要克服过程的阻力，可以直接达到能量更低、稳定性更高的状态；而后者在达到更稳定状态之前，需要度过一个具有更高能量的过渡状态，如果系统没有获得足够高的激活能，相变反应会在原始的亚稳态维持更长的时间。对于常规形核—长大型相变都需要克服势垒才能进行；Spinodal 分解则属于非稳态反应过程，无论哪一种反应过程都需要原子迁移，而原子迁移是需要激活能的。

假设一个相变反应 $\alpha \rightleftharpoons \beta$，两个相的摩尔数变化分别为 dn_α 和 dn_β。定义微分 $d\xi$ 代表了反应进度（reaction extent）的无穷小变化，并表示为反应进程中的摩尔数变化，即 $d\xi = -dn_\alpha = dn_\beta$。反应速率即为反应进度随时间的变化率；而反应的驱动力（亦即化学反应的亲和势 A_k）则定义为 Gibbs 自由能对反应进度（ξ）的斜率（一阶偏微分，记 $d_r G$）。在恒温恒压条件下，有

$$d_r G = \mu_\alpha dn_\alpha + \mu_\beta dn_\beta = (\mu_\beta - \mu_\alpha)d\xi \tag{1.5}$$

由此，反应亲和势可以看作在反应混合物成分一定时，反应物与生成物之间的化学势之差，即：

$$A_k = \mu^\alpha - \mu^\beta \tag{1.6}$$

由于化学势随着各相的分数发生变化，Gibbs 自由能对反应进度的斜率也在反应中发生改变。如图 1.11 所示，当 $\mu_\alpha > \mu_\beta$ 时，则 $\alpha \rightarrow \beta$ 的反应是自发进行的；反之，当 $\mu_\alpha < \mu_\beta$ 时，则 $\beta \rightarrow \alpha$ 的反应是自发进行的；而当自由能斜率为 0 时，$\mu_\alpha = \mu_\beta$，反应达到平衡，或者说，一个反应过程的平衡组成就是最小 Gibbs 自由能所对应的组成。

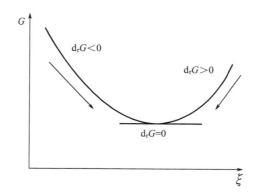

图 1.11 Gibbs 自由能与反应进度之间的函数关系

（1）稳定性的热力学判据

正如图 1.10 所示的稳定性情况，一个系统的稳定性取决于其自由能曲线的形状。当 Gibbs 自由能对位势变量的曲线呈凹曲线时，系统处于稳定平衡状

态；而当 Gibbs 自由能曲线呈凸曲线时，则为非稳定平衡。如图 1.12 所示，在图(a)的情况中，小球在两个方向上发生起伏涨落，系统都是稳定的；图(b)的情况则相反，小球在两个方向上发生振动均是不稳定的，故为非稳态平衡；图(c)的小球向左的起伏振动是稳定的，而向右则是不稳定的，这种情况属于 Spinodal 平衡；图(d)中的小球在局部区域内是稳定的，总体上处于亚稳平衡态。

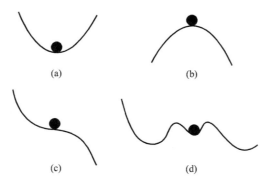

图 1.12　小球在重力场中的不同状态
(a)稳态；(b)非稳态；(c)Spinodal 平衡；(d)亚稳态平衡

一般来说，采用 Gibbs 自由能的一阶导数(如化学势)作为平衡条件的判据是充分的，但是如果要判定一个化学平衡的稳定性，则需要 G 的更高阶导数来作为依据。

假设 Gibbs 自由能在平衡点 $\zeta=\zeta_0$ 处的所有一阶偏导数保持连续，且在该点存在一个无穷小的起伏 $\Delta\zeta=\zeta-\zeta_0$，这种起伏可以发生在浓度、温度或者压力上，则自由能可以按照泰勒(Taylor)级数展开为：

$$(-A_k)_{\Delta\zeta\to 0}=\left(\frac{\partial G}{\partial \zeta}\right)_{\zeta=\zeta_0}\Delta\zeta+\frac{1}{2!}\left(\frac{\partial^2 G}{\partial \zeta^2}\right)_{\zeta=\zeta_0}(\Delta\zeta)^2+\cdots+\frac{1}{n!}\left(\frac{\partial^n G}{\partial \zeta^2}\right)_{\zeta=\zeta_0}(\Delta\zeta)^n$$

$$(1.7)$$

当亲和势为 0 时，系统达到平衡态，即一阶偏导数 $\left(\frac{\partial G}{\partial \zeta}\right)_{\zeta=\zeta_0}=0$。如果二阶偏导 $\left(\frac{\partial^2 G}{\partial \zeta^2}\right)_{\zeta=\zeta_0}\neq 0$，则 $(-A_k)_{\Delta\zeta\to 0}$ 的符号应与 $\left(\frac{\partial^2 G}{\partial \zeta^2}\right)_{\zeta=\zeta_0}(\Delta\zeta)^2$ 的符号相同，而 $(\Delta\zeta)^2$ 始终大于零。所以，只要当 $\left(\frac{\partial^2 G}{\partial \zeta^2}\right)_{\zeta=\zeta_0}>0$ 时，任何起伏都会引起系统自由能升高，即 $\left(\frac{\partial^2 G}{\partial \zeta^2}\right)_{\zeta=\zeta_0}>0$ 时，系统平衡是稳定的。当二阶导数为负数时，平衡是非稳定的。

一种特殊情况出现在二阶导数 $\left(\dfrac{\partial^2 G}{\partial \zeta^2}\right)_{\zeta=\zeta_0}=0$ 时，判断其稳定性需要看更高阶导数的情况，于是：

$$(-A_k)_{\Delta\zeta\to 0}=\frac{1}{3!}\left(\frac{\partial^3 G}{\partial \zeta^3}\right)_{\zeta=\zeta_0}(\Delta\zeta)^3+\frac{1}{4!}\left(\frac{\partial^4 G}{\partial \zeta^4}\right)_{\zeta=\zeta_0}(\Delta\zeta)^4+\cdots \quad (1.8)$$

$(-A_k)_{\Delta\zeta\to 0}$ 的符号取决于三阶导数及 $\Delta\zeta$ 的符号情况，这种成分等因素的波动可以是正或者负，所以，这种平衡是不稳定的。在图 1.12(c) 中，$\left(\dfrac{\partial^2 G}{\partial \zeta^2}\right)_{\zeta=\zeta_0}=0$ 的点为凸曲线（二阶导数为负）和凹曲线（二阶导数为正）的分界点（拐点），也是稳定区和非稳定区的分界点。拐点代表了 Spinodal 平衡，也被称作 Spinodal 点。

综上所述，相变系统的稳定性判据列于表 1.1。

表 1.1　相变系统稳定性判据

判据	平衡状态的稳定性	说明
$\left(\dfrac{\partial^2 G}{\partial \zeta^2}\right)_{\zeta=\zeta_0}>0$	稳态或亚稳态	任何起伏都会引起系统自由能升高
$\left(\dfrac{\partial^2 G}{\partial \zeta^2}\right)_{\zeta=\zeta_0}<0$	非稳态	任何起伏都会引起系统自由能降低
$\left(\dfrac{\partial^2 G}{\partial \zeta^2}\right)_{\zeta=\zeta_0}=0$	Spinodal 点	向一侧的起伏引起自由能升高，而向另一侧的起伏引起自由能降低；稳态与非稳态区的分界

（2）亚稳相

亚稳材料形成于远离平衡条件。对亚稳相的形成及其性质目前仍有许多内容无法用现有的热力学理论进行解释和预测，但已经明确，许多亚稳相是通过抑制稳定相的形核而形成的，并且可以通过热力学计算来分析亚稳相的平衡条件，甚至提供亚稳相图。

常用的 Fe-C 合金系的相图是典型的亚稳相平衡状态图（图 1.13）。γ-Fe-石墨共晶反应是大多数铸铁制造的依据；在较低的碳含量范围内，钢可以从液相凝固出来 δ 相或 γ 相。尽管冷却过程中也存在形成石墨的驱动力，但是，钢中如果形成石墨就会不稳定，在固态析出石墨会引起很大的体积变化，形核难以进行，所以在大多数情况下，只能形成亚稳相 Fe_3C。

因此，实际过程中，亚稳态的 Fe-Fe_3C 平衡相图远比稳定平衡态的 Fe-C 相图更有实用价值。图 1.13(a) 中的虚线代表了亚稳平衡相图，而实线则表示为 Fe-C 稳态平衡相图，从中可以发现，亚稳的 γ-Fe-Fe_3C 平衡相区比 γ-Fe-C（石墨）平衡相区略小，这是与稳定相和亚稳相自由能曲线的不同位置有关的。

如图 1.13(b)所示，亚稳相自由能曲线位置高于稳态平衡相，因此，所作出的两条公切线在 γ-Fe 自由能曲线上的切点位置会不同，γ-Fe 相与亚稳相公切线上的切点具有更低的 C 浓度。

亚稳态合金中的另外一个特点就是会出现过渡相序列，一个非平衡态热力学系统会演化出一系列 Gibbs 自由能逐步降低的状态。按照这个规律，材料中最早出现的不是自由能最低的最稳态，而是与初始自由能最近的、稳定性最小的状态。如果在热力学上允许出现多个亚稳相或者混合相，它们会按照 Gibbs 自由能逐步降低的序列相继形成。

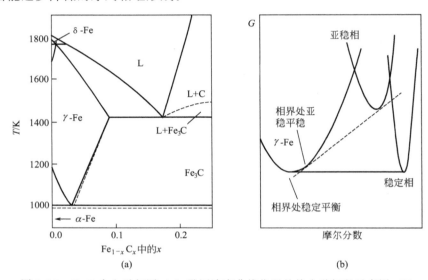

图 1.13　Fe-C 合金系相图（a）及固溶度曲线位置的热力学解释示意图（b）

以 Fe-B 非晶合金晶化过程为例来说明亚稳相出现的序列问题。Fe-B 合金在 $x=0.20$ 时具有共晶转变，形成（Fe＋Fe₂B），此外，该合金形成非晶的能力非常强。Fe-B 非晶合金晶化出现的相序列与非晶的成分有关。如图 1.14 所示，对于成分为 A 点的合金在发生晶化时，当温度达到 T_g 时，首先出现 α-Fe 固溶体，通过 B 原子的扩散，α-Fe 与非晶之间逐步建立平衡；随后出现 Fe₃B，并与 α-Fe 达到平衡态；最后阶段演化出 Fe₂B，并与 α-Fe 达到相平衡。从 α-Fe 到 Fe₃B，再到 Fe₂B 的合金相演化序列伴随着系统自由能的逐步下降。

合金析出过程中在析出稳定相之前，经常会出现不同的过渡相。如图 1.15 所示，在 α 相中析出 β 相之前，先后形成两种过渡相 β″和 β′。根据公切线原理，从 β″→β′→β 过渡过程中，析出相和母相 α 的溶质溶度均逐渐减小。另外，只有溶质浓度高于 β″的合金才能析出 β″相，并有可能向另外两种相状态过渡；位于 $i_2 \sim i_1$ 之间的合金，直接析出 β′，而不能有 β″的过渡形式；当然，如果合金成分位于 $i_1 \sim i$ 之间，则 α 相中不会析出过渡相，而是直接析出平衡

相 β。

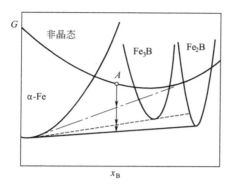

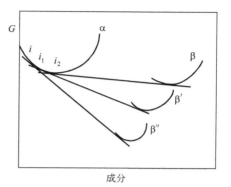

图 1.14 Fe-B 非晶合金晶化亚
稳相的演化序列

1.15 合金析出过程中出现的过
渡相演化示意图

1.2 相变驱动力与形核驱动力

1.2.1 相变驱动力

与液态金属结晶相似，固态相变也需要驱动力。在恒温恒压下，相变驱动力通常指吉布斯自由能的净降低量。

对于具有 α ⇌ β 同素异形转变的纯组元，在恒压下两相自由能随温度的变化如图 1.16 所示。

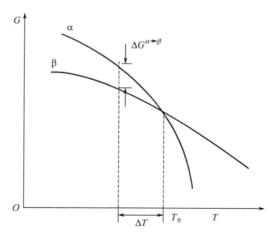

图 1.16 纯组元相变驱动力示意图

在 T_0 温度，两相自由能相等，相变驱动力为零。要使母相 α 向 β 相转变，必须将其过冷到 T_0 温度以下。当过冷度为 ΔT 时，相变驱动力为

$$\Delta G^{\alpha \to \beta} = G^{\beta} - G^{\alpha}$$

$$(1.9)$$

式中，G^α 和 G^β 分别为相变温度下 α 和 β 的摩尔自由能。由于 $G^\alpha = H^\alpha - TS^\alpha$；$G^\beta = H^\beta - TS^\beta$。式（1.9）又可写为

$$\Delta G^{\alpha \to \beta} = \Delta H^{\alpha \to \beta} - T\Delta S^{\alpha \to \beta} \tag{1.10}$$

式中，$\Delta H^{\alpha \to \beta}$ 与 $\Delta S^{\alpha \to \beta}$ 分别表示每摩尔 α 相转变为 β 相焓和熵的变化。

在 $T = T_0$ 时，$\Delta G^{\alpha \to \beta} = 0$，由式（1.10）得 $\Delta S^{\alpha \to \beta} = \Delta H^{\alpha \to \beta}/T_0$。由于过冷度不大时 ΔH 和 ΔS 均可视为常数，因此可以把 $T = T_0$ 时 ΔH 与 ΔS 之间的关系式代入式（1.9），从而得到在 ΔT 冷度下相变的驱动力为

$$\Delta G^{\alpha \to \beta} = \Delta H^{\alpha \to \beta} \frac{\Delta T}{T_0} \tag{1.11}$$

由式（1.11）可见，相变驱动力随过冷度的增大呈线性增加。

若过冷度较大，则 ΔH 和 ΔS 不能看作常数，此时应按照标准的热力学方法求出相变驱动力 ΔG 由亚稳过饱和 α' 母相中析出第二相 β，而自身转变为更稳定的 α，这种反应称为脱溶转变，反应式为 $\alpha' \longrightarrow \alpha + \beta$。其中 α' 相与 α 相具有相同的晶体结构，但具有不同的成分。α 相的成分是接近平衡态或就是平衡态的成分，析出的 β 相可以是稳定相也可以是亚稳相。这种脱溶反应的相变驱动力，可由图 1.17 所示的二元系说明，将成分为 C_0 的合金加热至 α 单相区后快冷至 T_1，在该温度下将发生脱溶反应 $\alpha' \longrightarrow \alpha + \beta$。当相变终了达稳定平衡态后，$\alpha$ 相和 β 相的成分均为该温度下的平衡成分，即图 1.17(a)中的 C_α 与

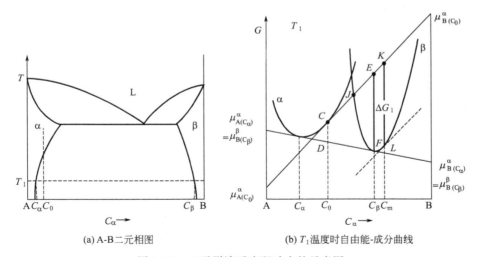

(a) A-B二元相图　　　(b) T_1温度时自由能-成分曲线

图 1.17　二元脱溶反应驱动力的示意图

C_β。在自由能-成分曲线上，C_α 与 C_β 分别是两条 $G_\alpha\text{-}C_B$ 及 $G_\beta\text{-}C_B$ 曲线公切点的成分，如图 1.17(b)所示。此时相变驱动力为

$$\Delta G^{\alpha' \longrightarrow \alpha + \beta} = G^{\alpha + \beta} - G^{\alpha'} \tag{1.12}$$

式中，$G^{\alpha+\beta}$是转变后混合相($\alpha+\beta$)的自由能；$G^{\alpha'}$是转变前母相 α' 的自由能。从热力学角度很容易证明，$\Delta G^{\alpha'\longrightarrow\alpha+\beta}$的大小相当于图 1.17(b)中 DC 线段的长度。

1.2.2　形核驱动力

大多数固态相变都经历形核和生长过程。形核时，由于新相的量很少，此时的自由能变化并不能用图 1.17(b)中的 DC 长度来量度。对于这种从大量母相中析出少量新相的情况，自由能的变化(即形核驱动力)可通过母相自由能-成分曲线上该母相成分点的切线与析出相自由能-成分曲线之间的距离来量度。按照这种求法，不同成分的核心形核率将不同。在图 1.17(b)中，C_0 成分的 α 相析出的 β 相核心成分只有大于 J 点成分时才可能有形核驱动力，并且随着析出相成分的不同，形核驱动力也不同。为了确定具有最大形核驱动力核心的成分，可在 β 相自由能-成分曲线上作一条如图 1.17(b)中所示的切线，使之与 α 相曲线上过 C 点的切线相平行，显然，图中 KL 即为最大形核驱动力，所对应的析出相核心成分为 C_m。

前面已经提到，固态相变特征之一是有亚稳平衡过渡相的析出，现在从相变驱动力和形核驱动力角度对此加以说明。

图 1.18 是 A-B 二元系在某一温度下的自由能-成分曲线，图中 β 与 β' 分别是与 α 相平衡的稳定相与亚稳相。成分为 C_0 的 α 相，在 T 温度析出 β 相并达到平衡时，自由能的降低为 CD。若析出相为亚稳的 β' 相，则两者达到平衡时系统自由能的降低为 CE。可见，由 α 相中析出稳定相 β 的相变驱动力远比析出亚稳相 β' 大。从相变总体来看，相变应以转变为最稳定的 $\alpha+\beta$ 结束，然而，从形核驱动力来看，两者却截然不同。按照前面所述的确定形核驱动力的方法可以求得，在 T 温度下由成分为 C_0 的 α 相中析出 β 相时最大形核驱动力为 IJ，而析出亚稳 β' 相的形核驱动力为 KL，显然，形成亚稳 β' 核心的驱动力比形成稳定 β 相核心的驱动力大。因而在析出稳定平衡相之前，可优先析出 β' 亚稳相。但 β' 亚稳相只是在转变为平衡相之前的一种过渡性产物，从总的平衡趋势看，这种亚稳过渡相将为平衡相所取代。

当亚稳相的相变驱动力和形核驱动力均低于平衡相时，在相变过程中亚稳相也可能优先析出。这种情况的发生，主要是由于亚稳过渡相的相变阻力明显低于平衡相所致。

1.3　固态相变的形核

多数固态相变属于形核—长大型相变，其形核过程可能是扩散形核也可能是非扩散形核。本节仅讨论扩散形核。

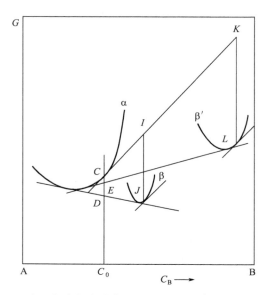

图 1.18　由 α 相中析出稳定的 β 相或亚稳 β′ 相的热力学说明

　　与液态金属结晶的形核方式类似，固态相变的扩散形核也有均质形核和非均质形核两种方式。但固态相变的特点决定了多数为非均质形核，均质形核较少见到。然而，基于均质形核过程简单、便于分析，故首先还是讨论均质形核。

1.3.1　均质形核

　　固态相变时的均质形核可参考凝固时的均质形核做类似的处理，但要考虑固态相变时所增加的应变能。为此，形成一个新相晶核时系统的自由能变化可以写为

$$\Delta G = n\Delta G_V + \eta n^{2/3}\sigma + n\varepsilon_V \tag{1.13}$$

　　式中，n 为晶胚中的原子数；ΔG_V 为新、旧两相每一原子的自由能差；η 为形状因子；$\eta n^{2/3}$ 等于晶核的表面积；σ 为平均界面能；ε_V 为晶核中每个原子引起的应变能。

　　式 (1.13) 中的 ΔG_V 为负值，ε_V 为正值。显然，只有当 $|\Delta G_V| > \varepsilon_V$ 时才可能形核，应变能实质上减少了形核时的驱动力。

　　将式 (1.13) 对 n 求导，并令其为零，可求得临界晶核中的原子数 n^*、再将 n^* 代入式(1.13)后可得临界晶核形核功为

$$\Delta G^* = \frac{4}{27} \times \frac{\eta^3\sigma^3}{(\Delta G_V + \varepsilon_V)^2} \tag{1.14}$$

式（1.14）表明，增大界面能及增大应变能都将使形核功增大，形核困难。

固态相变时，新相核心和母相之间不同取向的匹配导致界面能和应变能不同，因此晶核将倾向于形成某种形状，以力求降低界面能与应变能。究竟析出相取什么形状，要根据新相形成时 ε_V 和 σ 的相对大小来确定。当新相与母相共格时，相变阻力主要是应变能，界面能可以忽略。对于非共格析出相，应变能可以忽略不计，相变阻力主要是界面能。若新相呈圆盘状，其半径为 r，厚度为 t，在与母相共格条件下应变能为 $\frac{3}{2}E\delta^2 \times \pi(At)^2 t$，其中 $A = r/t$，为半径与厚度之比。在非共格条件下，这种形状析出相的界面能为 $\sigma[2\pi(At)^2 + 2\pi(At)t]$，由此可以看出，共格晶核的形核阻力与 t^3 成正比，而非共格晶核的形核阻力与

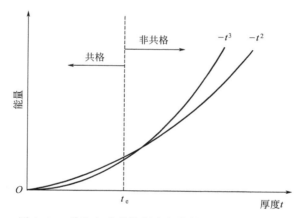

图 1.19 共格与非共格析出相的能量与厚度的关系

t^2 成正比。图 1.19 定性地给出了上述两种情况下相变阻力与厚度之间的关系。当 t 值小时，由于 $t^3 < t^2$，新相以共格方式形成时相变阻力较小。当 t 值较大时，$t^3 > t^2$，新相呈非共格存在时相变阻力较小。图中两条曲线相交时的 t 值称为临界厚度，以 t_c 表示，其大小为

$$t_c = \frac{4}{3} \times \frac{\sigma}{E\delta^2}\left[1 + \frac{1}{A}\right] \quad (1.15)$$

由上面讨论可见，具有低界面能、高应变能的共格界面晶核，其形状倾向于盘状或片状；而具有高界面能、低应变能的非共格晶核，往往呈球状，但当体积胀缩引起的应变能较大或界面能各向异性显著时，也可能呈针状或片状。

下面讨论均质形核时的形核率。以 N_V 表示单位体积母相中能够形成新相核心的原子位置数，以 N^* 表示均质形核时单位体积中具有临界尺寸晶核的个数，根据统计力学，两者之间应有如下关系

$$N^* = N_V \exp\left(-\frac{\Delta G^*}{kT}\right) \tag{1.16}$$

式中，ΔG^* 即为临界晶核形核功；k 为玻耳兹曼常数。对于临界晶核，只要再加上一个原子，它就可以稳定长大。令 A^* 表示临界晶核表面能够接受原子的位置数，靠近晶核表面的原子能够跳到晶核上的频率为 $\nu\exp(-\Delta G_m/kT)$，则单位时间在单位体积中形成的晶核个数，即形核率可以写为

$$I = N_V A^* \nu \exp\left(-\frac{\Delta G_m}{kT}\right)\exp\left(-\frac{\Delta G^*}{kT}\right) \tag{1.17}$$

式中，ν 为原子的振动频率；ΔG_m 为原子迁移激活能。当临界晶核长大后，其数量就会减少。通常，新的临界晶核数目总是不足以补偿由于长大而减少的数目，所以实际存在的临界晶核数目总是少于平衡数目 N^*，实际形核率的大小应是将上式再乘上一个约为 0.05 的修正因子。

由于 ΔG^* 会随过冷度的增大而急剧减小，而 ΔG_m 几乎不随温度变化，所以固态相变的均质形核率也表现出随过冷度增加，开始时急剧增大，而当过冷度大到一定程度之后又重新降低的规律。

1.3.2 非均质形核

实际晶体材料中含有大量缺陷，如晶界面、晶棱、角隅、位错、堆垛层错等，在这些位置形核将抵消部分缺陷，从而使形核功降低。因此，在这些缺陷处形核要比均质形核容易得多。由于这类形核位置不是完全随机分布，因此这种形核称为非均质形核。

1.3.2.1 在晶界上形核

大角晶界具有高的界面能，在晶界成核时可使界面能释放出来作为相变驱动力，以降低成核功。因此，固态相变时晶界往往是成核的有利场所。晶界成核时，新相与母相的某一个晶粒有可能形成共格或半共格界面，以降低界面能，减少成核功。这时共格的一侧往往呈平直界面，新相与母相间具有一定的取向关系。但大角晶界两侧的晶粒通常无对称关系，故晶核一般不可能同时与两侧晶粒都保持共格关系，而是一侧为共格，另一侧为非共格。为了降低界面能，非共格一侧往往呈球冠状，如图 1.20 所示。

多晶材料中，2 个相邻晶粒的边界是一个界面，3 个晶粒的共同交界构成一条直线（晶棱），4 个晶粒可以交于一点构成界隅。为满足晶核表面积与体积之比（S/V）最小，并符合界面张力力学平衡的要求，在这三种不同位置形核时，晶核应取不同的形状。图 1.21 所示的是在非共格条件下，在三种不同位置形成新相晶核的可能形状。

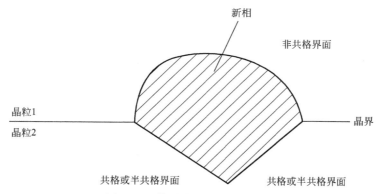

图 1.20 晶界成核时晶核的成核

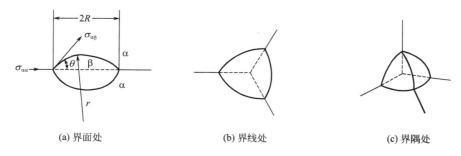

(a) 界面处   (b) 界线处   (c) 界隅处

图 1.21 在非共格条件下晶界形核时的形状

若 β 相以与母相 α 相非共格方式在晶界形成，其晶核呈图 1.21（a）所示的双凸透镜状。图中 $\sigma_{\alpha\alpha}$ 表示母相的晶界能，$\sigma_{\alpha\beta}$ 表示母相与新相间的界面能，r 表示凸曲面的半径。在核心与母相交界处的界面张力平衡条件为

$$\sigma_{\alpha\alpha} = 2\sigma_{\alpha\beta}\cos\theta \tag{1.18}$$

析出相 β 的表面积和体积分别为 $S_\beta = 4\pi r^2 (1-\cos\theta)$ 和 $V_\beta = 2\pi r^3 \left(\dfrac{2-3\cos\theta+\cos^3\theta}{3}\right)$。非共格形核时忽略应变能 ε 后，形成一个这样晶核的自由能变化为

$$\Delta G = n\Delta G_V + \eta m^{\frac{2}{3}}\sigma = \frac{\Delta G_V}{V_p} + \sigma_{\alpha\beta}S_\beta - \sigma_{\alpha\alpha}S_\alpha \tag{1.19}$$

式中，$S_\alpha = \pi r^2 (1-\cos^2\theta)$ 为晶核形成时被消除的 α 相界面积；V_p 为原子体积。将 V_β、S_β 代入式（1.9），再利用式（1.3）经过运算整理得

$$\Delta G = \left[2\pi r^2 \sigma_{\alpha\beta} + \frac{2}{3}\pi r^3 \frac{\Delta G_V}{V_p} \right](2 - 3\cos\theta + 3\cos^3\theta) \tag{1.20}$$

令 $\dfrac{\partial \Delta G}{\partial r} = 0$，求得 r^* 后将其带入式（1.20），求得形核功为

$$[\Delta G^*] = \frac{8}{3}\pi \frac{\sigma_{\alpha\beta}^3}{\Delta G_V^2}(2 - 3\cos\theta + 3\cos^3\theta) \tag{1.21}$$

若 $\sigma_{\alpha\alpha} = \sigma_{\alpha\beta}$，$\cos\theta = \sigma_{\alpha\alpha}/\sigma_{\alpha\beta} = 0.5$，$\theta = 60°$，则形核功为

$$[\Delta G^*] = \frac{5}{3}\pi \frac{\sigma_{\alpha\beta}^3 V_p^2}{\Delta G_V^2} \tag{1.22}$$

如果在晶内形成一个形状完全一样的非共格晶格，只要使式（1.19）中的 $\sigma_{\alpha\alpha}S_\alpha = 0$ 即可求出此种条件下的均质形核功 ΔG^*。两者相比，ΔG^* 要比 $[\Delta G^*]$ 高出三倍多，所以非共格晶核往往优先在晶界上形成。

对于新相与母相共格的情况，可以求得晶界形核的形核功 $[\Delta G^*]$ 与晶内共格形核时的形核功 ΔG^* 相当。这表明共格形核时，晶界对形核并无多大的促进作用。

晶界形核时，形核功按界面、晶棱和角隅递减，因而在角隅处形核应最容易。但由于在这样的位置上所能提供的原子数目不多，对总的形核率贡献并不大。若以 D 代表母相晶粒的平均直径，δ 为母相晶界厚度，则晶界面、晶棱、角隅能够提供形核的原子分数依次为 (δ/D)、$(\delta/D)^2$、$(\delta/D)^3$。据此，固态相变晶界形核时的形核率可写为

$$I = N_V \nu A^* \left(\frac{\delta}{D}\right)^{3-i} e^{-\frac{\Delta G_m}{kT}} e^{-\frac{B_i \Delta G^*}{Kt}} \tag{1.23}$$

式中，$i = 0$、1、2、3 分别表示在角隅、晶棱和晶界面和晶内形核。由于 $(\delta/D) \ll 1$，所以随着 i 值的增大，晶界形核特征因子 $(\delta/D)^{3-i}$ 增大。式中 B_i 称为形核功系数，其含义为晶界形核时的形核功与均匀形核时形核功的比值。对于以上几种形核位置，显然有 $B_0 < B_1 < B_2 < B_3 = 1$，其中当 $B_3 = 1$ 时即为均匀形核，形核功为 ΔG^*，$B_2 \Delta G^*$ 即为晶界面形核的形核功 $[\Delta G^*]$。

1.3.2.2 空位对成核的促进作用

空位可通过加速扩散过程或释放自身能量提供成核驱动力而促进成核。此外，空位群也可凝聚成位错而促进成核。空位对成核的促进作用已为很多实验所证实。例如，在过饱和固溶体脱溶分解的情况下，当固溶体从高温快速冷却下来，与溶质原子被过饱和地保留在固溶体的同时，大量的过饱和空位也被保

留下来。它们一方面促进溶质原子扩散，同时又作为沉淀相的成核位置而促进非均匀成核，使沉淀相弥散分布于整个基体中。

1.3.2.3 在位错上形核

固态相变时新相晶核往往也在位错线上优先形成，位错可以通过多种形式促进成核：①新相在位错线上成核，可借助于成核位置处位错线消失时所释放出来的能量作为相变驱动力，以降低成核功；②新相成核时位错不消失，而是依附在新相界面上，成为半共格界面中的位错部分，补偿了错配，因而降低了界面能，故使成核功降低；③溶质原子在位错线上偏聚，使溶质含量增高，便于满足新相形成时所需的组成条件，使新相晶核易于形成；④位错线可作为扩散的短路通道，降低扩散激活能，从而加速成核过程；⑤位错可分解形成由两个分位错与其间的层错组成的扩展位错，使其层错部分作为新相的核胚而有利于成核。

位错附近存在溶质原子气团，并且位错又是溶质原子的高速扩散通道，这就为富溶质原子核心的形成提供了有利条件。下面仍以非共格界面为例，对位错形核进行具体讨论。

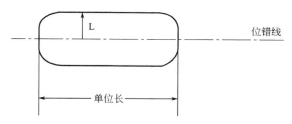

图 1.22 在位错线上形核示意图

假定在单位长度位错线上形成一圆柱形新相核心，如图 1.22 所示。在非共格时忽略应变能后，形成一个 β 相晶核引起的自由能变化为

$$\Delta G = \frac{\Delta G_V}{V_p}\pi r^2 + \sigma_{\alpha\beta}\times 2\pi r - A\ln r \tag{1.24}$$

式中，$A = \begin{cases} Gb/4\pi\,(1-\upsilon)，对于螺位错 \\ Gb/4\pi，对于刃位错 \end{cases}$；$G$ 为切变模量；υ 为泊松比；b 为位错柏氏矢量的大小。将式（1.24）对 r 求导，并令 $\frac{\partial \Delta G}{\partial r}=0$，得

$$r^* = \frac{\sigma_{\alpha\beta}V_p}{2\Delta G_V}\left(-1+\sqrt{1+\frac{2A\Delta G_V}{\pi\sigma_{\alpha\beta}^2 V_p}}\right) = \frac{\sigma_{\alpha\beta}V_p}{2\Delta G_V}[-1\pm\sqrt{1+Z}] \tag{1.25}$$

式中，$Z=\dfrac{2A\Delta G_{\mathrm{V}}}{\pi\sigma_{\alpha\beta}^{2}V_{\mathrm{p}}}$。由于 ΔG_{V} 为负值，当 $|Z|<1$ 时，r^{*} 有实根，当 $|Z|>1$ 时，无实根。图 1.23 示出了这种情况的 ΔG_{V}-r 曲线。其中 a 曲线是 $|Z|>1$ 的情况，b 曲线是 $|Z|>1$ 的情况。当驱动力不是很大（过冷度或过饱和度不很大）时，在 ΔG_{V}-r 曲线上出现两个极值点。在 $r=r_{0}$ 处，沿位错线形成大小为 r_{0} 的原子偏聚区。由于能垒相隔，这种原子偏聚区不能自发长大到 r_{c}，但对形成不同成分的新相晶核有催化作用。当 $r=r_{\mathrm{c}}$ 时，ΔG 达到极大值，该形核势垒相当于形核功，r_{c} 即为临界晶核半径。当驱动力很大时，在 $\Delta G=f(r)$ 曲线上不出现形核势垒，此时任何尺寸的原子集团在位错线上都可能成为晶核。

应当指出，尽管过冷度不大时在位错上形核需要一定的形核功，但其大小不仅远低于均质形核，而且也低于晶界形核，因此固态相变时位错形核比晶界形核更为容易。据此，通过塑性变形增加晶体中的位错密度，便可促进析出相在晶内位错线处形核，避免在晶界集中析出，从而可以改变析出相的分布状态。

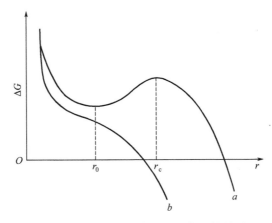

图 1.23　位错线上形核时 ΔG 与 r 的关系

1.3.2.4　在层错上形核

固态相变时层错往往也是新相形核的有利场所。例如在 fcc 晶体中，若层错能较低，全位错会分解为扩展位错。扩展位错中的层错区实际上便是 hcp 晶体的密排面，这就为在 fcc 母相中析出 hcp 新相准备了结构条件。倘若在层错区有铃木气团，则又为新相的析出准备了成分条件，所以层错是新相形核的潜在位置。对层错形核，新相和母相之间应有如下的位向关系：

$$\{111\}_{\mathrm{fcc}}/\!/\{111\}_{\mathrm{hcp}}$$

$$<1\,\bar{1}0>_{fcc}\,/\!/\,<11\,\bar{2}0>_{hcp}$$

这种位向关系导致新相与母相间形成低能的共格或半共格界面，使形核容易发生。

1.4　新相长大

新相晶核形成后，将向母相中长大。新相长大的驱动力也是两者之间的自由能差。当新相和母相成分相同时，新相的长大只涉及界面最近邻原子的迁移过程，这种方式的新相长大一般称为界面过程控制长大。当新相和母相成分不同时，新相的长大除需要上述的界面近邻原子的迁移外，还涉及原子的长程扩散，所以新相的长大可能受扩散过程控制或受界面过程控制。在某些情况下，新相长大甚至受界面过程和扩散过程同时控制。下面，讨论界面过程控制和扩散过程控制两种情况。

1.4.1　界面过程控制的新相长大

根据界面两侧原子在界面推移过程的迁动方式不同，将界面过程分为非热激活与热激活两种。

1.4.1.1　非热激活界面过程控制的新相长大

新相长大时，原子从母相迁移到新相不需要跳离原来位置，也不改变相邻的排列次序，而是靠切变方式使母相转变为新相。该过程不需热激活，因此是一种非热激活长大。

对于某些半共格界面，可以通过界面位错的滑动引起界面向母相中迁移，这种界面一般称为滑动界面。由滑动界面的迁移所导致的新相长大也是一种非热激活长大。如图1.24所示，在fcc结构和hcp结构间有一由肖克莱位错构

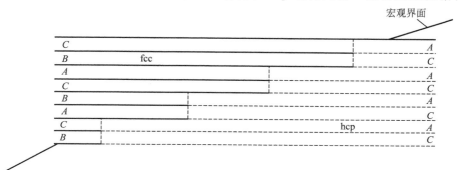

图 1.24　由一组肖克莱位错构成的 fcc 与 hcp 间滑动半共格界面

成的滑动半共格界面。这种界面从宏观上看可以是任意面，但从微观结构看，界面由一组台阶构成。台阶高度是两个密排面的厚度，台阶的宽面保持完全共格。由这种界面的特征可见，界面位错的滑移面在 fcc 结构和 hcp 结构中是连续的，位错的柏氏矢量与宏观界面成一定角度。当这组位错向 fcc 一侧推进时，将引起 fcc→hcp 转变，反之导致 hcp→fcc 转变。

对于上述滑动界面，倘若界面位错为同一种位错，界面移动（即新相长大）时晶体会发生很大的宏观变形，从而引起很大的应变能。为了减小应变能，在界面上一般包含 fcc 结构中的（111）滑移面上的三种肖克莱位错。例如对于 fcc 中的（111）面，三种位错的柏氏矢量分别为 $\dfrac{a}{6}[11\overline{2}]$、$\dfrac{a}{6}[1\overline{2}1]$、$\dfrac{a}{6}[\overline{2}11]$，具有这种结构的界面滑动后不会发生大的宏观变形。

1.4.1.2　热激活界面过程控制的新相长大

这种新相的长大是靠单个原子随机地独立跳越界面而进行的。所谓热激活是指原子在跳越界面时要克服一定的势垒，需要热激活的帮助。对于一些无成分变化的转变，如块状转变，无序—有序转变等，新相长大便受这种热激活界面过程控制。若以 α 代表母相，β 代表新相，两者在某一温度下的自由能如图 1.25 所示。图中 ΔG 为原子由母相 α 跳到新相 β 所需要的激活能，$\Delta G_{\alpha\beta}$ 为两

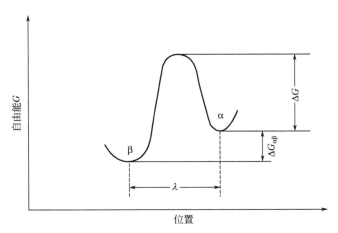

图 1.25　原子在相同成分 α、β 中的自由能

相的自由能差，即新相长大的驱动力。新相 β 长大过程中，母相 α 中原子不断地跨越界面到达 β，新相中的原子也不断反向跳到 α 上，但两者的迁移频率是不同的，其差值便促使新相 β 长大。设 υ 为原子的振动频率，则从 α 相越过相界面到达 β 的频率为

$$\nu_{\alpha\beta} = \nu \exp\left(-\frac{\Delta G}{kT}\right) \tag{1.26}$$

其反向过程——原子从 β 相跨越相界面跳向 α 相的频率 $\nu_{\beta\alpha}$ 为

$$\nu_{\beta\alpha} = \nu \exp\left[-\left(\frac{\Delta G + \Delta G_{\alpha\beta}}{kT}\right)\right] \tag{1.27}$$

由式（1.26）和式（1.27）得原子从 α 相转入 β 相的净迁移频率为

$$\nu_{\alpha\beta} - \nu_{\beta\alpha} = \nu \exp\left(-\frac{\Delta G}{kT}\right)\left[1 - \exp\left(-\frac{\Delta G_{\alpha\beta}}{kT}\right)\right] \tag{1.28}$$

当 β 相界面上铺满一层原子后，整个界面便向母相 α 中推进 b 的距离（b 为界面法线方向新相的面间距），因此 β 相的长大速率为

$$u = b(\nu_{\alpha\beta} - \nu_{\beta\alpha}) = b\nu \exp\left(-\frac{\Delta G}{kT}\right)\left[1 - \exp\left(-\frac{\Delta G_{\alpha\beta}}{kT}\right)\right] \tag{1.29}$$

当转变温度很高（ΔT 很小）时，由于 $\Delta G_{\alpha\beta} \ll kT$，$\exp\left(-\Delta G_{\alpha\beta}/kT\right) \approx 1 - \Delta G_{\alpha\beta}/kT$，于是可得

$$v = b\nu \frac{\Delta G_{\alpha\beta}}{kT} \exp\left(-\frac{\Delta G}{kT}\right) \tag{1.30}$$

如果原子跨越相界的扩散系数 $D \approx b^2\nu \exp\left(-\Delta G_{\alpha\beta}/kT\right)$，则 β 相长大速率为

$$u = \frac{D}{b} \times \frac{\Delta G_{\alpha\beta}}{kT} \tag{1.31}$$

由式（1.31）可见，当 ΔT 很小时，新相长大速率正比于两相的自由能差，并且随着温度的降低而增大。

当转变温度很低，ΔT 很大时，由于 $\Delta G_{\alpha\beta} \gg kT$，$\exp\left(-\Delta G_{\alpha\beta}/kT\right) \approx 0$，所以有

$$u = b\nu \exp\left(-\frac{\Delta G}{kT}\right) \approx \frac{D}{b} \tag{1.32}$$

显然，随着转变温度的下降，长大速率明显降低。由式（1.31）和式（1.32）还可看出新相长大具有如下特点：

① 在相变的温度范围内，总会存在某个温度，在该温度下新相长大速率达最大值；

② 当转变在恒温下进行时，由于 $\Delta G_{\alpha\beta}$ 和 D 均为常数，新相将以恒速长大；

③ 由于长大速率与时间无关，新相的线性尺寸与长大时间成正比。

当新相与母相完全共格时，单个原子随机地从母相跳到新相去会增加长大的能量，只有多个原子同时转移到新相才有可能被新相接收，但是，按这种机

制长大时其长大速率将是很低的。为此，具有共格界面新相的长大通常是按台阶机制进行的。如图 1.26 所示，AB、CD、EF 是共格界面，BC、DE 面是长大台阶，台阶面是非共格的。因此，原子容易被台阶面接收而使台阶侧向移动。当一个台阶扫过之后，便使界面沿法线方向移动了一个台阶厚的距离。

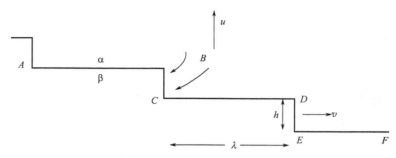

图 1.26　台阶长大机制示意图

新相按这种机制长大时，一个很重要的问题就是长大过程中应不断地产生新的台阶。台阶的形成与侧向伸展相比，形成新台阶是困难的，因而台阶机制长大往往由共格宽面上产生新台阶的过程所控制。

应当指出，当界面按台阶机制迁移时，式（1.31）的长大速率与驱动力的关系不再成立。对于一些简单情况，长大速率与驱动力的平方成正比。对于复杂情况，两者间关系更为复杂。

1.4.2　长程扩散控制的新相长大

当新相与母相成分不同，且新相长大受控于原子长程扩散或者受界面过程与扩散过程同时控制时，新相长大速率一般通过母相与新相界面上的扩散通量来计算。

1.4.2.1　具有非共格平直界面的新相长大

如图 1.27 所示，母相 α 的初始浓度为 C_0，析出相 β 的浓度为 C_β，当 β 相由 α 相中析出时，界面处 α 相中的浓度为 C_α。由于 $C_\alpha < C_0$，所以在母相中将产生浓度梯度 $\partial C / \partial x$。根据扩散第一定律，可求得在 $\mathrm{d}t$ 时间内，由母相通过单位面积界面进入 β 相中的溶质原子数为 $D_\alpha (\partial C / \partial x) \mathrm{d}t$。与此同时 β 相向 α 相内推进了 $\mathrm{d}x$ 距离，净输送给 β 相的溶质原子数为 $(C_\beta - C_\alpha) \mathrm{d}x$。上面从两个不同角度获得的溶质原子净迁移量具有相同的意义，所以有

$$D_\alpha \frac{\partial C}{\partial x} \mathrm{d}t = (C_\beta - C_\alpha) \mathrm{d}x \qquad (1.33)$$

由此得长大速率为

$$u = \frac{\mathrm{d}x}{\mathrm{d}t} = \frac{D_\alpha}{C_\beta - C_\alpha} \times \frac{\partial C}{\partial x} \tag{1.34}$$

由式（1.34）可见，新相 β 的长大速率与溶质原子在母相 α 中的扩散系数 D_α 及界面处 α 相中的浓度梯度 $\partial C/\partial x$ 成正比，与两相的成分差成反比。对于图 1.27 中所示的溶质浓度分布情况，其浓度梯度为

$$\frac{\partial C}{\partial x} \approx \Delta C / x_\mathrm{D}$$

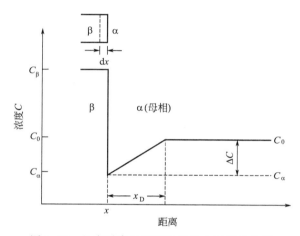

图 1.27　具有平直界面析出相长大时溶质分布

式中，$\Delta C = C_0 - C_\alpha$；$x_\mathrm{D}$ 为有效扩散距离，将此式代入式（1.34），得

$$u = \frac{\mathrm{d}x}{\mathrm{d}t} = \frac{C_0 - C_\alpha}{C_\beta - C_\alpha} \times \frac{D_\alpha}{x_\mathrm{D}} \tag{1.35}$$

式（1.35）中的 x_D 不是一个定值，随着新相 β 的长大，需要的溶质原子数增加，为此 x_D 将随着时间增长而增大。在一级近似条件下，取 $x_\mathrm{D} = \sqrt{D_\alpha t}$，将此代入式（1.35）后得

$$u = \frac{\mathrm{d}x}{\mathrm{d}t} = \frac{C_0 - C_\alpha}{C_\beta - C_\alpha} \sqrt{\frac{D_\alpha}{t}} \tag{1.36}$$

将式（1.36）积分后得到新相的线性尺寸 x 与时间 t 之间的关系为

$$x = 2(D_\alpha t)^{1/2} \frac{C_0 - C_\alpha}{C_\beta - C_\alpha} \tag{1.37}$$

显然，当扩散系数为常数时，新相的大小与时间的平方根成正比。

1.4.2.2　具有台阶界面的新相长大

前面已讨论过的台阶长大是针对长大前后无成分变化的情况。若界面共格，且相变过程中伴有成分改变时，新相亦可按台阶机制长大，但此时非共格的台阶面侧向移动时要伴有溶质原子的长程扩散。在这种情况下，精确地解扩散方程求台阶附近的浓度场是比较复杂的，常用式（1.35）来近似估算台阶侧向移动速度。令有效扩散距离 $x_D = hk$，式中 k 是常数，h 是台阶高度，台阶侧向移动速度 v 可表示为

$$v = \frac{C_0 - C_\alpha}{C_\beta - C_\alpha} \times \frac{D_\alpha}{kh} \tag{1.38}$$

如果台阶宽面的宽度为 λ，则新相界面的推移速度为

$$v = \frac{C_0 - C_\alpha}{C_\beta - C_\alpha} \times \frac{1}{k\lambda} \tag{1.39}$$

该式表明，只要各个析出物的扩散场不重叠，界面推移速度便反比于台阶宽面的宽度，即台阶间距 λ。

1.4.3　相变动力学

本节讨论固态相变时转变量与转变温度及转变时间的关系。对于 $\alpha \longrightarrow \beta$ 型转变，转变量 f 是指在某一时间 β 相所占的体积分数。对于 $\alpha' \longrightarrow \alpha + \beta$ 型的脱溶转变，f 则定义为 t 时刻 β 相所占体积和转变完成后 β 相所占体积之比。在这两种情况下 f 都是从转变开始时的 0 变为转变终了时的 1。

当母相为高温相，新相为低温相时，随温度的降低转变速率先是增加，而后又降低。等温转变（time temperature transformation，TTT）曲线具有如图 1.28（a）所示的 C 形曲线特征。当低温相向高温相转变时，通常随反应温度的升高，转变速率增加，其动力学曲线如图 1.28（b）所示。固态相变时，转变量与温度、时间的关系亦遵守 Avrami 方程，即

$$f = 1 - \exp(-Kt^n) \tag{1.40}$$

对于不同类型的形核与长大过程，n 值不同，其值在 $1 \sim 4$ 之间变化。对于界面过程控制长大的情况，形核率为恒值时，$n = 4$；若形核率随时间增加，$n > 4$；形核率随时间减少，$n < 4$。在晶界形核并且形核饱和后 $n = 1$，在晶棱形核并饱和后 $n = 2$。对于扩散控制长大的情况，其 n 值也是根据形核率的变化及长大方式不同而不同，各种条件下的 n 值可参看表 1.2。应当指出，只要形核机制不发生变化，n 值便与温度无关。由于 K 值与形核和长大速率均有关，因而该值明显受温度的影响。

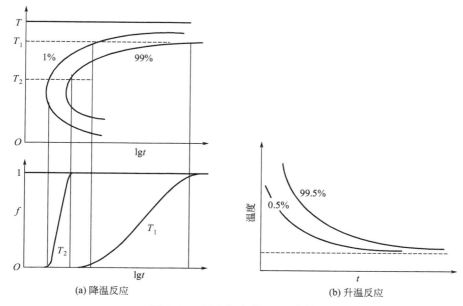

(a) 降温反应　　(b) 升温反应

图 1.28　固态相变的 TTT 曲线

表 1.2　Avrami 方程中的 n 值

情况	n 值
（a）多形性相变，非连续脱溶，共析分解，界面控制长大等	
形核率增加	>4
形核率为恒定值	4
形核率减小	3～4
零形核率	3
晶界形核（饱和后）	1
晶棱形核（饱和后）	2
（b）扩散控制长大	
新相由小尺寸长大，形核率增加	>2.5
新相由小尺寸长大，形核率为恒值	2.5
新相由小尺寸长大，形核率减小	1.5～2.5
新相由小尺寸长大，零形核率	1.5
新相具有相当的尺寸	1～1.5
针状、片状新相具有长限度，两相远离	1
长柱体（针）的厚度增加（端际完全相遇）	1
很大片状新相加厚（边际完全相遇）	0.5
薄膜	1
丝	2
位错上沉淀（很早期）	约 0.5

第2章

奥氏体的形成

2.1　奥氏体及其组织结构

2.1.1　奥氏体

奥氏体是碳溶入 γ-Fe 所形成的间隙固溶体。除碳原子外，γ-Fe 中还可溶入其他合金元素。原子半径较小的非金属元素处于晶格的间隙位置，金属合金元素则置换部分铁原子，这种奥氏体称为合金奥氏体。

2.1.2　奥氏体的组织结构

γ-Fe 为面心立方结构，有八面体间隙和四面体间隙两种。八面体间隙比四面体间隙大，间隙原子处于八面体中心，即处于面心立方晶胞的中心或棱边的中心，如图 2.1 所示。晶胞中的八面体间隙数为 4，理论上一个晶胞可以溶入 4 个间隙原子，即碳在 γ-Fe 中的最大溶解度为 50%（摩尔分数），质量分数约 20%。实际上，即使在 1147℃，碳在奥氏体中的最大溶解度也只有 2.11%。因为八面体间隙半径仅为 0.052nm，而碳的原子半径为 0.077nm。所以，碳是强行"挤入"到 γ-Fe 的晶格间隙中，造成点阵畸变，使周围间隙继续溶碳困难。事实上，只有约 2.5 个晶胞才能溶入一个碳原子。碳在八面体间隙位置也是随机的，呈统计性均匀分布，且存在浓度起伏。

间隙原子的存在，使奥氏体晶胞膨胀，点阵常数发生变化。随溶碳量的增加，点阵常数变大，如图 2.2 所示。置换原子也会引起奥氏体晶格畸变和点阵常数变化。

奥氏体组织形态与奥氏体化前的原始组织、加热温度及加热转变程度等有关，通常是由等轴状多边形晶粒组成，晶界较为平直，如图 2.3 所示。有的奥氏体晶内可能存在相变孪晶。

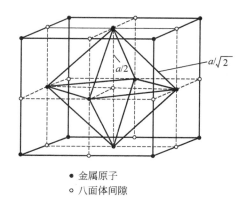

图 2.1　奥氏体及其碳原子可能
存在的八面体间隙位置

● 金属原子
○ 八面体间隙

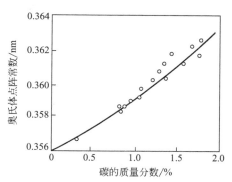

图 2.2　奥氏体点阵常数与
碳的质量分数的关系

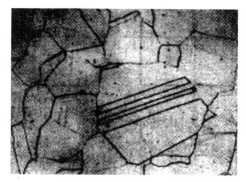

图 2.3　奥氏体组织

2.2　奥氏体形成机理

奥氏体的形成遵循相变的一般规律，即包括形核和长大两个基本过程。对于不同的原始组织，奥氏体形成时在形核和长大方面都将表现出不同的特点。

钢的原始组织中最常见和最基本的组成部分是铁素体与渗碳体的混合组织。但其中渗碳体的形态有两种：其一呈片层状，其二呈球（或颗粒）状。这里我们把各种片层状渗碳体和铁素体的混合组织统称为珠光体类组织，而将球状渗碳体和铁素体的混合组织称为球化体。

2.2.1　奥氏体的形核

Speich 等的工作表明，对于不同的原始组织，奥氏体优先形核的位置是不一样的。对于球化体来说，奥氏体优先在与晶界相连的 α/Fe_3C 界面形核，而在不与晶界相连的 α/Fe₃C 界面上的形核则是次要的，如图 2.4（a）所示，其中位置 2、3 是优先形核的位置，而位置 1 则次之。对于（片层状）珠光体，奥氏体优先在珠光体团的界面上形核［见图 2.4（b）中的位置 2］，同时也可以在 α/Fe₃C 片层界面上形核［见图 2.4(b)中的位置 1］。

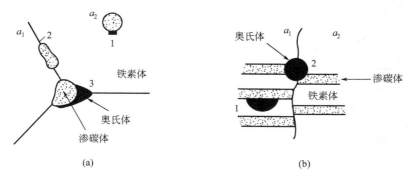

图 2.4　奥氏体的形核位置示意图

　　奥氏体晶核一般只在 α/Fe₃C 界面上形成，这是由以下两方面因素决定的：①在相界面上容易获得形成奥氏体所需的碳浓度起伏。从 Fe-Fe₃C 相图的局部（见图 2.5）可以看出，在 A_1 以上，随温度的升高，奥氏体可以稳定存在的碳质量分数范围变宽［例如，在727℃时，w（C）＝0.77%，738℃时，w（C）＝0.68%～0.79%，780℃时，w（C）＝0.41%～0.89%，820℃

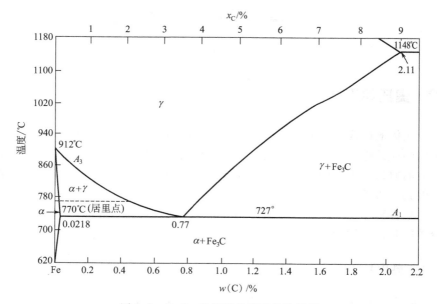

图 2.5　Fe-Fe₃C 相图共析部分的局部

时，$w(C)=0.23\%\sim0.99\%$ 等]，而与铁素
体平衡的奥氏体碳质量分数则减小，使奥氏
体更易于形核。②从能量上考虑，在相界面
形核不仅可以使界面能的增加减少（因为在
新界面形成的同时，会使原有界面部分消
失），而且也使应变能的增加减少（因为原
子排列不大规则的相界更容易容纳一个新
相）。这样，形核引起的系统自由能总变化
$\Delta G=-\Delta G_V+\Delta G_S+\Delta G_E$ 会因 ΔG_S 和 ΔG_E
的减小而减小，使热力学条件 $\Delta G<0$ 更容易
满足。图 2.6 比较清楚地显示了奥氏体优先
在珠光体团界面形核的情况。

图 2.6 奥氏体优先在珠光体
团界面形核的显微照片

2.2.2 奥氏体的长大

在稳定的奥氏体晶核形成以后，长大过程便开始了。对于球化体来说，奥
氏体的长大首先将包围渗碳体，把渗碳体和铁素体隔开；然后通过 γ/α 界面向
铁素体一侧推移，以及 γ/Fe_3C 界面向渗碳体一侧推移，使铁素体和渗碳体逐
渐消失来实现其长大过程（见图 2.7）。对于珠光体来说，在珠光体团交界处
形成的核会向基本上垂直于片层和平行于片层的两个方向长大（见图 2.8）。

当奥氏体在球化体中长大以及在珠光体中沿垂直于片层方向长大时，铁素
体与渗碳体被奥氏体隔开，为了获得使铁素体向奥氏体转变所必需的碳量，只
能通过碳原子在奥氏体中的体扩散，由近渗碳体一侧迁移到近铁素体一侧。图
2.9 表示了这种情况，图中 $w(C)^{\gamma/Fe_3C}$ 和 $w(C)^{\gamma/\alpha}$ 分别为在略有过热的 T_1
温度时，与渗碳体和铁素体平衡的奥氏体碳质量分数；$w(C)^{\alpha/Fe_3C}$ 和
$w(C)^{\alpha/\gamma}$ 分别为在 T_1 温度时，与渗碳体和奥氏体平衡的铁素体碳质量分数。
为了便于观察，将 $Fe-Fe_3C$ 相图放在图的左侧并将浓度轴放在纵坐标位置，
图中假定各相在相界面处达到了平衡。由图可以看出，正是由于奥氏体与渗碳
体和铁素体之间的碳平衡质量分数差，提供了必要的驱动力，使碳原子不断从
γ/Fe_3C 界面向 γ/α 界面扩散。为了维持相界面处碳浓度的平衡，又要消耗一
部分渗碳体和铁素体，进而促进奥氏体的长大。碳原子在铁素体中的扩散也会
产生类似的效果，这里不再详述。

然而，当奥氏体在珠光体中沿平行于片层方向长大时，情况则如图 2.10
所示。这时碳原子的可能扩散途径是可以在奥氏体中进行（图 2.10 中的 1），
也可以沿 γ/α 相界面进行（图 2.10 中的 2）。由于沿相界面扩散时路程较短，
且扩散系数较大，途径 2 应当是主要的。因此，奥氏体沿平行于片层方向的长

图 2.7 球化体组织向奥氏体的转变

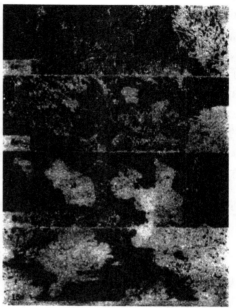
图 2.8 珠光体向奥氏体的转变

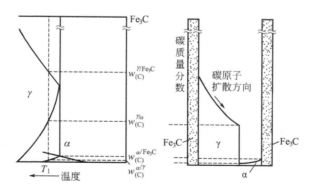

图 2.9 奥氏体在球化体中长大以及
在珠光体中沿垂直于片层方
向长大时碳原子的扩散（示意图）

大速度要比沿垂直于片层方向的长大速度高。图 2.11 很好地证实了这一推论，
照片中浅色的奥氏体（现在是马氏体）区说明沿平行于片层方向的长大速度要
比沿垂直方向快些。

图 2.12 是 En42 钢（英国编号，相当于我国编号法的 70 钢）在 739℃加

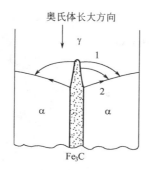

图 2.10 奥氏体沿平行于珠光体片
层方向长大时碳原子的可
能扩散途径
1—体扩散；2—界面扩散

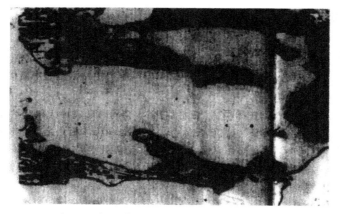

图 2.11 En8D 钢（45 钢）在 735℃加热 10min 后水淬的组织（15000×）

热 120s 后水淬的组织。它不仅说明了如图 2.10 所示模型的正确性，也说明了奥氏体在不同方向长大速度的差异，还说明了在奥氏体形成过程中，珠光体中的铁素体总是先消失，剩下的渗碳体随后溶解。

归纳起来，奥氏体的长大是一个由碳原子扩散控制的过程。在多数情况下，碳原子沿 γ/α 相界面的扩散起主导作用，再加上所处的温度较高，使得奥氏体能够以很高的速率形成。

2.2.3 残留碳化物的溶解和奥氏体成分均匀化

奥氏体长大是通过 γ/α 界面和 γ/Fe_3C 界面分别向铁素体和渗碳体迁移来实现的。由于 γ/α 界面向铁素体的迁移远比 γ/Fe_3C 界面向 Fe_3C 的迁移快，因此当铁素体已完全转变为奥氏体后仍然有一部分渗碳体没有溶解，这部分渗

图 2.12　En42 钢（70 钢）在 739℃加热 120s 后水淬的组织（6750×）

碳体又称为残留渗碳体或统称为残留碳化物（当钢中有碳化物形成示意时），图 2.12 证实了这一点。

残留碳化物的暂时存在，还可以通过 Fe-Fe₃C 相图（图 2.5）进一步理解。如果在 738℃进行奥氏体化，则新形成的奥氏体的碳质量分数范围将从 0.68%（与铁素体平衡的一侧）增加到 0.78%（与渗碳体平衡的一侧）。假定奥氏体中的碳质量分数呈直线变化，则其平均碳质量分数将为 0.735%。然而，在刚形成的奥氏体中，碳质量分数是按误差函数分布（即由高碳量很快降到低碳量，碳质量分数分布曲线是向下凹的，参见图 2.9 右图）而不是呈直线变化的，因此平均碳质量分数应低于 0.735%。显然，由平均碳质量分数为 0.77%的珠光体转变为平均碳质量分数低于 0.735%的奥氏体后，必然会有碳化物残留下来。从 Fe-Fe₃C 相图还不难看出，过热度越大，奥氏体刚形成时的平均碳质量分数越低，因而残留碳化物也越多。

随着奥氏体化保温时间的延长，残留碳化物会逐渐溶解，通过碳原子的不断扩散，还会使碳含量不均匀的奥氏体变成均匀的奥氏体。

综上所述，奥氏体形成过程分为：奥氏体形核、奥氏体晶核向 α 和 Fe₃C 两个方向长大、剩余碳化物溶解、奥氏体均匀化 4 个阶段，组织转变过程示意图如图 2.13 所示。

亚共析钢和过共析钢的平衡组织中存在先共析相，所以当亚（过）共析钢中共析组织转变为奥氏体后，如果奥氏体化温度在 A_{c3}（A_{ccm}）以上时，还存在先共析铁素体（先共析渗碳体）进一步转变为奥氏体的问题。与共析钢相比，过共析钢中渗碳体的溶解和均匀化需要更长时间。而亚共析钢中先共析铁素体继续向奥氏体转变，这是基于同素异构转变的本质原因，这种转变直至碳达到平衡浓度为止。

一般来说，奥氏体化之前的原始组织是退火形成的平衡组织（珠光体、珠

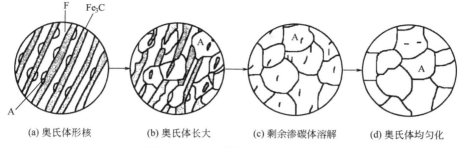

(a) 奥氏体形核 　　(b) 奥氏体长大 　　(c) 剩余渗碳体溶解 　　(d) 奥氏体均匀化

图 2.13　奥氏体转变过程示意图

光体加铁素体或珠光体加渗碳体）。对于不能满足使用性能要求的返修品，重新奥氏体化时，其原始组织就是非平衡组织（马氏体、回火马氏体、贝氏体、回火托氏体、魏氏体等），这些组织中尚保留着明显的方向性。此时，如果奥氏体化工艺控制不当，很容易出现组织遗传，使钢的力学性能受损。由晶粒粗大的奥氏体转变为非平衡组织后，再进行奥氏体化时，新形成的奥氏体可能会继承和恢复原始粗大的奥氏体晶粒，这种现象称为组织遗传（structure heredity）。

为了避免出现组织遗传，应采取以下措施：
① 奥氏体化前用退火或高温回火消除非平衡组织；
② 对于铁素体-珠光体低合金钢，可以采用正火或多次正火，细化晶粒；
③ 严格控制铸、锻、轧、焊工艺，避免出现粗大晶粒。

2.3　奥氏体形成动力学

2.3.1　奥氏体等温形成动力学

转变动力学主要涉及相变过程进行的速度及外界条件对相变过程的影响。钢的成分、原始组织、加热温度等均影响奥氏体形成的速度。这里首先讨论退火共析钢平衡组织的奥氏体等温形成动力学，然后讨论亚共析钢和过共析钢的奥氏体等温形成动力学。

2.3.1.1　共析钢奥氏体等温形成动力学图

奥氏体等温形成动力学曲线是在一定温度下等温时，奥氏体的形成量与等温时间的关系曲线。等温形成动力学曲线可以用金相法或物理分析法来测定，比较常用的是金相法。一般采用厚度为 $1\sim2mm$ 的薄片金相试样，在盐浴中迅速加热到 A_{c1} 以上某一指定温度，保温不同时间后淬火，制取金相试样进行观察。因加热转变所得的奥氏体在淬火时转变为马氏体，故根据观察到的马氏体量的多少，即可了解奥氏体形成过程。

根据观察结果，作出在一定温度下等温时，奥氏体形成量与等温时间的关系曲线（图2.14），称为奥氏体等温形成动力学曲线。从奥氏体等温形成动力学曲线可以观察到珠光体到奥氏体的转变有如下特征：①珠光体到奥氏体的转变存在孕育期，即加热到转变温度时，经过一段时间，转变才开始。如在745℃时，孕育期约为100s。②等温形成动力学曲线呈S形，即在转变初期，转变速度随时间的延长而加快。当转变量达到50％时，转变速度达到最大，之后，转变速度又随时间的延长而下降。③随着等温温度提高，奥氏体等温形成动力学曲线向左移动，即孕育期缩短，转变速度加快。

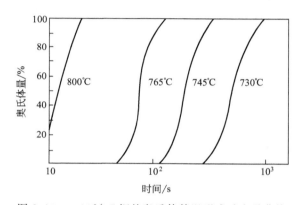

图2.14　0.86％ C钢的奥氏体等温形成动力学曲线

将上述各加热温度下的奥氏体等温形成动力学曲线综合绘制在转变温度-时间坐标系中，即得到如图2.15所示的奥氏体等温形成动力学图。

图2.15中的转变开始曲线1所表示的是形成一定量能够测定到的奥氏体所需的时间与温度的关系。该曲线的位置与所采用的测试方法的灵敏度有关，还与所规定的转变量有关。转变量越小，曲线越靠左。曲线2为转变终了曲线，表示的是铁素体完全消失时所需的时间与温度的关系。曲线3为渗碳体完全溶解的曲线。渗碳体完全消失时，奥氏体中碳的分布仍然是不均匀的，需要一段时间才能均匀化。曲线4为奥氏体均匀化曲线。

2.3.1.2　奥氏体的形核与长大动力学

奥氏体形成速度取决于形核率J及线长大速度v。奥氏体形核率和长大速度都随温度升高而增大，因此，奥氏体形成速度随温度升高而加快。

（1）奥氏体的形核率

先考虑均匀形核时的情况，奥氏体形核率$J[1/(s \cdot mm^3)]$与温度之间的关系可描述为

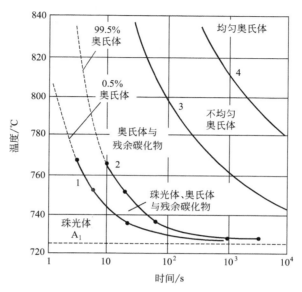

图 2.15　共析碳钢奥氏体等温形成动力学图

$$J = C_h \exp\left(-\frac{Q}{kT}\right) \exp\left(-\frac{W}{kT}\right) \tag{2.1}$$

式中，C_h 为常数；Q 为扩散激活能；T 为热力学温度；k 为玻尔兹曼常数；W 为临界晶核的形核功。在忽略应变能时，临界形核功可表示为

$$W = A\,\frac{\sigma^3}{\Delta G_V^2} \tag{2.2}$$

式中，A 为常数；σ 为奥氏体与珠光体的界面能（或比界面能）；ΔG_V 为单位体积奥氏体与珠光体的自由能差。

在式（2.1）中，右侧 C_h 与奥氏体形核所需碳含量有关。随温度升高，能稳定存在的奥氏体的最低碳含量降低，所以形核所需的碳浓度起伏减小，形核变得更加容易。$\exp(-Q/kT)$ 反映原子的扩散能力，随着温度升高，原子扩散能力增强，不仅有利于铁素体向奥氏体的点阵改组，而且也促进渗碳体溶解，从而加快奥氏体成核。$\exp(-W/kT)$ 项反映相变自由能差 ΔG_V 对形核的作用，随温度升高，相变驱动力 ΔG_V 增大，而使形核功减小，$\exp(-W/kT)$ 将增大。因此，奥氏体形成温度升高，可以使奥氏体形核急剧增加。

（2）奥氏体长大速度

奥氏体长大速度与奥氏体生长机制有关。奥氏体位于铁素体和渗碳体之间时，奥氏体的长大受碳原子在奥氏体中的扩散所控制。此时，奥氏体两侧的界面将分别向铁素体与渗碳体推移。奥氏体长大的速度包括向两侧推移的速度。

推移速度主要取决于碳原子在奥氏体中的扩散速度。

如果忽略铁素体及渗碳体中碳的浓度梯度，根据扩散定律可以推导出奥氏体向铁素体和渗碳体推移的速度。奥氏体向铁素体推移的速度 $v_{\gamma-\alpha}$ 为

$$v_{\gamma-\alpha} = -K \frac{D_C^{\gamma} \frac{dC}{dx}}{c_{\gamma-\alpha}^{\gamma} - c_{\gamma-\alpha}^{\alpha}} \qquad (2.3)$$

式中，$c_{\gamma-\alpha}^{\gamma}$ 为奥氏体与铁素体交界处奥氏体的界面碳浓度；$c_{\gamma-\alpha}^{\alpha}$ 为奥氏体与铁素体交界处铁素体的界面碳浓度；K 为比例系数；D_C^{γ} 为碳在奥氏体中的扩散系数；$\frac{dC}{dx}$ 为碳在奥氏体的浓度梯度。

同样，奥氏体向渗碳体推移的速度 $v_{\gamma-\text{cem}}$ 为

$$v_{\gamma-\text{cem}} = -K \frac{D_C^{\gamma} \frac{dC}{dx}}{6.67 - c_{\gamma-\text{cem}}^{\gamma}} \qquad (2.4)$$

式中，$c_{\gamma-\text{cem}}^{\gamma}$ 为奥氏体与渗碳体交界处奥氏体的界面碳浓度。

由上述二式可知，奥氏体生长的线速度正比于碳原子在奥氏体中的扩散系数，反比于相界面两侧碳浓度差。温度升高时，扩散系数 D_C^{γ} 呈指数增加，同时奥氏体两界面间的碳浓度差增大，增大了碳在奥氏体中的浓度梯度，因而增加了奥氏体的长大速度。随着温度升高，奥氏体与铁素体相界面浓度差 $c_{\gamma-\alpha}^{\gamma} - c_{\gamma-\alpha}^{\alpha}$ 以及渗碳体与奥氏体相界面的浓度差 $6.67 - c_{\gamma-\text{cem}}^{\gamma}$ 均减小，因而加快了奥氏体晶粒长大。

奥氏体向珠光体总的推移速度为 $v_{\gamma-\alpha}$ 与 $v_{\gamma-\text{cem}}$ 之和，但两个方向的推移速度相差很大。奥氏体相界面向铁素体推移的速度远大于向渗碳体推移的速度。因此，一般来说，奥氏体等温形成时，总是铁素体先消失，当铁素体完全转变为奥氏体后，还剩下相当数量的渗碳体。

2.3.1.3 亚共析钢和过共析钢奥氏体等温形成动力学

（1）亚共析钢

亚共析钢的原始组织为先共析铁素体加珠光体，其中珠光体的含量随钢的碳含量增加而增加。在发生等温转变时，原始组织中的珠光体首先转变为奥氏体，当珠光体全部转变为奥氏体后，先共析铁素体开始转变为奥氏体，因此亚共析钢的奥氏体转变速度比共析钢转变慢。

对于亚共析钢，当加热到 A_{c1} 以上某一温度珠光体转变为奥氏体后，如果保温时间不太长，可能有部分铁素体和渗碳体残留下来。对于碳含量比较高的亚共析钢，在 A_{c3} 以上时，当铁素体完全转变为奥氏体后，有可能仍有部分碳

化物残留。再继续保温，才能使残留碳化物溶解和使奥氏体成分均匀化。图 2.16 为 0.1% C 钢的等温奥氏体形成图，转变开始线 1 与共析钢的转变开始线基本一致。在 A_{c3} 以上加热时的转变终了线随加热温度升高向时间短的一侧偏移，而在 $A_{c1} \sim A_{c3}$ 温度范围加热时，转变终了线 2 不是随着过热度的增加单调地移向时间短的一侧，而是有一段向相反方向延伸，这一特点与共析钢的等温奥氏体形成曲线有所不同，可能是钢在加热过程中在 $A_{c1} \sim A_{c3}$ 温度奥氏体形成时，亚共析钢中存在的铁素体较快溶入奥氏体中的缘故。

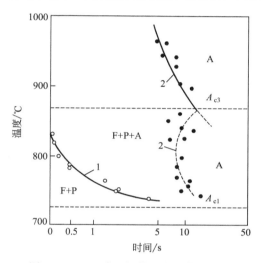

图 2.16　0.1% C 钢等温奥氏体形成图

（2）过共析钢

过共析钢的原始组织为珠光体加渗碳体，过共析钢中渗碳体的数量比共析钢中多。因此，当加热温度在 $A_{c1} \sim A_{ccm}$ 之间，珠光体刚刚转变为奥氏体时，钢中仍有大量的渗碳体未溶解。只有当温度超过并经相当长的时间保温后，渗碳体才能完全溶解。同样，在渗碳体溶解后，需延长时间才能使碳在奥氏体中分布均匀，如图 2.17 所示。图中 Fe_3C_{II} 表示二次渗碳体，Fe_3C 表示未溶解的渗碳体。

2.3.2　连续加热时奥氏体形成动力学

连续加热时珠光体向奥氏体转变与奥氏体的等温转变基本相同，也要经历形核、长大、剩余碳化物溶解和奥氏体均匀化 4 个阶段。但连续加热时奥氏体的形成有以下特点：

① 固态相变扩散需要时间，如果加热速度快，扩散来不及充分进行，相变过程要"滞后"，在相图上的表现就是相变临界点升高。所以，奥氏体形成

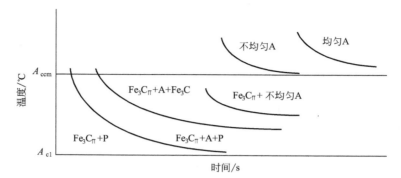

图 2.17　过共析钢奥氏体等温形成动力学示意图

的开始及终了温度均随加热速度增加而升高。

②　奥氏体化的 4 个阶段都是在一个温度范围内完成的。加热速度很大时就很难判断钢的组织状态。

③　加热速度越快，过热度越大，相变驱动力越大，奥氏体化各个阶段的转变开始和终了温度越高，转变时间越短，即转变速度越快，如图 2.18 所示。同时可以看出，加热速度越快，奥氏体转变温度范围越大。

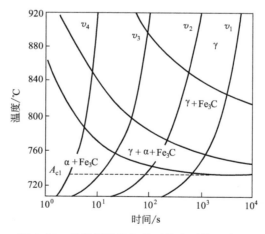

图 2.18　共析钢连续加热时的奥氏体形成图

④　奥氏体成分的不均匀性也随加热速度的增加而增加。由相图可知，随着奥氏体形成温度升高，γ/cem 和 γ/α 相界面靠近奥氏体一侧的碳浓度差增加，即奥氏体中碳浓度不均匀。快速加热时，碳化物溶解和碳原子的扩散均来不及充分进行。对于亚共析钢来说，将导致淬火后马氏体中碳的质量分数低于平均成分和尚未完全转变的铁素体和碳化物；对于高碳钢来说，则会出现碳的质量分数低于共析成分的马氏体和剩余碳化物。前者使钢的强度下降，应通过

细化原始组织予以避免；后者有助于提高马氏体的韧性。

⑤ 超快速加热时，相变驱动力大，奥氏体不仅在铁素体和碳化物的相界面上形核，而且也可在铁素体内的亚晶界上形核，奥氏体的形核率急剧增加。加上加热时间短，奥氏体晶粒来不及长大，使得奥氏体的起始晶粒度细化。

总之，随着加热速度的增加，奥氏体的形成温度升高，奥氏体的起始晶粒度减小，奥氏体基体中平均碳的质量分数降低，剩余碳化物增多。这些因素都使淬火马氏体强韧化。近年来发展起来的快速、超快速和脉冲加热淬火等强韧化处理新工艺就是建立在这个理论基础上的。

2.3.3 影响奥氏体形成速率的因素

2.3.3.1 加热温度

加热温度越高，奥氏体形成速率越快。而且奥氏体的形核率和长大速率均随加热温度的升高而增加，但形核率的增加更为显著。所以，奥氏体形成温度越高，奥氏体的起始晶粒度越细小。如上所述，奥氏体形成温度越高，奥氏体基体中平均碳的质量分数降低，钢中可能残留的碳化物数量也越多。

2.3.3.2 化学成分

（1）碳的质量分数

碳的质量分数越高，碳化物数量越多，铁素体与渗碳体相界面面积增加，因此奥氏体的形核位置增加。而且碳化物数量增多时，碳原子的扩散距离将减小，这些因素都加速了奥氏体的形成。但是，碳的质量分数过高时，碳化物太多，碳化物的溶解及奥氏体成分均匀化所需时间更长。

（2）合金元素

合金元素并不影响珠光体向奥氏体转变的机制，但合金元素的加入对碳化物的稳定性、碳在奥氏体中的扩散以及基体金属的迁移有影响，所以合金元素会影响奥氏体的形核及长大、碳化物的溶解和奥氏体成分均匀化速度。合金元素的具体影响可以从两个方面描述：合金元素与碳的亲和力及对相变临界点的影响。

强碳化物形成元素如 Mo、W、Cr 等会降低碳在奥氏体中的扩散系数，且形成的特殊碳化物不易溶解，使奥氏体化速度降低。非碳化物形成元素 Co 和 Ni 等会增大碳在奥氏体中的扩散系数，加速奥氏体的形成。

降低 A_1 点的合金元素（Ni、Mn、Cu）可增加过热度。

2.3.3.3 原始组织

钢的原始组织越细小，相界面越多，奥氏体形核位置越多。另外，原始组织越细小，珠光体片间距越小，越有利于增加奥氏体中的碳浓度梯度，且碳原子的扩散距离减小，碳原子的扩散速度加快，这些因素都加快了奥氏体的形成速度。与粒状珠光体相比，片状珠光体的相界面较大，薄片状渗碳体易于溶解，加热时，奥氏体形成速度更快。

2.4 奥氏体晶粒度及其控制

奥氏体化的目的是获得成分均匀且具有一定晶粒尺寸的奥氏体组织。奥氏体晶粒的大小直接影响钢件后续热处理后的组织和性能。大多数情况下希望获得细小奥氏体晶粒，有时也需要得到粗大的奥氏体晶粒，如形成应变诱导铁素体。因此，必须掌握控制奥氏体晶粒尺寸的方法。

2.4.1 奥氏体晶粒度

晶粒度是晶粒平均大小的度量，通常使用长度、面积、体积或晶粒度级别数来表示不同方法评定或测定的晶粒大小。对于钢而言，奥氏体晶粒度一般是指奥氏体化后的奥氏体实际晶粒大小。奥氏体晶粒度可以用奥氏体晶粒直径或单位面积中奥氏体晶粒的数目等方法来表示。生产上常用显微晶粒度级别数 G 表示奥氏体晶粒度，使用晶粒度级别数表示的晶粒度与测量方法和计量单位无关。在 100 倍下 645.16mm² 面积内包含的晶粒个数 N 与 G 有如下关系：

$$N = 2^{G-1} \tag{2.5}$$

N 越大，G 就越大，奥氏体晶粒越细小。图 2.19 为钢晶粒度标准评级图，通过与标准评级图进行比较可对奥氏体晶粒度进行评级。奥氏体晶粒度通常分为 8 级标准评定，1 级最粗，8 级最细，超过 8 级以上称为超细晶粒。

加热转变终了时所得奥氏体晶粒称为起始晶粒，其大小称为起始晶粒度。奥氏体起始晶粒度的大小，取决于奥氏体的形核率 J 和长大速率 v，增大形核率或减小长大速率是获得细小奥氏体晶粒的重要途径。

奥氏体晶粒在高温停留期间将继续长大，长大到冷却开始时奥氏体的晶粒度称为实际晶粒度。实际晶粒度是加热温度和时间的函数，在一定的加热速度下，加热温度越高，保温时间越长，最后得到的奥氏体实际晶粒就越粗大。

2.4.2 影响奥氏体晶粒度的因素

粗大晶粒会影响钢材的力学性能，特别是韧性明显降低，所以在大多数情况下希望得到细小的奥氏体晶粒，这就要求对奥氏体的晶粒长大进行控制。凡提高扩散速度的因素，如温度、时间，均能加快奥氏体晶粒长大。第二相颗粒

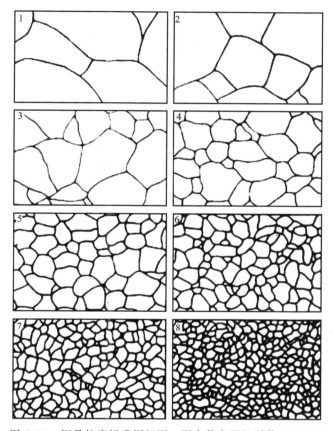

图 2.19　钢晶粒度标准评级图（图中数字即级别数）(100×)

体积分数 f 增大，半径 r 减小，均能阻止奥氏体晶粒长大。提高起始晶粒度的均匀性与促使晶界平直化均能降低驱动力，减弱奥氏体晶粒的长大。

（1）加热温度和保温时间

晶粒长大和原子的扩散密切相关，温度升高或保温时间延长，有助于扩散进行，因此奥氏体晶粒将变得更加粗大。图 2.20 表明了奥氏体晶粒大小与加热温度和保温时间的关系，横坐标同时标明了加热时间和保温时间，横坐标 0 刻度以左的部分表示加热时间，0 刻度以右表示保温时间。从图中可以看出，在每一温度下都有一个加速长大期，奥氏体晶粒长到一定尺寸后，长大过程将减慢直至停止生长。加热温度越高，奥氏体晶粒长大得越快。

（2）加热速度

奥氏体转变时的过热度与加热速度有关。加热速度越大，过热度越大，即奥氏体实际形成温度越高。由于高温下奥氏体晶核的形核率与长大速度之比增大，所以可以获得细小的起始晶粒。但由于起始晶粒细小，转变温度较高，奥氏体晶粒很容易长大，因此保温时间不宜过长，否则奥氏体晶粒会更加粗大。因此，在保证奥氏体成分较为均匀的前提下，快速加热和短时间保温能够获得细小的奥氏体晶粒。

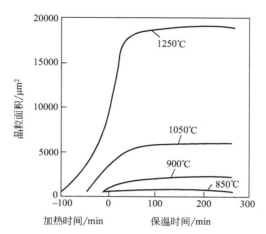

图 2.20　奥氏体晶粒大小与加热温度和保温时间的关系

（3）碳含量

碳含量对奥氏体晶粒长大的影响比较复杂。如图 2.21 所示，在碳含量不足以形成过剩碳化物的条件下加热时，奥氏体晶粒随钢中碳含量增加而增大。当碳含量超过一定限度时，由于形成未溶解的二次碳化物，反而阻碍奥氏体晶粒的长大。这是因为，随着碳含量的增加，碳原子在奥氏体中的扩散速度及铁原子的自扩散速度均增大，故奥氏体晶粒长大的倾向增大。但当出现二次渗碳体时，未溶解的二次渗碳体对奥氏体晶界的迁移有钉扎作用，随着碳含量的增加，二次渗碳体的数量增加，奥氏体晶粒反而细化。

（4）脱氧剂及合金元素

在实际生产中，钢用 Al 脱氧时，会生成大量的 AlN 颗粒，它们在奥氏体晶界上弥散析出，会阻碍晶界的迁移，防止晶粒长大。而采用 S、Mn 脱氧时，不能生成像 AlN 那样高度弥散的稳定化合物，因而没有阻止奥氏体晶粒长大的作用。

钢中含有特殊碳化物形成元素如 Ti、Nb、V 等时，会形成熔点高、稳定性强、不易聚集长大的碳化物，这些碳化物颗粒细小，弥散分布，可阻碍奥氏体晶粒长大。合金元素 W、Mo、Cr 的碳化物较易溶解，但也有阻碍奥氏体晶粒长大的作用。Mn、P 等元素有促进奥氏体晶粒长大的作用。

（5）原始组织

原始组织只影响起始晶粒度。通常，原始组织越细，碳化物分散度越大，所得的奥氏体晶粒度就越细小。

根据上述对影响奥氏体晶粒长大因素的分析，可以归纳出控制奥氏体晶粒大小的措施如下：①利用 Al 脱氧，形成 AlN 质点，细化晶粒，得到细晶粒钢；②利用易形成碳、氮化物的合金元素形成难溶碳化物、氮化物细化晶粒；③采用快速加热，短时保温的方法来获得细小晶粒；④控制钢的热加工工艺和采用预备热处理工艺。

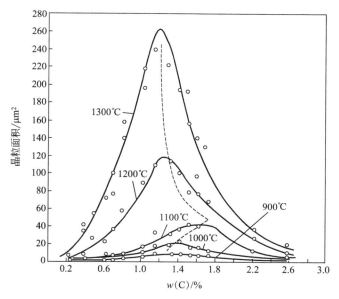

图 2.21 碳含量对奥氏体晶粒长大的影响

2.5 奥氏体的性能与奥氏体钢的发展

2.5.1 奥氏体的性能

奥氏体是高温稳定相，只有加入大量扩大奥氏体相区的合金元素，才有可能成为室温稳定相。在奥氏体状态下使用的钢，称为奥氏体钢（austenitic steels）。

面心立方结构的奥氏体因滑移系多而塑性好，即加工成形性好，但硬度和屈服强度不高。又因为面心立方结构是一种最密排的结构，所以奥氏体的比体积最小。奥氏体钢的热强性好，可用作高温用钢，这是因为奥氏体中铁原子的自扩散激活能大、扩散系数小。也因为如此，奥氏体钢加热时，不宜采用过快的加热速度，以免热应力过大而导致工件变形。此外，奥氏体具有顺磁性，可以作为无磁性钢。利用这一特点可以区分马氏体不锈钢和奥氏体不锈钢。奥氏体的线膨胀系数大，可用来制作膨胀灵敏的仪表元件。

2.5.2 奥氏体钢的发展

奥氏体钢是正火后具有奥氏体组织的钢。钢中加入的合金元素（Ni、Mn、N、Cr 等）能使正火后的金属具有稳定的奥氏体组织。火电厂化水设备、蒸汽取样管常用的 1Cr18Ni9、1Cr18Ni9Ti 等钢均属此类。这类钢有较好的抗氧化和耐酸性能，能长期在 540～875℃ 下工作，但容易产生晶界腐蚀的脆性破坏。

2.5.2.1 奥氏体型不锈钢

奥氏体型不锈钢，是指在常温下具有奥氏体组织的不锈钢。钢中含 Cr 约 18%、Ni 8%～25%、C 约 0.1% 时，具有稳定的奥氏体组织。奥氏体铬镍不锈钢包括 18Cr-8Ni 钢和在此基础上增加 Cr、Ni 含量，并加入 Mo、Cu、Si、Nb、Ti 等元素发展起来的高 Cr-Ni 系列钢。奥氏体不锈钢无磁性而且具有高韧性和塑性，但强度较低，不可能通过相变使之强化，仅能通过冷加工进行强化，如加入 S、Ca、Se、Te 等元素时，具有良好的易切削性。

Ni、Mn、Co 是扩大 γ 相区的合金元素，能和 γ-Fe 无限互溶。1Cr18Ni9 等 18-8 型不锈钢是钢在奥氏体组织状态下应用的典型钢种，其成分特点是低碳高铬镍。Cr 是不锈钢获得耐蚀性的最基本元素，Cr 能使钢表面很快生成致密的氧化膜，且质量分数在 13% 以上时，可大大提高钢的电极电位。Ni 的质量分数高于 8% 后，钢常温时的组织为单相奥氏体，从而提高钢抗电化学腐蚀能力。奥氏体钢具有化学稳定性好，热强性高，塑性、韧性和焊接性能良好的特点。

奥氏体钢一般采用固溶处理，即加热到 920～1150℃ 使碳化物溶解后快冷，为防止晶界析出过剩相，一般采用空冷，大截面零件则采用水冷。固溶处理可以达到 3 个目的：

① 获得单相奥氏体组织，如果不锈钢中析出铬的碳化物，耐蚀性下降；

② 消除冷加工或焊接引起的内应力；

③ 对有晶间腐蚀倾向的钢，固溶处理使析出的碳化物重新溶入奥氏体。

铬镍奥氏体不锈钢在 450～850℃ 之间保温会出现晶间腐蚀。晶间腐蚀（intergranular corrosion）是指在某些腐蚀介质中沿着或紧靠晶界发生的局部腐蚀。铬镍不锈钢中碳的质量分数越高，晶间腐蚀倾向越大。这是因为沿晶界析出了铬的碳化物，使晶界附近出现铬的贫化区，导致耐蚀性下降。防止晶间腐蚀的措施有：

① 碳的质量分数降低到 450～850℃ 碳的溶解度极限时，就不会析出铬的碳化物；

② 加入能形成稳定碳化物的合金元素，如钛和铌，并进行稳定化处理，

即让铬的碳化物全部溶解，而保留部分钛或铌的碳化物，然后缓慢冷却，使
TiC 或 NbC 充分析出，而不至于析出铬的碳化物。

奥氏体型不锈钢具有良好韧性、塑性和焊接性能，加工硬化能力也强，同
时具有良好的抗氧化、抗硫酸、抗磷酸、抗尿素等耐蚀性。主要的钢种有：
0Cr18Ni9、1Cr18Ni9、1Cr18Ni9Ti 等。

还有一种淬火和时效处理后均为稳定奥氏体组织的钢称为奥氏体沉淀硬化
不锈钢，是沉淀硬化型不锈钢（precipitated hardening stainless steels，常称
PH 钢）中的一种。其 Cr 的质量分数在 13％以上，Ni（25％以上）和 Mn 含
量高。此外，Ti、Mo、V 或 P 可作为沉淀硬化合金元素，为了获得优良的综
合性能还可加入 B、V、N 等微量元素。

2.5.2.2 高氮奥氏体钢

奥氏体钢通常具有非常高的塑韧性，但其强度一般都低于 1000MPa，因
此一般不作为抗冲击钢使用。高氮奥氏体钢则不同，由于氮的加入，使其拥有
非常高的应变硬化能力，其在高速冲击条件下强度增幅非常明显，因此可用作
抗高速冲击钢。高氮奥氏体钢按主要化学成分可分为 Cr-Ni 系和 Cr-Mn 系高
氮奥氏体钢。Cr-Ni 系高氮奥氏体钢拥有很高的镍含量，致使其成本较高。
Cr-Mn 系高氮奥氏体钢中主要通过添加锰元素来代替昂贵的镍元素，锰和氮
都是强奥氏体化形成元素，锰不仅可以起到稳定奥氏体的作用，同时还能提高
氮固溶度；氮可以明显提高奥氏体不锈钢的强度，同时不降低其塑韧性及无磁
性能等。

2.5.2.3 奥氏体耐热钢

奥氏体耐热钢是在奥氏体型不锈钢的基础上发展起来的一类耐热钢。这类
钢利用了固溶强化、碳化物或金属间化合物弥散强化，其高温强度比珠光体或
马氏体耐热钢高，其塑性、韧性、抗氧化性和焊接性能优良，使用温度范围可
在 600～750℃。为了进一步提高强度，可在 18Cr-8Ni 型不锈钢基础上加入
W、Mo、V、Ti、Nb 等合金元素。

2.5.2.4 高锰钢

高锰钢是主要耐磨钢之一，含 0.9％～1.2％（质量分数）C、11％～14％
Mn、0.3％～0.8％ Si。铸造成形的典型钢种如 ZGMn13。当 Mn 的质量分数
达到 11％～14％时，1050～1100℃奥氏体化使钢中碳化物全部溶入奥氏体，
然后迅速水冷，获得均匀的奥氏体组织，这种工艺称为水韧处理（water
toughening）。

水韧处理后的高锰钢硬度低、韧性好，但受冲击载荷后，表面奥氏体产生

强烈的加工硬化，硬度急剧上升，而中心部分仍是高韧性的奥氏体。所以，高锰钢广泛应用于既耐磨损又耐冲击的零件，如防弹板，挖掘机、坦克等的履带板等。

在 Mn13 中加入强碳化物形成元素 Mo、V、Ti 等，得到耐磨性更好的沉淀硬化高锰钢（precipitated hardening hadfield steel）。这种钢的热处理也是先固溶处理得到单一的奥氏体，然后在 $400\sim800℃$ 进行时效强化处理，在奥氏体基体上弥散分布 MoC、Mo_2C、V_4C_3、VC、TiC 等第二相。

2.5.2.5 奥氏体形变热处理钢

奥氏体形变热处理钢又称为低温形变热处理钢。碳的质量分数一般在 $0.3\%\sim0.4\%$，钢中必须加入大量 Cr、Mn、Ni、Mo 等合金元素，以保证在珠光体和贝氏体之间的温度范围内（$500\sim600℃$）塑性变形时，过冷奥氏体具有足够的稳定性。这种钢的抗拉强度可达 3000MPa，韧性和疲劳性能很好。

本章小结

① 奥氏体化的核心问题是奥氏体的组织状态，包括晶粒大小、均匀性、是否存在其他相等，它直接影响随后冷却过程中得到的组织和性能。

② 奥氏体化包含 4 个基本过程：奥氏体形核、晶核向 α 和 Fe_3C 两个方向长大、剩余碳化物溶解和奥氏体均匀化。

③ 奥氏体形核率随过热度增加而增大；晶粒长大的驱动力是界面能，第二相粒子起阻止晶粒长大的作用。奥氏体长大速率随形成温度的升高而单调增大。

④ 随着加热速度的增加，奥氏体的形成温度升高，奥氏体的起始晶粒度减小，奥氏体基体中平均碳的质量分数降低，剩余碳化物增多。

⑤ 影响奥氏体晶粒长大的因素分为内因和外因两个方面：内因包括化学成分、冶炼方法和原始组织；外因主要是奥氏体化工艺，包括加热温度、保温时间和加热速度等。

第3章

珠光体转变

3.1 珠光体及其组织结构

一定成分的过冷奥氏体冷却到 A_1 温度时将发生共析分解，形成珠光体组织。在 1864 年，索拜（Sorby）首先在碳素钢中观察到这种转变产物，他建议称之为"可发出珠光的组成物"，后来作为金相学的专用名词称为"珠光体"。20 世纪上半叶对珠光体转变进行了大量的研究工作，形成了较完善的珠光体转变理论，但在 20 世纪 60～80 年代的二十多年间，相对于马氏体和贝氏体转变来说，珠光体的研究并不活跃，珠光体钢应用也有限。当时，由于马氏体和贝氏体钢应用量较大，固态相变的研究工作主要集中在马氏体和贝氏体领域。实际上，共析转变的某些问题尚未真正搞清，如领先相问题、碳化物形态的复杂的变化规律、从高温向中温过渡、奥氏体分解规律的演化等，所有这些问题都需要进行深入的探讨、研究。20 世纪 80 年代以后，珠光体转变的研究又引起人们的兴趣。这主要是由于珠光体钢和珠光体组织的应用有了新的发展，如重轨钢的索氏体组织及在线强化，微合金化的非调质钢取代传统的调质钢，高强度冷拔钢丝及钢绳等的研究开发，这一切使珠光体共析转变的研究有了新的进展，珠光体组织的应用也进入了一个新的阶段。

3.1.1 珠光体

珠光体是由共析铁素体和共析渗碳体（或其他碳化物）有机结合的整合组织，铁素体及碳化物两相是成比例的，有一定的相对量。该铁素体和碳化物是从奥氏体中共析共生出来的，而且两相具有一定位向关系。

钢中珠光体的组成相有铁素体、渗碳体、合金渗碳体、各类合金碳化物，珠光体组织形态主要有片状和粒状两种，前者渗碳体呈片状，后者渗碳体呈粒状。图 3.1 为观察到的片状珠光体和粒状珠光体的组织形貌。

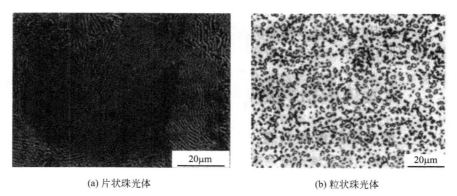

(a) 片状珠光体   (b) 粒状珠光体

图 3.1　片状和粒状珠光体组织的 SEM 照片

3.1.2　片状珠光体

共析成分的奥氏体过冷到 A_1 稍下的温度将发生共析分解，形成珠光体组织。由铁素体和渗碳体有机结合的整合组织，其典型形态是片状的（或层状的），如图 3.2 所示。

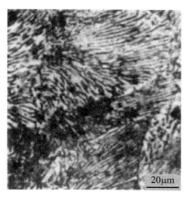

图 3.2　形成的片状珠光体组织

片状珠光体的粗细可用片层间距来衡量，相邻两片渗碳体（或铁素体）中心之间的平均距离称为珠光体的片层间距，如图 3.3（a）所示。片层方向大致相同的区域称为"珠光体领域""珠光体团"或"珠光体晶粒"，在一个奥氏体晶粒内可形成几个"珠光体团"，如图 3.3（b）所示。

转变温度是影响珠光体片层间距大小的一个主要因素。随着冷却速度增加，奥氏体转变温度降低，即过冷度不断增大，转变所形成的珠光体的片层间距不断减小。这有两点原因：①转变温度愈低，碳原子扩散速度愈小；②过冷度愈大，形核率愈高。这两个因素与温度的关系都是非线性的，因此珠光体的片层间距与温度的关系也应当是非线性的。图 3.4 测得了几种碳素钢和合金钢的珠光体片层间距与形成温度之间的关系。当过冷度很小时有近似的线性关系，但总的来看是非线性的。将它还原为非线性关系，如图 3.5 所示。

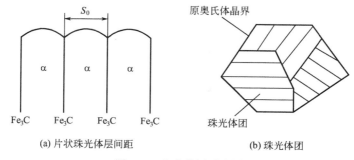

(a) 片状珠光体层间距　　　　　　　　(b) 珠光体团

图 3.3　珠光体团示意图

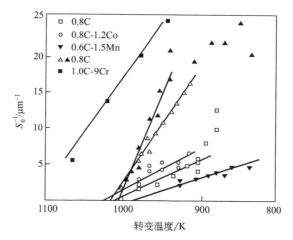

图 3.4　珠光体片层间距与形成温度之间的关系

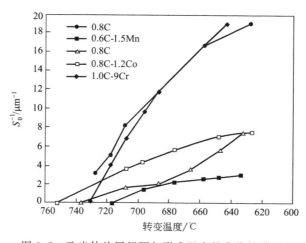

图 3.5　珠光体片层间距与形成温度的非线性关系

Marder 也把碳素钢中珠光体的片间距与过冷度的关系处理为线性关系

$$S_0 = \frac{8.02}{\Delta T} \times 10^3 \, \text{nm} \tag{3.1}$$

式中，S_0 为珠光体的片层间距；ΔT 为过冷度。

由图 3.4 可以看出，只有过冷度较小时（大约 50℃）才有近似的线性关系。

根据片层间距的大小，可将珠光体分为以下三类：在 A_1 稍下较高温度范围内形成的层片较粗，片层间距约为 150～450nm，在放大到 500 倍以上的光学显微镜下可分辨出层片，称为珠光体；在较低温度范围内所形成的层片比较细，片层间距为 80～150nm，在 1000 倍以上的光学显微镜下可分辨出层片，称为索氏体；在更低温度下形成的层片极细，其片层间距约为 30～80nm，即使在高倍光学显微镜下也无法分辨出片层来，只有在电子显微镜下才能分辨出层片，这种组织称为屈氏体。图 3.6 为片层间距不同的三种片状珠光体组织，图 3.7 为各种珠光体组织的电镜图和复型图。综上所述，珠光体、索氏体、屈氏体三种组织只有片层粗细之分，并无本质差别，它们之间的界限是相对的，这三种组织都是由铁素体和碳化物组成的共析体，统称为珠光体类型组织。

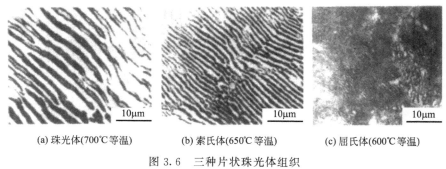

(a) 珠光体(700℃等温)　　　(b) 索氏体(650℃等温)　　　(c) 屈氏体(600℃等温)

图 3.6　三种片状珠光体组织

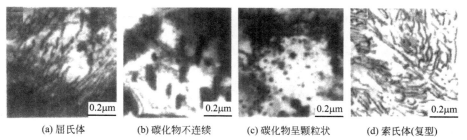

(a) 屈氏体　　　(b) 碳化物不连续　　　(c) 碳化物呈颗粒状　　　(d) 索氏体(复型)

图 3.7　各种珠光体组织的电镜图和复型图

如果过冷奥氏体在较高温度时部分转变为珠光体，未转变的奥氏体随后在较低温度转变为珠光体，这种情况下，形成的珠光体有粗有细，而且先粗后细。高温形成的珠光体比较粗，低温形成的珠光体比较细。这种组织不均匀的珠光体将引起力学性能的不均匀，从而可能对钢的切削加工性能产生不利的影响。因此，可以对结构钢采用等温处理（等温正火或等温退火）的方法，来获得粗细相近的珠光体组织，以提高钢的切削性能。

有色金属及合金中也有共析分解，形成与钢的珠光体类似的组织，如铜合金中，Cu-Al，Cu-Sn，Cu-Be 系均存在共析转变。对于铜铝合金，在富铜端，于 565℃ 存在一个共析转变。合金中的 α 相是以铜为基体的固溶体，β 相是以电子化合物 Cu_3Al 为基体的固溶体，含 11.8% Al 的铜合金在 565℃ 发生一个共析分解反应：

$$\beta_{(11.8)} \xrightleftharpoons{565℃} \alpha_{(9.4)} + \gamma_{2(15.6)}$$

平衡条件下，只有铝含量大于 9.4% 的合金组织中才出现共析体。但在实际铸造生产中，铝含量为 7%～8% 的合金，就常有一部分共析体出现。这是由于冷却速度大，β 相向 α 相析出不充分，剩余的 β 相在随后的冷却中转变为共析体。β 相具有体心立方结构，γ_2 相是面心立方结构。其共析体的组织形态有片状的，也有粒状的，类似于钢中的珠光体，如图 3.8 所示。

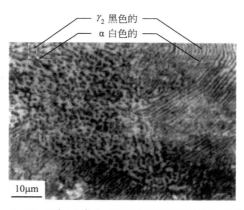

图 3.8　Cu-11.8% Al 合金 800℃ 固溶处理后炉冷的共析组织

3.1.3　粒状珠光体

当渗碳体以颗粒状分布于铁素体基体上时称为粒状珠光体或球状珠光体，如图 3.9 所示。粒状珠光体可以通过不均匀的奥氏体缓慢冷却时分解而得，也可以通过其他热处理方法获得，如球化退火。

应该指出，经普通球化退火之后，钢中的渗碳体，并不能都成为尺寸相等的球状，钢中的原始组织和退火工艺不同，粒状珠光体的形态也不一样。对于高碳工具钢中的粒状珠光体，常按渗碳体颗粒的大小，分为粗粒状珠光体、粒状珠光体、细粒状珠光体和点状珠光体。

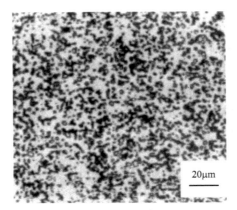

图 3.9　轴承钢的球化退火组织（颗粒珠光体）

3.2　珠光体转变机理

3.2.1　珠光体转变的热力学条件

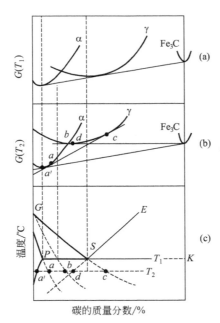

图 3.10　Fe-C 合金中各相在不同温度下的自由能-成分曲线

在共析转变温度，共析钢处于奥氏体、铁素体和渗碳体三相平衡状态。三个相的自由能-成分曲线存在一条公切线，如图 3.10（a）所示，三个公切点代表三个平衡相的相成分。

当温度下降到 T_2 时，奥氏体、铁素体和渗碳体的自由能曲线的相对位置发生了变化，如图 3.10（b）所示。三个相中，每两相自由能曲线之间可以作出一条公切线，共有三条公切线。其中，铁素体和渗碳体自由能曲线的公切线处于最低位置，奥氏体的自由能曲线在三条公切线之上，所以，在 T_2 温度下，奥氏体是不稳定相，铁素体＋渗碳体是最终的转变产物。因为珠光体转变通常是在高温下进行的，原子能够充分扩散，相变所需驱动力较小，所以，珠光体转变能在较小的过冷度下发生。

3.2.2 共析钢的珠光体转变机理

3.2.2.1 片状珠光体形成机理

共析钢发生珠光体转变时，共析成分的奥氏体将转变成铁素体和渗碳体的双相组织，可用下式表示该反应：

$$\gamma_{0.77} \longrightarrow \alpha_{0.0218} + Fe_3C_{6.69}$$

可见，珠光体转变包含两个不同的过程：点阵重构和碳的重新分布。

珠光体转变的本质是基体金属铁的同素异构。基体金属铁发生同素异构转变是绝对的，只是转变温度与冷却条件和铁中溶入其他元素及其溶入量有关。高温下面心立方的奥氏体能溶入较高含量的碳，共析温度以下，基体金属铁发生同素异构转变，形成体心立方的铁素体。因为铁素体的溶碳量低，奥氏体中多余的碳必须以渗碳体的形式脱溶出来（绝对平衡条件下碳以石墨的形式脱溶）。

珠光体转变也是通过形核和长大过程进行的。由于珠光体是由两相组成的，因此存在哪个相首先形核的问题。自1942年提出这个问题以来，学术上一直都有争议。尽管近年来对领先相的认识基本趋于一致，但领先相的问题除具理论意义外，没有任何实际工程应用价值。

其实，珠光体中铁素体和渗碳体同时出现的可能性极大。因为珠光体中的铁素体和渗碳体具有固定的化学成分、固定的组成相相对含量。珠光体不是铁素体和渗碳体两相简单地"机械混合"，两相的形核与长大是相辅相成的。碳原子在奥氏体中的分布不均匀是绝对的，奥氏体均匀化只是相对的。所以，奥氏体中总是同时存在贫碳区和富碳区，贫碳区有利于铁素体析出，富碳区有利于渗碳体析出。

无论哪个相为领先相，形核的最有利部位都是奥氏体晶界，因为晶界存在结构起伏、成分起伏和能量起伏。如果渗碳体晶核从晶界开始形核长大，将从其周围的奥氏体中吸取碳原子，导致 Fe_3C/γ 晶界靠近 γ 一侧出现贫碳区。贫碳区又有利于铁素体形核长大，铁素体的形核长大是个"排碳"的过程，又导致 α/γ 晶界靠近 γ 一侧出现富碳区，富碳又促进渗碳体的晶核长大。因此，铁素体和渗碳体相辅相成，协调进行，交替形核生长。

片状珠光体以横向和纵向两种方式同时生长，纵向长大是渗碳体片和铁素体片同时连续向奥氏体晶粒内部延伸；横向长大是渗碳体片与铁素体片交替堆叠增厚，直到一组层片大致平行的珠光体团与其他珠光体团相遇，奥氏体全部转变为珠光体时，珠光体转变结束。片状珠光体转变过程示意图如图3.11

所示。

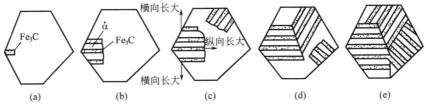

图 3.11　片状珠光体转变过程示意图

片状珠光体形成时，碳原子的扩散包括在奥氏体中的体扩散和界面扩散，如图 3.12 所示。

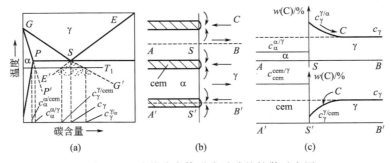

图 3.12　片状珠光体形成时碳的扩散示意图

在 T_1 温度下，γ/α 和 γ/Fe_3C 相界面靠近 γ 一侧的碳浓度分别为 $c_\gamma^{\gamma/\alpha}$ 和 $c_\gamma^{\gamma/cem}$，由相图可知，$c_\gamma^{\gamma/\alpha} > c_\gamma^{\gamma/cem}$，这表明奥氏体内部存在碳浓度梯度，从而引起体扩散。扩散的结果是，与铁素体相接的奥氏体中碳的质量分数下降，与渗碳体相接的奥氏体中碳的质量分数升高，破坏了该温度下的相平衡。因此，相界面必须移动以维持相平衡。γ/α 界面向奥氏体一侧推移，使界面处奥氏体中碳的质量分数升高；γ/cem 界面向奥氏体一侧推移，导致界面处奥氏体中碳的质量分数下降。

3.2.2.2　粒状珠光体形成机理

（1）过冷奥氏体直接分解成粒状珠光体

奥氏体化温度低，保温时间短时，奥氏体化不充分，奥氏体中尚存在许多微小的富碳区，甚至存在未溶解的剩余碳化物。缓慢冷却到 A_1 以下，或在稍低于 A_1 下长时间保温，过冷奥氏体晶粒内部的未溶解碳化物就是现成的渗碳体晶核，富碳区就是优先形核的部位。不同于奥氏体晶界上的形核，在奥氏体晶粒内部形成的渗碳体核心将向四周长大成粒状。

（2）片状珠光体球化退火形成粒状珠光体

如果原始组织已经是片状珠光体，将其加热到 A_{c1} 以上 $20\sim30℃$，保温一定时间，然后缓慢冷却到 A_{r1} 以下 $20℃$ 左右等温一段时间，随后空冷，则片状珠光体能够自发地转变成粒状珠光体，这种使钢中碳化物球状化的热处理工艺称为球化退火（spheroidizing annealing）。对于存在网状二次渗碳体组织的过共析钢，应先进行正火处理，消除网状组织，然后再进行球化退火。

将片状珠光体加热到 A_{c1} 下较高温度长时间保温，片状渗碳体也可能发生破裂和球化。

根据胶态平衡理论，第二相粒子的溶解度与粒子的曲率半径有关，曲率半径越小，溶解度越大。片状渗碳体不仅薄厚不均，而且凹凸不平。因此，与渗碳体尖角接触的奥氏体（A_{c1} 以上）或铁素体（A_{r1} 以下）具有较高的碳浓度，而与渗碳体平面处相接触的奥氏体或铁素体具有较低的碳浓度。这样，渗碳体界面附近的基体内部存在碳浓度差，将引起碳的扩散，扩散破坏了界面处的碳浓度平衡。为了维持界面碳浓度的平衡，渗碳体尖角处将溶解，使其曲率半径增大；渗碳体平面处将长大，使其曲率半径减小。这一过程持续发生，直至各处曲率半径相近，即渗碳体破裂及球化。

片状渗碳体的断裂还与渗碳体片内存在亚晶界或高密度位错有关，如图 3.13 所示。亚晶界的存在会使渗碳体内产生一界面张力，导致与基体相接触处出现沟槽，沟槽两侧渗碳体的曲率半径较小，与之接触的基体碳浓度较高，引起基体内部碳原子的扩散，并在附近平面渗碳体上析出渗碳体。为了维持界面平衡，凹坑两侧的渗碳体尖角逐渐被溶解，使曲率半径增大，结果又破坏了该处相界面表面张力的平衡。为了维持表面张力的平衡，凹坑将因渗碳体继续溶解而加深。这样下去，渗碳体将溶穿而断裂。之后，断裂的渗碳体再通过尖角处溶解、平面处长大的形式逐渐球状化。

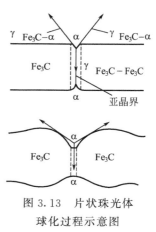

图 3.13　片状珠光体
球化过程示意图

对组织为片状珠光体的钢进行塑性变形，将增大珠光体中铁素体和渗碳体的位错密度和亚晶界数量，也使渗碳体片碎化，有促进渗碳体球化的作用。

3.2.3　亚（过）共析钢的珠光体转变机理

亚（过）共析钢的珠光体转变与共析钢的珠光体转变基本相似，只是亚（过）共析钢发生珠光体转变之前，先析出先共析相。亚共析钢的先共析相是铁素体，过共析钢的先共析相是渗碳体。如果冷却速度较大时，亚（过）共析钢还会发生伪共析转变。

3.2.3.1　亚共析钢的珠光体转变

亚共析钢奥氏体化后冷却到先共析铁素体区［图 3.12（a）所示的 GSE' 线以左区域］时，将有先共析铁素体析出。析出量取决于奥氏体中碳的质量分数和析出温度或冷却速度；碳的质量分数越高，冷却速度越快，析出温度越低，先共析铁素体的量越少。

先共析铁素体的析出也是一个形核和核长大的过程，并受碳原子在奥氏体中的扩散所控制。奥氏体晶界是先共析铁素体优先形核的位置，且铁素体晶核与奥氏体晶粒存在位向关系并保持共格。当然，由于相连奥氏体晶粒取向不同，铁素体不可能同时与其两侧的奥氏体晶粒存在位向关系和保持共格。先共析铁素体形核后，因铁素体"排碳"，与其相接的奥氏体的碳浓度将增加，使奥氏体内形成浓度梯度，从而引起碳的扩散，结果导致界面上碳平衡被破坏。为恢复平衡，先共析铁素体与奥氏体的相界间需向奥氏体一侧移动，从而使铁素体不断长大。

先共析铁素体的形态有 3 种：等轴状、网状和片状。一般认为，等轴状和网状铁素体由铁素体晶核的非共格界面推移而形成；片状铁素体则由铁素体晶核的共格界面推移而形成（魏氏组织）。先共析铁素体的形态与钢的化学成分、奥氏体晶粒度和冷却速度等因素有关。例如，当奥氏体晶粒较细小、等温温度较高或冷却速度较慢时，先共析铁素体一般呈等轴状。反之，先共析铁素体可能沿奥氏体晶界呈网状析出。当奥氏体成分均匀、晶粒粗大、冷却速度又比较适中时，先共析铁素体可能沿一定晶面向奥氏体晶内析出，并与奥氏体有共格关系，此时失共析铁素体的形态为片（针）状。

3.2.3.2　过共析钢的珠光体转变

过共析钢完全奥氏体化后，冷却到 ESG' 线以右时将析出先共析渗碳体。析出量同样取决于奥氏体中碳的质量分数、析出温度或冷却速度。碳的质量分数越低、析出温度越低或冷速越快，先共析渗碳体的量越少。先共析渗碳体的组织形态可以是粒状、网状或针（片）状。如果过共析钢奥氏体化温度过高，冷速过慢，即奥氏体成分均匀且晶粒粗大时，先共析渗碳体一般呈网状或针（片）状析出，这将显著增加钢的脆性。因此，过共析钢退火加热温度（奥氏体化）必须在 A_{cm} 以下，以免形成网状渗碳体。如果已经形成了网状渗碳体，应当将过共析钢加热到 A_{cm} 以上，使渗碳体全部溶入奥氏体中，然后快速冷却。

将一种沿母相特定晶面析出的针状组织称为魏氏组织（Widmaenstatten structure），它是因奥地利矿物学家 A. J. Widmaenstatten 于 1808 年在铁镍陨石中发现而命名的。工业上将片状铁素体或渗碳体加珠光体的组织称为魏氏组织。魏氏组织中的片状铁素体或渗碳体被称为魏氏组织铁素体或魏氏组织渗碳体。直接从奥氏体中析出的针状先共析铁素体被称为"一次魏氏组织铁素体"。在较高的析出温度下，先析出的铁素体可能沿奥氏体晶界呈网状，在随后的冷却过程中，由网状铁素体的一侧以针状向晶内长大，形成"二次魏氏组织铁素体"。单个魏氏组织铁素体呈针状，而从分布形态上看，则有羽毛状、三角形状或几种形态的混合状。因此，要特别注意不要把魏氏组织与上贝氏体组织（见第 5 章）混淆起来。尽管两种羽毛状组织形态很相似，但分布状况不同。上贝氏体成束分布，而魏氏体组织铁素体则彼此分离，片间有较大的夹角。

魏氏组织以及经常与之伴生的粗晶组织，会使钢的力学性能，尤其是塑性和冲击韧性显著下降。粗晶魏氏组织还会使钢的韧脆转变温度升高。这种情况下，必须采用细化晶粒的正火、退火以及锻造等方法消除魏氏组织及粗晶组织。

3.2.3.3 伪共析转变

成分接近共析点的合金，快速冷却而进入 $E'SG'$ 区，将发生共析转变，生成铁素体和渗碳体的混合组织。这种由非共析成分合金转变为全部由珠光体组成的组织，称为伪共析组织（pseudo-eutectoid structure），$E'SG'$ 线以下的阴影区域称为伪共析转变区。虽然伪共析的转变机理和分解产物的组织特点与珠光体转变完全相同，但其中的铁素体和渗碳体的相对含量与共析成分珠光体的不同。产生伪共析转变的条件与奥氏体中碳的质量分数及过冷度有关。碳的质量分数越接近共析成分，过冷度越大，先共析相来不及析出，越易发生伪共析转变。

3.3 珠光体转变动力学

珠光体转变和其他类型的相变一样，其转变过程遵循形核和长大规律。因此，珠光体转变动力学可以用结晶规律分析。

3.3.1 珠光体的形核与长大

过冷奥氏体转变为珠光体的动力学参数，形核率和长大速率与转变温度的关系都具有极大值特征。图 3.14 为共析钢（0.78% C，0.63% Mn）的形核率 J、长大速率 v 与温度的关系图解。

由图 3.14 可以看出，形核率 J、长大速率 v 均随着过冷度的增加先增后减，在 550℃ 附近有极大值。这是由于随着过冷度的增大，奥氏体与珠光体的自由能差增大，故形核率 J、长大速率 v 增加。另外，随着过冷度的增大转变温度降低，将使奥氏体中的碳浓度梯度加大，珠光体片间距减小，扩散距离缩短，这些因素都促使形核率 J、长大速率 v 增加。

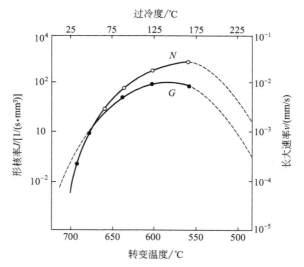

图 3.14　共析钢（0.78% C，0.63% Mn）的形核率 J、长大速率 v 与温度的关系

但随着过冷度的继续增大，转变温度越来越低，原子活动能力逐渐减小，因而转变速度逐渐变小，这样在形核率 J、长大速率 v 与温度的关系曲线上就出现了极大值。

珠光体的形核率 J 还与转变时间有关，即随着时间的延长，形核率增加且晶界形核很快达到饱和，随后形核率降低。而长大速率 v 与等温时间无关。温度一定时，长大速率 v 为定值。

过冷奥氏体向珠光体转变时，形核率与相变时间密切相关。但为简化起见，假设形核率不随时间而变化，可以得到均匀形核的稳态形核率的表达式，其形核率公式为

$$J^* = N_V \beta^* Z \exp\left(-\frac{\Delta G^*}{kT}\right) \tag{3.2}$$

式中，N_V 是单位体积内可以形核的潜在位置数目；Z 称为 Zeldovich 因子，其典型的值约为 $1/20$；β^* 是单个原子加入临界核心上的频率或速率，称为频率因子。

在实际的相变过程中，形核率是与时间相关的，考虑时间对形核率的影响，则均匀形核的形核率公式为

$$J^* = N_V \beta^* Z \exp\left(-\frac{\Delta G^*}{kT}\right) \exp\left(-\frac{\tau}{t}\right) \tag{3.3}$$

式中，τ 为形核孕育期；t 为等温时间。

形核阶段结束后，新相进入长大阶段。对于不同形状的新相，根据形核和长大过程的不同，其体积分数随时间的变化可以用 Avrami 提出的经验方程式表示：

$$f = 1 - \exp(-kt^n)$$

式中，k 为速度常数，与温度相关；n 是与相变的类型有关的常数，可以看作与温度无关，在不同的相变情况下，n 值有明显的差别。Christian 综合了各种不同类型相变的 n 值。

3.3.2 珠光体转变动力学图

由固态相变动力学原理可知，在等温、N 和 G 不随时间而变的条件下，理论上新相的转变量可由 Johson-Mehl 方程或 Avrami 经验方程计算，而实际珠光体等温转变动力学图都是用实验方法测定的。由珠光体转变温度、时间和转变量三者之间的关系确定的 TTT 或 C 曲线是制定热处理工艺的重要参考。C 曲线的种类和影响因素参见本章 3.3.3 小节，本章只讨论亚共析钢和过共析钢的 C 曲线。

对于亚共析钢，完全奥氏体化时（实际生产中可以不完全奥氏体化），珠光体转变前有先析出相铁素体，先析出相铁素体转变的动力学曲线也呈 C 曲线，位于珠光体转变动力学曲线的左上方[见图 3.15(a)]，且随碳的质量分数的增加，该曲线向右下方移动。由于奥氏体中碳的质量分数增加将使铁素体形核率下降，铁素体长大时需要扩散离去的碳量增加，所以亚共析钢中碳的质量分数增加，珠光体转变速度减慢。

同样，如果过共析钢完全奥氏体化（一般进行不完全奥氏体化），在珠光体等温转变动力学曲线左上方有一条先析出相渗碳体的析出曲线[见图 3.15(b)]，随碳的质量分数的增加，该曲线向左上方移动。过共析钢完全奥氏体化时，随碳的质量分数的增加，先析出相渗碳体转变的孕育期缩短，导致珠光体转变速度加快。

总体来说，共析钢的过冷奥氏体相对最稳定，C 曲线位置最靠右。如果采用不完全奥氏体化，加热组织不均匀，存在先析出相，有促进珠光体形核和长大的作用。

3.3.3 影响珠光体转变动力学的因素

作为一个开放系统，相变的发生取决于系统所处的内、外部条件。内部条件包括母相的化学成分、组织结构状态；外部条件如加热温度、时间、冷却速

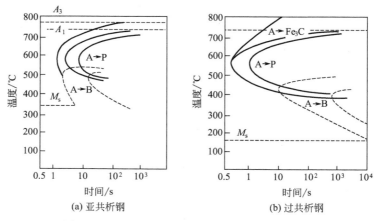

图 3.15 亚共析钢和过共析钢等温转变动力学图

度、应力及变形等。这里只讨论影响珠光体转变的动力学内部条件。

3.3.3.1 奥氏体化状态的影响

奥氏体化状态的影响是指晶粒度、成分的不均匀性、晶界偏聚、剩余碳化物量等因素对奥氏体的共析分解产生的影响。如在 $A_{c1} \sim A_{ccm}$ 之间奥氏体化时，存在剩余渗碳体或碳化物，成分也不均匀，促进珠光体形核及长大，使转变速度加快。

奥氏体化温度不同，奥氏体晶粒大小不等，则过冷奥氏体的稳定性也不一样。细小的奥氏体晶粒，单位体积内的界面积大，珠光体形核位置多，将促进共析分解。

奥氏体晶界偏聚硼、稀土等元素时，会降低晶界能，提高过冷奥氏体的稳定性，延缓珠光体的形核，使 C 曲线向右移，阻碍过冷奥氏体的共析分解。

3.3.3.2 奥氏体固溶碳含量的影响

只有将钢加热完全奥氏体化时，奥氏体的碳含量才与钢中的碳含量相同。如果亚共析钢和过共析钢只加热到 A_1 稍上的两相区（$\alpha + \gamma$ 或 $\gamma + Fe_3C$），这样的奥氏体具有不同的分解动力学。

在亚共析钢中，随着碳含量的增加，先共析铁素体析出的孕育期增长，析出速度减慢，共析分解也变慢。这是由于在相同条件下，亚共析钢中碳含量增加时，先共析铁素体的形核概率变小，铁素体长大所需扩散离去的碳量增大，因而铁素体析出速度变慢。由此引发的珠光体形成速度也随之减慢。

在过共析钢中，当奥氏体化温度为 A_{ccm} 以上时，碳完全溶入奥氏体中，碳含量高，碳在奥氏体中的扩散系数大，先共析渗碳体析出的孕育期缩短，析出速度增大。碳降低铁原子的自扩散激活能，增大晶界铁原子的自扩散系数，使珠光体形成的孕育期随之缩短，形成速度变快。

3.3.3.3 奥氏体中合金元素的影响

合金元素溶入奥氏体中则形成了合金奥氏体，随着合金元素数量和种类的增加，奥氏体变成了一个复杂的多组元整合系统，合金元素对奥氏体的分解行为将产生复杂的影响，对铁素体和碳化物两相的形成均产生影响，并对共析分解过程从整体上产生影响。

奥氏体中含有 Nb、V、W、Mo、Ti 等强碳化物形成元素时，在奥氏体分解时，会形成特殊碳化物或合金渗碳体（Fe，M）$_3$C。钒钢中 VC 在 700～450℃范围内生成；钨钢中 $Fe_{21}W_2C_6$ 在 700～590℃范围内生成；钼钢中 $Fe_{23}Mo_2C_6$ 在 680～620℃范围内生成。含中强碳化物形成元素铬的钢，当 $w(Cr)/w(C)$ 高时，共析分解时可直接生成特殊碳化物 Cr_7C_3 或 $Cr_{23}C_6$。当 $w(Cr)/w(C)$ 低时，可形成富铬的合金渗碳体，如 $wCr/w(C)=2$ 时，在 650～600℃范围内可直接生成 $w(Cr)=8\%～10\%$ 的合金渗碳体（Fe，M）$_3$C。含弱碳化物形成元素锰的钢中，珠光体转变时只直接形成富锰的合金渗碳体。

在碳钢中发生珠光体转变时，仅生成渗碳体，只需要碳的扩散和重新分布。在含有碳化物形成元素的钢中，共析分解生成含有特殊碳化物或合金渗碳体的珠光体组织。这不仅需要碳的扩散和重新分布，而且还需要碳化物形成元素在奥氏体中的扩散和重新分布。实验数据表明，间隙原子碳在奥氏体中的扩散激活能远小于代位原子钒、钨、钼、铬、锰的扩散激活能。在 650℃左右，碳在奥氏体中的扩散系数约为 10^{-10}cm/s，而此时，碳化物形成元素在奥氏体中的扩散系数为 10^{-16}cm/s，后者比前者低 6 个数景级。由此可见，碳化物形成元素的扩散慢是珠光体转变的控制因素之一。含镍和钴的钢中只形成渗碳体，其中镍和钴的含量为钢中的平均含量，即渗碳体的形成不取决于镍和钴的扩散。含硅和铝的钢中，珠光体组织的渗碳体中不含硅或铝，即在形成渗碳体的区域，硅和铝原子必须扩散离去。这就是硅和铝能提高过冷奥氏体稳定性的原因之一，也可以说明硅和铝在高碳钢中推迟珠光体转变的作用大于在低碳钢中作用的原因。

合金元素对 $\gamma \rightarrow \alpha$ 转变的影响主要是提高 α 相的形核功或转变激活能。镍主要是增加 α 相的形核功。合金元素铬、钨、钼、硅都可提高 γ-Fe 原子的自扩散激活能。若以 Cr-Ni、Cr-Ni-Mo 或 Cr-Ni-W 合金化时，可同时提高 α 相的形核功和 $\gamma \rightarrow \alpha$ 的转变激活能，可有效提高过冷奥氏体的稳定性。钴的作用特殊，当单独加入时可使铁的自扩散系数增加，加快 $\gamma \rightarrow \alpha$ 转变；而钴和铬同时加入，则钴的作用正好相反，表明有铬存在时，钴能增加 γ 中原子间的结合力，提高转变激活能。

从元素单独作用看，大部分合金元素可推迟奥氏体的共析分解，尤其是 Ni、Mn、Mo 的作用显著。如 Mo 能降低珠光体的形核率 N_s（单位界面形核率）；Mn 能降低珠光体的长大速度 v；只有 Co 的作用相反，Co 会增加碳在奥氏体中的扩散速度，具有增加珠光体形核率和长大速度的作用。

Ni、Cr、Mo 等合金元素提高了珠光体转变时 α 相的形核功和转变激活能，增加了奥氏体相中原子间的结合力，使 $\gamma \to \alpha$ 转变激活能增加。Cr、W、Mo 等提高 γ-Fe 的自扩散激活能，因此提高了奥氏体的稳定性。

当合金元素综合加入时，多元整合，作用更大，如图 3.16 所示，Fe+Cr、Fe+Cr+Co、Fe+Cr+Ni 等合金系表现了不同的作用。2.5% Ni 使含 Cr 质量分数为 8.5% 的合金的转变的最短孕育期由 60s 增加到 20min。5% Co 使含 Cr 质量分数为 8.5% 的合金的最短孕育期增到 7min。显然均显著推迟了 $\gamma \to \alpha$ 转变。

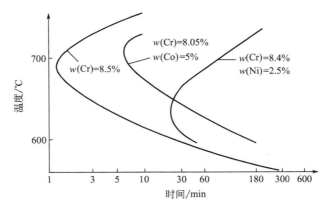

图 3.16　不同合金系对 $\gamma \to \alpha$ 转变的 TTT 的影响

对于非碳化物形成元素，如 Al 和 Si，它们可溶入奥氏体，但是不溶入渗碳体，只富集于铁素体中，这说明在共析转变时，Al、Si 原子必须从渗碳体形核处扩散离去，渗碳体才能形核长大。这是 Al 和 Si 能提高奥氏体稳定性、阻碍共析分解的重要原因。

稀土元素原子半径太大，难以固溶于奥氏体中，但它可以微量溶于奥氏体晶界等缺陷处，降低晶界能，从而影响奥氏体晶界的形核过程，降低形核率，也能提高奥氏体的稳定性，阻碍共析转变，并使 C 曲线向右移。在 42Mn2V 钢中加入混合稀土元素（RE），测得稀土固溶量的质量分数为 0.027%，这些稀土元素吸附于奥氏体晶界上，降低相对晶界能，阻碍新相的形核过程，延长了孕育期，增加了过冷奥氏体的稳定性，因而推迟了共析分解，也推迟了贝氏体转变。图 3.17 是测得的 42Mn2V 钢的 CCT 图，图中实线部分表示加入稀土元素后使 C 曲线向右移。

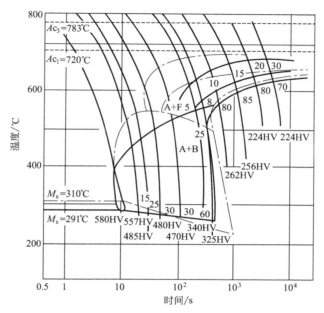

图 3.17　稀土对 42Mn2V 钢的 CCT 的影响

现将各类合金元素的作用总结如下。

① 强碳化物形成元素钛、钒、铌阻碍碳原子的扩散，主要是通过推迟共析分解时碳化物的形成来增加过冷奥氏体的稳定性，从而阻碍共析分解。

② 中强碳化物形成元素钨、钼、铬等，除了阻碍共析碳化物的形成外，还增加了奥氏体原子间的结合力，降低铁的自扩散系数，这将阻碍 γ→α 转变，从而推迟奥氏体向 （α＋Fe₃C) 的分解，也即阻碍珠光体转变。

③ 弱碳化物形成元素锰在钢中不能形成自己的特殊碳化物，而是溶入渗碳体中，形成含锰的合金渗碳体 (Fe，M)₃C，由于锰的扩散速度慢，因而阻碍共析渗碳体的形核及长大，同时锰又是扩大 γ 相区的元素，起稳定奥氏体并强烈推迟 γ→α 转变的作用，阻碍珠光体转变。

④ 非碳化物形成元素镍和钴对珠光体转变中碳化物的形成影响小，主要表现在推迟 γ→α 转变。镍是开启 γ 相区并稳定奥氏体的元素，增加 α 相的形核功，降低共析转变温度，强烈阻碍共析分解时 α 相的形成。钴能升高 A_3 点，提高 γ→α 转变温度，提高珠光体的形核率和长大速度。

⑤ 非碳化物形成元素硅和铝由于不溶于渗碳体，在珠光体转变时，硅和铝必须从渗碳体形成的区域扩散离去，这是减慢珠光体转变的控制因素。硅还能增加铁原子间的结合力，增高铁的自扩散激活能，推迟 γ→α 转变。

⑥ 内吸附元素如硼、磷、稀土等，富集于奥氏体晶界，可降低奥氏体晶界能，阻碍珠光体的形核，降低形核率，延长转变的孕育期。因而能提高奥氏

体稳定性，阻碍共析分解，使 C 曲线向右移。

影响奥氏体共析分解的因素是极为复杂的，不是上述各合金元素单个作用的简单叠加。强碳化物形成元素、弱碳化物形成元素、非碳化物形成元素、内吸附元素等在奥氏体共析分解时所起的作用各不相同。多种合金元素进行综合合金化时，合金元素的综合作用绝不是单个元素作用的简单之和，而是各个元素之间的非线性相互作用、相互加强，形成一个整合系统。各元素的作用，对共析分解将产生整体大于部分之总和的效果，能够成百倍、千倍地提高奥氏体的稳定性，推迟共析分解，提高过冷奥氏体的淬透性。

图 3.18 为 35Cr、35CrMo、35CrNiMo、35CrNi4Mo 几种钢的 TTT 图，由图可见，四种成分的合金钢，含碳域相同，而合金元素种类逐步增加，随着

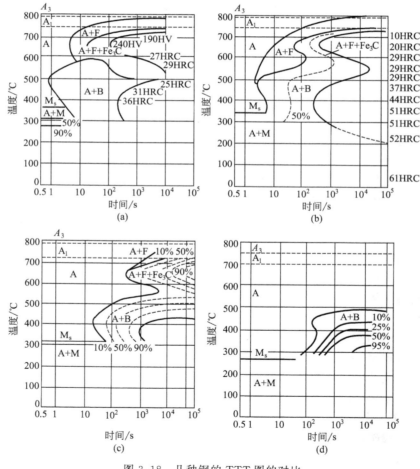

图 3.18　几种钢的 TTT 图的对比

（a）35Cr；（b）35CrMo；（c）35CrNiMo；（d）35CrNi4Mo

合金元素种类和数量的增加，珠光体共析分解不断被推迟，转变孕育期不断延长，C曲线明显右移。35Cr钢珠光体分解的"鼻子"时间不足20s；35CrMo的"鼻子"时间延长到50s；35CrNiMo钢在"鼻尖"处的孕育期约为400s，转变终了时间约为4000s；而35CrNi4Mo钢的珠光体转变已经被推迟得看不见了，实际上是共析分解的开始时间太长（$>10^5$s），未能测出。

3.4 珠光体的力学性能与珠光体钢的发展

3.4.1 珠光体的力学性能

可以认为珠光体是一种复合材料，是塑性较好的铁素体和硬而脆的渗碳体的有机复合。珠光体的力学性能与复合状态密切相关，而复合状态又与化学成分和热处理工艺有关。相同化学成分的珠光体，因热处理工艺不同，转变产物既可以是片状珠光体，也可以是粒状珠光体；同样是片状珠光体，其珠光体团的大小、珠光体片间距等也可以不同。对于同一成分的非共析钢，先共析相的体积分数因热处理工艺不同而不同。这些因素都会对珠光体的宏观性能产生影响。

3.4.1.1 片状珠光体和粒状珠光体的力学性能

片状珠光体的力学性能取决于珠光体的层间距和珠光体团的尺寸。层间距由珠光体的形成温度决定；珠光体团的尺寸与奥氏体晶粒大小有关。所以，奥氏体化温度和珠光体的形成温度决定了片状珠光体的力学性能。

片状珠光体的层间距和珠光体团尺寸对力学性能的影响，与晶粒尺寸对力学性能的影响完全一样，即片间距和珠光体团尺寸越小，珠光体的强度、硬度以及塑性、韧性越高，其中层间距的影响更为显著。

片状珠光体的屈服强度满足霍尔-佩奇关系式：

$$\sigma_s = \sigma_i + KS_0^{-1/3} \tag{3.4}$$

式中 σ_i，K——与材料有关的常数；

S_0——珠光体的层间距。

连续冷却条件下，珠光体层间距是不均一的。先形成的珠光体层间距大，后转变的珠光体层间距小。珠光体层间距大小不等，可能会引起不均匀的塑性变形，层间距较大的局部区域因过量塑性变形而首先出现应力集中，最终导致材料断裂。

与片状珠光体相比，在相同成分条件下，粒状珠光体的强度、硬度稍低，塑性、韧性较高。主要原因是：渗碳体呈粒状时，铁素体与渗碳体的相界面减小，强度硬度下降；在连续的铁素体上分布粒状渗碳体的情况下，对位错运动的阻碍作用减小，塑性提高。所以，粒状珠光体的加工性能（切削和成形性）好，加热淬火时的变形和开裂的倾向性小，这就是高碳钢常常要求获得粒状珠光体组织的原因。对于冷挤压成形加工的低、中碳钢和合金钢，也要求具有粒状珠光体组织。

粒状珠光体的力学性能与粒状渗碳体的形态、大小、分布有关。成分相同时，渗碳体颗粒越小，越接近等轴状，分布越均匀，强度越高，韧性越好。

相同强度条件下，粒状珠光体的疲劳强度比片状珠光体高。这是因为在交变载荷作用下，粒状碳化物对铁素体基体的割裂作用较小，工件表面或内部不易产生疲劳裂纹。此外，粒状珠光体中位错易于滑移，因此，即使产生了疲劳裂纹，裂纹尖端的应力集中也能得到有效释放，使裂纹扩展速度大大降低。

3.4.1.2 非共析钢的力学性能

过共析钢一般都要球化处理，而亚共析钢珠光体转变后得到先共析铁素体加珠光体。先共析铁素体的存在，使亚共析钢的强度、硬度下降，塑性、韧性提高。亚共析钢的力学性能不仅取决于珠光体层间距，而且与铁素体和珠光体的相对含量、铁素体晶粒大小及铁素体的化学成分有关。

铁素体和珠光体两相混合组织的力学性能满足以下关系式：

$$\sigma_s = f_\alpha^{1/3}\sigma_\alpha + (1 - f_\alpha^{1/3})\sigma_P \tag{3.5}$$

式中 f_α——铁素体的体积分数；

σ_α，σ_P——铁素体和珠光体的屈服强度。

显然，式（3.3）和式（3.4）都没有完全反映出合金元素、铁素体晶粒大小及珠光体形态对强度的影响。

3.4.1.3 形变珠光体的力学性能

珠光体是一种高温转变的组织，与贝氏体和马氏体组织相比，具有强度和硬度低、塑性和韧性好的特点。大部分情况下，珠光体只是一种中间组织。但是，与形变强化结合起来，珠光体可以作为一种终态组织应用于生产实际。钢丝绳、琴钢丝及某些弹簧钢丝就是经铅浴淬火后的珠光体钢。铅浴淬火（patenting process）是首先将高碳钢进行索氏体化处理，然后再经过深度冷拔的工艺。索氏体的层间距小，塑性好，具有良好的冷拔能力。高碳钢经铅浴淬火后所能达到的强度水平是目前生产条件下钢能够达到的最高水平。例如，0.9%的碳钢，直径1mm，845～855℃奥氏体化，516℃等温索氏体处理，然后经80%面收缩率冷拔变形，抗拉强度可高达4000MPa。

随着珠光体含量的增加，流变应力增加，加工硬化率提高。珠光体的加工硬化率与其层间距也呈线性关系：

$$d\sigma/d\varepsilon = 1560 - 0.09S \qquad (3.6)$$

可见，细片状珠光体有利于增加加工硬化率。因为在这种情况下，Fe_3C 片也很细小，能弯曲或伸长，而粗片状 Fe_3C 则会断裂。深冷变形时，铁素体片和渗碳体片都发生大量变形，形成高密度位错。而且珠光体的组织特征没有被破坏，只是层间距会在冷变形过程中大大减小。因此，铅浴淬火后的极高强度来自极端细小层间距造成的显微组织硬化和层间界面对位错运动的阻碍作用。

形变珠光体强度提高了，韧性则成为不可忽视的问题。研究表明，冲击韧性随珠光体体积分数（或碳的质量分数）的增加而显著下降。而韧脆转变温度随珠光体含量增加而升高，如图 3.19 所示。

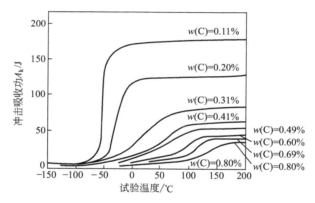

图 3.19　碳的质量分数对正火钢的韧脆转变温度和冲击功的影响

珠光体层间距对冲击韧性的影响是矛盾的，一方面，层间距小，强度提高了，但对冲击韧性不利；另一方面，层间距减小，珠光体片中渗碳体片的厚度随之减小，这又可改善韧性。所以，存在一个最佳层间距。

3.4.2　珠光体钢的发展

3.4.2.1　钢轨钢

钢轨钢要求有足够高的硬度、抗拉强度和疲劳强度。此外，还要求有适当的冲击韧性、耐磨性及抗大气腐蚀的能力。这类钢一般选用碳的质量分数较高的碳素钢（0.5%～0.75%），并添加 Mn、Si、Cu 等合金元素。钢轨通常是热轧成形，轧后空冷至室温的组织几乎是 100% 的珠光体。钢轨的主要失效原因是韧性差，所以其发展方向是使其成为韧断钢。从成分设计上采用低碳高锰，工艺上通过控制轧制或正火处理来细化晶粒，以满足韧断钢的性能要求。

3.4.2.2　冷拔高强度钢丝用钢

高强度不是马氏体所独有的，除晶须外，已知的最强金属是冷拔珠光体钢。先将高碳钢（如 50、60、70、T8A、T9A、T10A 及 65Mn 等）热处理获得索氏体组织，再经过深度冷拔，可获得极高强度。但是，这种处理有一定的局限性，因为深冷拉拔变形的截面收缩率超过 90％，大尺寸的工件难以实现深冷拉拔，它只适合于弹簧钢丝和钢丝绳。

奥氏体化后进行铅浴等温（480～540℃）处理获得极细的珠光体组织。铅浴等温处理是冷拔的中间工序，目的是为了恢复塑性变形能力，便于后续的多次拉拔。等温处理不能有贝氏体组织，否则不利于拉拔。

3.4.2.3　盘条钢

通常将直径较小的圆钢线材称为盘条，可分为普通线材、高碳钢线材和特殊钢线材，因其成品直径在5～16mm之间且呈盘卷状，所以称为盘条，在生产生活中的应用较为广泛。就盘条的品种而言，碳含量 w（C）≤0.45％的碳素钢盘条称为软线，碳含量 w（C）≥0.45％的碳素钢盘条称为硬线；按照化学成分可分为低碳钢线材、中高碳钢线材、合金钢线材、不锈钢线材和特殊钢线材等几大类，在线材结构中碳素钢线材占80％以上。钢丝可分为普通（一般）用途钢丝、特殊（专用）钢丝和高碳（强度）钢丝。普通钢丝一般碳含量较低，满足普通结构构件，常用于建筑和结构中，包括制钉钢丝、退火钢丝等；特殊钢丝主要用来制造不锈钢弹簧钢丝、不锈钢丝和不锈钢丝绳用钢丝；而高碳钢丝碳含量较高，形变强化后强度较高，被广泛应用于钢丝拉拔原料，应用较多的是子午线轮胎钢帘线钢丝及预应力钢丝及钢绞线钢丝等。

目前工业生产钢丝制品的热处理方法较多，以热处理介质来区分主要有5种热处理方式来生产盘条，分别为重新奥氏体化后进行的铅浴淬火热处理、热轧后利用余热进行盐浴的淬火处理、热轧后利用余热采用斯太尔摩风冷的热处理、利用流态床淬火技术进行的热处理、重新奥氏体化后进行水浴淬火的热处理。其中铅浴热处理利用的是珠光体转变。由于铅的熔点在327℃，沸点为1740℃，能长期稳定在适宜钢丝珠光体转变的温度区间，在盘条生产中，常用电接触加热＋铅浴淬火处理作为中间热处理工艺，这种工艺性能稳定，产品质量好，通常先将盘条或线材加热到奥氏体化温度后直接浸入熔融的铅浴中恒温，完成奥氏体向珠光体的转变。

3.4.2.4　珠光体耐热钢

珠光体耐热钢是基体为珠光体或贝氏体组织的低合金耐热钢，主要有铬钼和铬钼钒系列，后来又发展了多元（如 Cr、W、Mo、V、Ti、B 等）复合合金化的钢种，钢的持久强度和使用温度逐渐提高。珠光体耐热钢按碳的质量分数和应用特点可分为低碳珠光体耐热钢和中碳珠光体耐热钢两类，前者主要用于制作锅炉钢管，后者主要用于制作汽轮机等耐热紧固件、汽轮机转子（包含轴、叶轮）等。这类钢在 $450\sim620℃$ 有良好的高温蠕变强度及工艺性能，且导热性好，膨胀系数小，价格较低，广泛用于制作 $450\sim620℃$ 范围内使用的各种耐热结构材料。

珠光体耐热钢的工作温度虽然不高，但由于工作时间长，加上受周围介质的腐蚀，在工作过程中可能产生下述的组织转变和性能变化。

（1）珠光体的球化和碳化物的聚集

珠光体耐热钢在长期高温作用下，其中的片状碳化物转变成球状，分散细小的碳化物聚集成大颗粒的碳化物，导致蠕变极限、持久强度、屈服极限降低。这种转变是一种由不平衡状态向平衡状态过渡的自发过程，是通过碳原子的扩散进行的。合金元素 Cr、Mo、V、Ti 等均能阻碍或延缓球化及聚集过程。

（2）石墨化

在高温和应力长期作用下，渗碳体分解成游离的石墨，这个过程也是自发进行的。珠光体耐热钢的石墨化不但消除了碳化物的作用，而且钢中石墨相当于小裂纹，使钢的强度和塑性显著降低而引起钢件脆断，这是十分危险的。钢中加入 Cr、Ti、Nb 等合金元素，均能阻止石墨化过程；在冶炼时避免用促进石墨化的铝脱氧，采用退火或回火处理也能减少石墨化倾向。

（3）合金元素的再分布

耐热钢长期工作时，会发生合金元素的重新分配现象，即碳化物形成元素 Cr、Mo 向碳化物内扩散、富集，从而造成固溶体合金元素贫化，导致热强性下降。生产中经常采用加入强碳化物形成元素 V、Ti、Nb 等，以阻止合金元素扩散聚集。

（4）热脆性

珠光体型不锈钢在某一温度下长期工作时，可能发生冲击韧性大幅度下降的现象，这种脆性称为热脆性，这与在该温度下某种新相的析出有关。防止热脆性可采取如下措施：避开脆性温度；冶炼时尽量降低磷含量；加入适量的 W、Mo 等合金元素。已发生热脆性的钢，可采用 $600\sim650℃$ 高温回火后快冷的方法加以消除。

经正火（$A_{c3}+50℃$）处理的珠光体耐热钢的组织是不稳定的，因此应在高于使用温度 100℃ 下进行回火处理。

本章小结

① 珠光体是铁素体和渗碳体的复合体，可分为片状和粒状两种形态。随

温度的下降，珠光体的层间距减小。而粒状珠光体既可以是特定条件下过冷奥氏体直接分解的产物，也可以通过球化退火获得。

② 珠光体的形成包含两个基本过程，碳的重新分配和点阵重构，其中晶体点阵的重构由铁的同素异构本性决定。

③ 珠光体的形核率 N 和长大速率 v 由驱动力和扩散激活能两个控制因素共同决定，随着转变温度的不同，驱动力和扩散激活能所起的主导作用会发生变化，从而导致 N 和 v 与过冷度的关系曲线上存在极大值，也造成珠光体转变动力学图呈"C"形。

④ 凡是稳定过冷奥氏体的因素，都导致 C 曲线右移。

⑤ 珠光体是铁素体和渗碳体的复合体，其力学性能与复合状态密切相关，而复合状态又与化学成分和热处理工艺有关。

第4章

马氏体转变

我国是最早使用马氏体组织的国家，早在战国时期就已进行钢的淬火，出土的西汉剑就具有淬火马氏体组织。1895 年，法国冶金学家 Floris Osmond 为纪念 Adolf Martens（德国著名冶金学家，1850—1914）而将钢从高温以极快的冷速冷却得到的高硬度组织命名为马氏体（Martensite）。

马氏体的定义为：马氏体是原子经无扩散的集体协同位移完成晶格改组过程，得到具有严格晶体学关系和惯析面的，并且新相中伴生极高密度位错或层错或精细孪晶等亚结构的整合组织。

钢在加热与冷却过程中，内部相组成发生了变化，因而钢的性能也发生改变。钢从奥氏体化状态快速冷却淬火，在较低温度下（低于 M_s 点）发生的无扩散型转变称为马氏体转变。钢中马氏体相的本质是碳在 α-Fe 中的过饱和固溶体，呈体心正方结构，常用 M 表示，马氏体转变是钢件热处理强化的主要手段之一。后来，人们陆续在一些有色合金系以及纯金属和陶瓷材料中相继发现马氏体，从而得到广义马氏体的概念。表 4.1 列举了一些有色金属及其合金中的马氏体转变情况。

表 4.1　一些有色金属及其合金中的马氏体转变情况

材料及其成分	晶体结构的变化	惯析面
纯 Ti	bcc→hcp	{8 8 11}或{8 9 12}
Ti-11%Mo	bcc→hcp	{334}与{344}
Ti-5%Mo	bcc→hcp	{334}与{344}
纯 Zr	bcc→hcp	
Zr-2.5%Cb	bcc→hcp	
Zr-0.75%Cr	bcc→hcp	
纯 Li	bcc→hcp(层错)	{144}
	bcc→fcc(应力诱发)	
纯 Na	bcc→hcp(层错)	
Cu-40%Zn	bcc→面心四方(层错)	约{155}

合金固态相变

续表

材料及其成分	晶体结构的变化	惯析面
Cu-(11%~13.1%)Al	bcc→fcc(层错)	约{133}
Cu-(12.9%~14.9%)Al	bcc→正交	约{122}
Cu-Sn	bcc→fcc(层错)	
	bcc→正交	
Cu-Ca	bcc→fcc(层错)	
	bcc→正交	
Au-47.5%Cd	bcc→正交	{133}
Au-50%Mn	bcc→正交	
纯 Co	fcc→hcp	{111}
In-(18%~20%)Tl	fcc→面心四方	{011}
Mn-(0~25%)Cu	fcc→面心四方	{011}
Au-56%Cu	fcc→复杂正交(有序⇌无序)	
U-0.40%Cr	复杂四方→复杂正交	
U-1.4%Cr	复杂四方→复杂正交	$(1\bar{4}\bar{4})$与$(1\bar{2}3)$之间
纯 Hg	菱方→体心四方	$(1\bar{4}\bar{4})$与$(1\bar{2}3)$之间

注：bcc—体心立方；fcc—面心立方；hcp—密排六方。

马氏体转变的主要特点是无扩散过程，原子协同作小范围位移，以类似于孪生的切变方式形成亚稳态的新相（马氏体），新旧相化学成分不变并具有共格关系。

4.1 马氏体转变的基本特征

4.1.1 无扩散性

马氏体转变的过冷度很大，在较低的温度下（M_s 点以下），碳原子和合金元素的原子均已扩散困难。因此马氏体转变是在无扩散的条件下进行的，新相马氏体和母相奥氏体具有完全相同的化学成分。例如，共析碳钢的 M_s 点为 230℃。在这样低的温度下铁原子和碳原子均难以扩散。

马氏体转变与扩散型相变的不同之处在于晶格改组过程中，相邻原子的相对位移量小于一个原子间距，母相中的原子转移到新相后，成分没有变化，此即马氏体转变的无扩散性。

无扩散性的试验依据为：①马氏体转变无成分变化，仅仅是晶格改组。②马氏体转变可以在相当低的温度下进行，而且可以以极快的速度进行转变。例如，Fe-Ni 合金在 -196℃，一片马氏体的形成约需 $5\times10^{-5}\sim5\times10^{-7}$ s。在如此低的温度下，转变已经不可能以扩散方式进行。所以，马氏体转变根本不需要碳原子和替换原子的扩散即可完成，即无需扩散。无扩散性是马氏体转变最主要的特征之一。

20 世纪 80 年代，Thomas 等指出马氏体转变时可能有碳原子的扩散。理

80

论计算认为低碳钢马氏体转变中，由于 M_s 点高，碳原子扩散速率大，可能存在碳原子的扩散，并且指出替换原子无扩散。这一观点不能动摇马氏体转变的无扩散性的特点。在钢中一片马氏体的形成，不需要碳原子的扩散就能够完成晶格改组。马氏体晶格构建之后，由于碳原子尚有足够的扩散能力，可能扩散进入其周边奥氏体中，也可能在马氏体片中偏聚。

4.1.2 切变共格和表面浮凸

在预先抛光表面观察马氏体转变时，可发现原先平整的表面因一片马氏体的形成而产生浮凸（图 4.1），如原先在抛光表面画直线 PS，则 PS 线沿倾动面改变方向（QR 段倾斜），但仍保持连续而不位移（中断）或扭曲。可见，平面 $A_1A_2B_2B_1$ 在转变后仍保持原平面，未有扭曲，表明此为均匀的变形，也说明马氏体是切变方式形成的，且马氏体与母相奥氏体保持共格关系。新相（马氏体）与母相（奥氏体）的界面平面（即惯析面，为基体和马氏体所共有的面）$A_1B_1C_1D_1$ 及 $A_2B_2C_2D_2$ 的形状和尺寸均未改变，也未发生转动，表明在马氏体转变时惯析面是一个不变平面（与孪生时 K_1 面一样）。具有不变惯析面和均匀变形的应变称为不变平面应变，发生这类应变时，形变区中任意点的位移是该点与不变平面之间距离的线性函数。

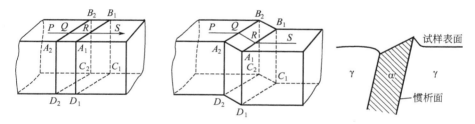

图 4.1 马氏体片形成时产生浮凸示意图

值得说明的是，近年来研究发现，珠光体、贝氏体、魏氏组织、铁素体也均存在表面浮凸现象，因此表面浮凸已经成为过冷奥氏体表面转变的一种普遍现象，并非某一相变所独有。

关于马氏体转变的切变理论，早在 1924 年 Bain 就注意到。如图 4.2 所示，可以把面心立方点阵看成是轴比为 $c:a=\sqrt{2}:1$ 的体心正方点阵。然而，Bain 模型只能说明点阵的改组，不能说明转变时出现的表面浮凸和惯析面，也不能说明在马氏体中所出现的亚结构。

4.1.3 惯析面和位向关系

马氏体转变时，马氏体在母相的一定晶面上形成，此晶面称为惯析面，以母相的晶面指数表示。钢中马氏体的惯析面随着碳含量和形成温度不同而异，有：$(111)_\gamma$、$(557)_\gamma$、$(225)_\gamma$、$(259)_\gamma$。

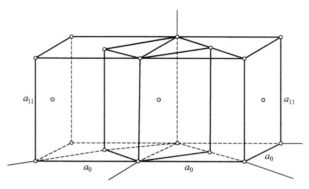

图 4.2　贝茵畸变（Bain）示意图

　　由于马氏体转变时新相和母相始终保持切变共格性，马氏体转变的晶体学特点是新相和母相之间存在着一定的位向关系，如 K-S 关系、G-T 关系、西山关系等。

　　① K-S 关系。KypAIOMOB 和 Sachs 用 X 射线测出碳含量低于 1.4％的碳钢，马氏体与奥氏体之间存在着下列位向关系，称为 K-S 关系：

$$\{011\}_\alpha /\!/ \{111\}_\gamma$$

$$<111>_\alpha /\!/ <101>_\gamma$$

　　② G-T 关系。Grenniger 和 Troiaon 精确地测定了 Fe-0.88C-22Ni 合金的奥氏体单晶中马氏体的位向关系，发现 K-S 关系中的平行晶面和平行晶向实际上略有偏差，为：

$$\{011\}_\alpha /\!/ \{111\}_\gamma \text{ 差 } 1°$$

$$<111>_\alpha /\!/ <101>_\gamma \text{ 差 } 2°$$

　　③ 西山关系（N 关系）。西山（Z. Nishiyama）在 $w_{Ni}=30\%$ 的 Fe-Ni 合金单晶中，发现在室温以上具有 K-S 关系，而在 $-70℃$ 以下形成的马氏体则具有下列关系，称为西山关系。

$$\{111\}_\gamma /\!/ \{100\}_M, \quad <211>_\gamma /\!/ <011>_M$$

$$\{011\}_\alpha /\!/ \{111\}_\gamma$$

$$<211>_\gamma /\!/ <110>_\alpha$$

　　马氏体转变中新相和母相之间的位向关系发现最早，表现十分突出，且依据位向关系设计了切变模型。但是，应当指出，在珠光体转变、贝氏体转变等许多相变中均发现了位向关系，过冷奥氏体转变产物中普遍存在 K-S 关系。

④ 马氏体转变在一定温度范围内进行。马氏体转变是温度的函数，与时间无关，即随温度下降，转变量增加。温度一旦停止下降，马氏体转变立即停止。

⑤ 马氏体转变具有不完全性。马氏体转变不能进行到底，总有一部分保留下来，这种在马氏体转变过程中被保留下来的奥氏体，叫残余奥氏体，用 A' 表示。

⑥ 马氏体转变具有可逆性和形状记忆效应。

4.2 马氏体转变的晶体学

贝茵（Bain）最早对马氏体转变的晶体学进行了探索。当面心立方奥氏体转变为体心正方马氏体时，设想两个面心立方晶胞可以构成一个体心正方晶胞，显然，该晶胞的正方度 $c/a = \sqrt{2}$。1924 年贝茵（Bain）提出，如果这个晶胞沿 Z 方向收缩 18%，而沿 X 和 Y 方向膨胀 12%，便可得到 Fe-C 合金中体心正方的马氏体晶胞 [图 4.3（b）]，这种通过沿晶轴膨胀、收缩的方法把一种晶格转变为另一种晶格的简单均匀畸变称为贝茵畸变。这样，在转变前后母相奥氏体和新相马氏体之间应有以下的晶体学关系：

$$(111)_\gamma \rightarrow (011)_{\alpha'}$$
$$[10\bar{1}]_\gamma \rightarrow [\bar{1}\,\bar{1}1]_\alpha$$
$$[110]_\gamma \rightarrow [100]_{\alpha'}$$
$$[11\bar{2}]_\gamma \rightarrow [01\bar{1}]_\alpha$$

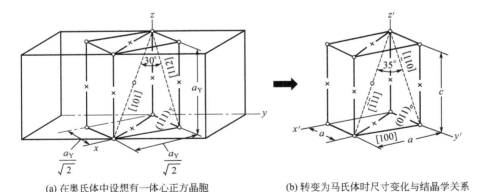

(a) 在奥氏体中设想有一体心正方晶胞　　　(b) 转变为马氏体时尺寸变化与结晶学关系

图 4.3　马氏体转变的贝茵模型

贝茵畸变虽然能在保持原子移动最小的条件下把一个面心立方晶格转变成一个体心正方晶格，但能否将其直接用于马氏体转变，还要考察这种畸变是否具有非畸变平面，以满足马氏体转变时具有非畸变惯析面的要求。为了确定贝茵畸变时是否存在这样的面，在母相中取一以 $(x_1)_M$、$(x_2)_M$ 和 $(x_3)_M$ 为主轴的球体，如图 4.4 (a) 所示。当该球体沿 $(x_3)_M$ 收缩18%、沿 $(x_1)_M$ 和 $(x_2)_M$ 膨胀12%，即发生贝茵畸变后，球体变为旋转椭球体。由图可以看到，经贝茵畸变后，原始球体上圆 A—B 上的点移到了圆 A'—B'，由于 A'—B' 为切变前后两球体的交线，所以位于圆 A'—B' 上所有点至原点的距离与切变之前相同。显然，与贝茵畸变有关并且切变前后长度保持不变的仅是围成 $OA'B'$ 圆锥面的不扩展直线。但应注意的是，这些不扩展直线虽然在贝茵畸变后长度未变，但是方向已由 OAB 转到了 $OA'B'$。由此可见，在贝茵畸变中不存在非畸变平面，仅用贝茵畸变并不能很好地说明马氏体转变。

倘若在贝茵畸变后，沿某一坐标轴，例如 $(x_1)_M$，将点阵松弛使其回到原始位置，便可获得一个非畸变平面。图 4.4 (b) 中的 OAB' 就是一个非畸变平面，该面仅相对于原始位置 OAB 发生了转动。

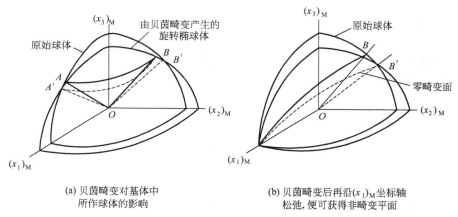

(a) 贝茵畸变对基体中 所作球体的影响　　(b) 贝茵畸变后再沿 $(x_1)_M$ 坐标轴 松弛，便可获得非畸变平面

图 4.4　贝茵畸变

在贝茵畸变基础上，韦克斯勒（Wechsler）、利伯曼（Lieberman）与里德（Reed）等提出了马氏体转变的唯象理论，该理论适用于下述三种基本变形。

①贝茵畸变。这种畸变使产物晶格在母相中形成，但通常不能产生一个与惯析面有关的非畸变平面。

② 切变。这里的切变是一个点阵不变的切变，它与贝茵畸变相结合可以产生一个非畸变平面。在多数情况下，所产生的非畸变平面在母相与新相中具有不同的取向。

③ 转变后的晶格转动。这种晶格转动可以使非畸变平面回到原始位置，从而使非畸变平面在母相和新相中具有相同的取向。

上述理论的第一步构造了马氏体转变所需的点阵结构，第二步的切变只是为了获得非畸变平面。因此，这种附加的切变不得改变第一步所造成的新点阵结构，必须是一个点阵不变切变，有两种方法可以实施这种切变。对于如图4.5（a）所示的偏菱形晶体，若在点阵不变的条件下通过切变使其变直为一个总体的长方形，一种方法是沿平行面上的滑移来完成，另一种方法是通过形成成叠的孪晶来达到。这种形式理论要求马氏体相内部应具有滑移产生的位错或由孪晶组成的亚结构。显然，这种理论与实际观察到的马氏体转变特征符合得较好，即马氏体内部亚结构由平行晶面强烈滑移导致的高密度位错或由孪生形成的大量微孪晶所组成，如图4.5（b）所示。

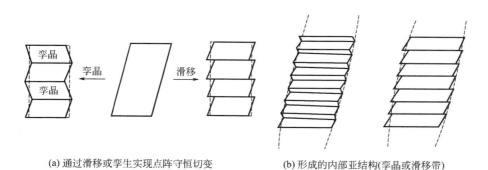

(a) 通过滑移或孪生实现点阵守恒切变   (b) 形成的内部亚结构(孪晶或滑移带)

图 4.5 马氏体转变情况

4.3 马氏体转变热力学

研究相变热力学是为了求得相变驱动力，从而计算相变开始温度，探索相变机制。依据相变特点，可将马氏体相变热力学分为三类：

① 由面心立方母相转变为体心立方（正方）马氏体的热力学，主要以铁基合金为代表，其中 Fe-C 合金进行了较多的工作。能直接由热力学计算求得马氏体点 M_s，并且确定相变驱动力均在 282cal/mol（1cal＝4.1840J）以上。

② 由面心立方转变为六方马氏体的热力学，如钴、钴合金、Fe-Ni-Cr 不锈钢等，其相变驱动力较小，仅几卡每摩尔。

③ 热弹性马氏体热力学，相变驱动力很小，热滞也小。

马氏体相变热力学研究还不够成熟，计算也欠准确。这里只介绍 Fe-C 合金马氏体相变热力学。徐祖耀在总结前人工作的基础上研究了 Fe-C 合金马氏体相变热力学，并进行了计算处理。

临界点 T_0：任一成分的 Fe-C 合金奥氏体在 T_0 以下均应由面心立方的 γ 相转变为成分相同的体心立方（正方）的 α 相。从合金热力学得知，成分相同的奥氏体、铁素体的吉布斯自由能随着温度的升高而下降，如图 4.6 所示。

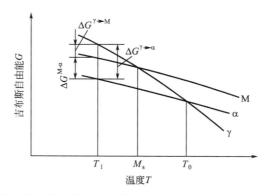

图 4.6　马氏体、铁素体、奥氏体的吉布斯自由能 G 与温度 T 的关系

4.4　马氏体转变动力学

4.4.1　马氏体转变温度

当奥氏体过冷一定温度时，开始发生马氏体转变，此开始转变的温度用 M_s 表示。通常情况下，马氏体在瞬时即形成，马氏体转变量只与温度有关，而与时间无关，即随着温度下降马氏体不断增加，但停留在某温度保温时不再继续转变，故转变要冷却到某一低温时才能全部完成，此温度用 M_f 表示。马氏体转变温度主要取决于合金成分，以碳钢为例，碳含量对马氏体转变温度有很大影响，图 4.7 表示钢中碳含量对 M_s 点的影响，同时也显示即使少量合金元素 Mn、Si 也会影响马氏体转变温度。由于上述的马氏体转变在瞬间形成，不需要热激活过程，故称为非热马氏体。

但是，也发现有些合金中马氏体能在恒温下继续转变，即在等温时形成，称为等温马氏体。等温时马氏体量的增加是藉新马氏体片不断形成的，显然，新片的形成是热激活性质的。等温马氏体的转变速率较低，且与温度有关，随着等温温度的降低先是加快，然后又减慢，形成 C 形转变曲线，如图 4.8 所示。发现有等温马氏体转变的合金有 Fe-Ni-Mn 合金、Fe-Ni-Cr 合金、Cu-Au 合金、Co-Pt 合金、U-Cr 合金等。

4.4.2　马氏体形核

马氏体转变虽为非扩散性的，且其转变速度极快，在瞬间形成，但其过程仍然是由形核和长大所组成的，由于生长速度很大，故转变的体积增长率是由形核率所控制的。研究马氏体形核理论是一个困难问题，因为极高的转变速度使实验分析难以进行。因此，马氏体形核理论目前尚不成熟，这里仅作简单的

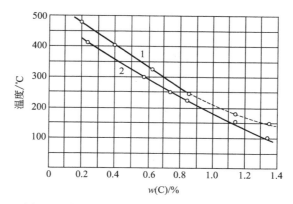

图 4.7　钢的化学成分对马氏体转变温度的影响

1—Fe-C 合金；2—碳钢 $[w$（Mn）为 $0.42\%\sim0.62\%$，w（Si）为 $0.02\%\sim0.25\%]$

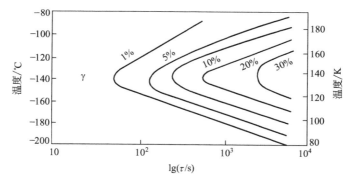

图 4.8　高镍钢 $[w$（C）为 0.016%，w（Ni）为 23.2%，

w（Mn）为 $3.26\%]$ 中马氏体等温转变曲线

介绍。

　　一种理论是基于经典的形核理论，以 Olson 和 Cohen 为代表。由于马氏体是高温母相快速冷却时形成的亚稳相，其形核功很大，不可能均匀形核，故提出一个位错和层错的特殊组态的形核模型，其特点是考虑母相密排面上的层错，通过存在的不全位错而实现位移（切变），形成体心立方点阵的马氏体晶胚，这样就使马氏体形核的能垒降至最低，即马氏体不均匀形核能够进行。由于形核过程中层错面不发生转动，故母相和马氏体之间的晶体取向关系得以保证，这符合实验测定的结果。母相和马氏体间的相界面的连续性和共格关系也由界面位错（包括共格位错和错配位错）使弹性畸变能降低而能维持。上述马氏体形核理论的缺点是，不能说明惯析面 {225}、{259} 的形成。

　　另一种形核理论是 Clapp 等提出的软模形核理论，其观点为：在基体晶体结构原子热振动（声子）中，那些振幅大、频率低的声波振动所产生的动力学不稳定性会大大降低形核能垒，故有利于形核。这是一种软声子模式，简称"软模"。软模理论在解决马氏体形核的能量学上有新的见解，在一些有色合金系中，发现了弹性常数在 M_s 温度附近随温度下降反而下降的现象，即点阵软化现象，故认为这种应变导致的弹性不稳定性，触发了马氏体转变的起始形核。但在 Fe-C、Fe-Ni 等合金中却未发现弹性常数的反常变化，故软模理论有其局限性。

总之，上述形核理论都有一定的理论和实验依据，但都有不足之处，表明马氏体形核理论还有待进一步发展和完善。

4.4.3　马氏体形核的试验观察

无扩散型相变是当原子在某些条件下难以扩散时，母相通过自组织，以无扩散方式进行晶格改组的相变。

形核，有均匀形核及非均匀形核两种。假设马氏体在母相中是均匀形核，对铁基合金进行计算得均匀形核功约为 $1.13 \times 10^9 \text{J/mol}$。估计实际的形核功为 $(20\sim60) \times 10^3 \text{J/mol}$。两者约相差 5 个数量级，说明均匀形核的假说应予摒弃。

试验研究表明，马氏体形核位置不是任意的。形核位置与母相中存在的缺陷有关。这些缺陷可能是位错、层错等晶粒内部的，也可能是晶粒界或相界面。试验发现：

① β 黄铜中形成马氏体后，当重新冷却时，经可逆转变，马氏体形成的位置与原来的重合。

② 成分相同的 $100\mu m$ 以下的 Fe-Ni 合金小颗粒，其尺寸越小，马氏体转变的开始温度越低；尺寸小于 $100\mu m$ 时，即使粒度相同的粉末，其马氏体转变开始温度的差别也很大。

③ 大块的 Cu-2.5Fe 合金中，富铁沉淀相在室温以上就可以发生马氏体相变，小粒的冷却到 M_f 以下也未出现马氏体。

这些试验现象揭示了马氏体相变不是均匀形核的，马氏体形核一般在晶粒内部发生。将 Fe-1.2C 合金加热到 $1200℃$，保温使奥氏体晶粒长大，然后在 M_s 点稍下等温，形成少量马氏体，在等温过程中被回火，再淬火至室温，试样经硝酸和乙醇浸蚀，等温过程中形成的马氏体被回火而容易受浸蚀，在显微镜下观察为黑色，如图 4.9（a）所示，马氏体在一个奥氏体大晶粒内部形核长大，同时在晶界上也有马氏体形成。奥氏体晶粒内部首先形成的马氏体片较长，后形成的马氏体片依次变小。

研究发现马氏体也可以在晶界和孪晶界形核，图 4.9（b）为 12Cr13 钢 $1000℃$ 加热淬火后于 $300℃$ 回火的组织，可见马氏体片在界面上形核长大。

图 4.10（a）为 Fe-30.8Ni 合金在 $0℃$ 应变 10%，马氏体在界面和孪晶界

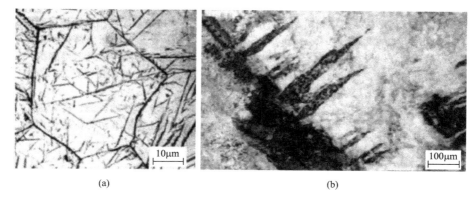

(a)　　　　　　　　　　　　　(b)

图 4.9　Fe-1.2C 马氏体在奥氏体晶界和在晶内形核长大的金相图
（a）和 12Cr13 马氏体片在界面上形核长大的 TEM 图（b）

形核，图 4.10（b）为该合金在－20℃应变 20%，马氏体在孪晶界形核并且沿着滑移面长大，表明孪晶界面和晶界的缺陷组态也有利于马氏体的形核。

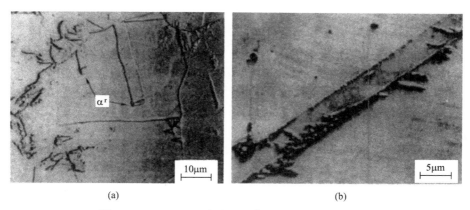

(a)　　　　　　　　　　　　　(b)

图 4.10　Fe-30.8Ni 合金马氏体在界面和孪晶界形核

　　科学技术哲学指出，涨落是系统演化的诱因和契机。钢中的奥氏体在极大地远离平衡态时，即过冷到 M_s 点时，在奥氏体的晶体缺陷处出现随机涨落，由于过冷度大，温度低，原子难以扩散，马氏体相变不需要浓度涨落，只在母相缺陷处产生结构涨落和能量涨落，二者非线性的正反馈相互作用把微小的随机性涨落迅速放大，使得原结构失稳，从而构建一种新结构，即马氏体晶体结构。以层错、位错等晶体缺陷为起点出现结构上的涨落是马氏体相变的起点，在能量涨落的配合下形成马氏体晶核。

　　试验表明马氏体相变形核符合相变形核的一般规律，即选择在晶体缺陷处形核。已知珠光体在奥氏体界面上形核是扩散形核，属于扩散型相变；上贝氏体在晶界形核，下贝氏体有时在晶内形核，是铁原子非协同热激活跃迁形核，属于半扩散型相变；马氏体主要在晶内形核，有时也在相界面上形核，是原子的集体协同位移过程，属于无扩散型相变。可见，随着温度的降低，过冷奥氏体的转变是一个逐渐演化的过程。

4.5 马氏体的晶体结构

马氏体组织形貌与珠光体、贝氏体不同，它是单相组织，虽然形貌也是形形色色的，但典型形貌多呈板条状、针状、透镜片状。在组织内部还出现亚结构，低碳马氏体内出现极高密度的位错，高碳马氏体中主要以大量精细的孪晶和高密度的位错作为亚结构，有的马氏体中亚结构是高密度的层错。马氏体组织在形核、长大的过程中，伴生大量亚结构，如精细孪晶、具有极高密度的位错或层错等，这是马氏体相变的突出特征之一。

应当指出，在贝氏体组织中位错密度也较高，但是不如马氏体的位错密度高，所以称其为"极高"密度的位错，这也是其他相变组织不能比拟的。

4.5.1 钢中马氏体的物理本质

钢中的马氏体发现最早，应用最广，在国民经济中发挥了巨大的作用，其组织形态和结构极为复杂。马氏体的晶体结构因合金成分而异，对于碳钢来说，由面心立方结构的奥氏体快速冷却形成体心四方结构的马氏体，奥氏体所含碳原子过饱和地溶于马氏体中，故马氏体晶胞的轴比 c/a 随碳含量变化而改变（图 4.11）。

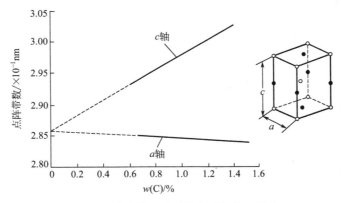

图 4.11 碳含量对马氏体点阵常数的影响

当奥氏体晶粒粗细不等、成分均匀性不同时，奥氏体转变为马氏体的组织形貌也不同。碳素钢、合金钢、有色金属及合金的马氏体，它们在晶体结构、亚结构、组织形态、与母相的晶体学关系等方面均不尽相同，呈现出形形色色的形态及复杂的物理本质。表4.2列出了钢中马氏体的形态和晶体学特征。

表4.2 钢中马氏体的形态和晶体学特征

钢种及成分	晶体结构	惯析面	亚结构	组织形态
低碳钢,$w(C)<0.2\%$	体心正方	$\{557\}_\gamma$	位错	板条状
中碳钢,$w(C)=0.2\%\sim0.6\%$	体心正方	$\{557\}_\gamma$、$\{225\}_\gamma$	位错及孪晶	板条状及片状
高碳钢,$w(C)=0.6\%\sim1.0\%$	体心正方	$\{225\}_\gamma$	位错及孪晶	板条状及片状
高碳钢,$w(C)=1.0\%\sim1.4\%$	体心正方	$\{225\}_\gamma$、$\{259\}_\gamma$	孪晶、位错	片状、凸透镜状
超高碳钢,$w(C)\geqslant1.5\%$	体心正方	$\{259\}_\gamma$	孪晶、位错	凸透镜状
18-8 不锈钢	hcp(ε')	$\{111\}_\gamma$	层错	—
马氏体沉淀硬化不锈钢	bcc(α')	$\{225\}_\gamma$	位错及孪晶	板条状及片状
高锰钢,Fe-Mn[$w(Mn)=13\%\sim25\%$]	hcp(ε')	$\{111\}_\gamma$	层错	薄片状

4.5.2 体心立方马氏体[w(C)<0.2%]

w(C)$<0.2\%$的低碳钢,其淬火马氏体具有体心立方结构。马氏体中具有高密度位错的亚结构,属位错马氏体。其惯析面曾测定为$\{111\}_\gamma$,20世纪60年代修改为$\{557\}_\gamma$。与母相的位向关系为K-S关系。马氏体呈板条状,马氏体条的宽度不等,多为$0.15\sim0.2\mu m$,个别较宽的可达到$1\sim2\mu m$。相邻的马氏体板条晶大致平行,位向差较小,平行的马氏体条组成一个马氏体板条领域。领域与领域之间的位向差较大。一个原始的奥氏体晶粒,可以形成几个马氏体板条领域,如图4.12所示。从图4.12(a)可见,原奥氏体晶界清晰,一个奥氏体晶粒转变为几个板条马氏体领域,领域内的板条并不平直,也不规则。图4.12(b)是20CrMo钢的一个板条状马氏体领域的电镜照片。

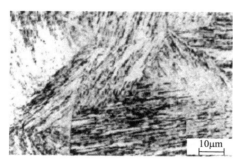

(a) w(C)=0.03%, w(Mn)=2%钢的金相图　　　　(b) 20CrMo钢的TEM图

图4.12 板条状马氏体组织

4.5.3　体心正方马氏体［w(C)= 0.2%～1.9%］

立方马氏体和正方马氏体碳的质量分数的分界值，在 20 世纪 60 年代定为 0.2%。Fe-C 马氏体中碳的质量分数高于 0.2% 时，晶体结构显示出正方性，变为体心正方晶格。从立方到正方马氏体转变的原因有不同的认识。一种观点是有序化转变论，是 Zener 提出的，认为马氏体刚形成时，碳原子分布是无序的，均匀地占据三套八面体间隙，随后碳原子逐渐有序化，碳原子进入同一套八面体间隙，因而产生正方性。此种观点缺乏有力的实证。另一种观点是 20 世纪 70 年代 Speich 提出的，认为低碳马氏体［w（C）<0.2%］中的碳原子处柯垂尔气团偏聚态，即马氏体中的碳原子全部被位错所吸纳，故马氏体保持体心立方晶格。当碳含量超过马氏体中位错可能吸纳的极限时，就以间隙溶解态的形式存在，马氏体出现正方度。从表 4.2 可见，w（C）>0.2% 时，晶体结构都是体心正方的。由于马氏体相变具有无扩散性，因此，在刚刚形成的"新鲜"马氏体中，碳原子并不是全部偏聚于位错处，由于碳原子扩散较快，因此很快被位错所吸纳，形成柯垂尔气团。

4.5.4　碳原子在马氏体点阵中的位置及分布

碳原子在 α-Fe 中可能存在的位置是铁原子构成体心立方点阵的八面体间隙位置中心，在单胞中就是各边棱心和面心位置，如图 4.13 所示。体心立方点阵的八面体间隙是一个扁八面体，其长轴为 $\sqrt{2}C$，短轴为 c。根据计算，α-Fe 中的这个间隙在短轴方向上的半径仅 0.019nm，而碳原子的有效半径为 0.077nm。因此，在平衡状态下，碳在 α-Fe 中的溶解度极小（0.006%）。一般钢中马氏体的碳含量远远超过这个数值。因此，势必引起点阵发生畸变。图 4.14（a）中指出了碳原子可能占据的位置，而并非所有位置上都有碳原子存在。这些位置可以分为三组，每组构成一个八面体，碳原子分别占据着这些八面体的顶点，通常把这三种结构称之为亚点阵。图 4.14（a）为第三亚点阵，碳原子在 c 轴上；图 4.14（b）为第二亚点阵，碳原子在 b 轴上；图 4.14（c）为第一亚点阵，碳原子在 a 轴上。如果碳原子在三个亚点阵上分布的概率相等，即无序分布，则马氏体应为立方点阵。事实上，马氏体点阵是体心正方，可见碳原子在三个亚点阵上的分布概率是不相等的，可能优先占据其中某一个亚点阵，而呈现为有序分布。

通常，假设马氏体点阵中的碳原子优先占据八面体间隙位置的第三亚点阵，即碳原子平行于 ［001］方向排列。结果使 c 轴伸长，a 轴缩短，使体心立方点阵的 α-Fe 变成体心正方点阵的马氏体。研究表明，并不是所有的碳原子都占据第三亚点阵的位置，通过中子辐照分析，约 80% 的碳原子优先占据

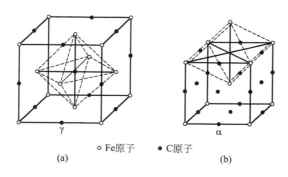

○ Fe原子　● C原子

(a)　　　　　　　　　　　　(b)

图 4.13　奥氏体（a）与马氏体（b）的点阵结构

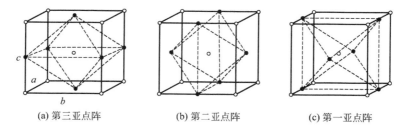

(a) 第三亚点阵　　　　(b) 第二亚点阵　　　　(c) 第一亚点阵

图 4.14　碳原子在马氏体点阵中的可能位置构成的亚点阵

第三亚点阵，而 20％的碳原子分布于其他两个亚点阵，即在马氏体中，碳原子呈部分有序分布。

4.6　马氏体的显微组织及亚结构

　　淬火获得马氏体组织是钢件达到强韧化的重要基础。由于钢的种类、成分不同，以及热处理条件的差异，会使淬火马氏体的形态和内部精细结构及形成显微裂纹的倾向性等发生很大变化。这些变化对马氏体的力学性能影响很大。

　　近年来，随着薄透射电子显微技术的发展，人们对马氏体的形态及其精细结构进行了详细的研究，发现钢中马氏体形态虽然多种多样，但就其特征而言，大体上可以分为板条状马氏体和片状马氏体两种最基本、最典型的马氏体形态。在碳钢中，当碳含量小于 0.3％时，生成板条状马氏体，亚结构为位错；当碳含量大于 1.0％时，生成片状马氏体，亚结构为孪晶；当碳含量为0.3％～1.0％时，生成片状与板条状的混合型组织。

　　这两种马氏体在光学显微镜下和透射电镜下都具有不同的特征（图4.15）。

(a) 板条状马氏体(光镜)　　　　(b) 板条状马氏体(电镜)

(c) 片状马氏体(光镜)　　　　(d) 片状马氏体(电镜)

图 4.15　钢中马氏体形态

4.6.1　板条状马氏体

　　板条状马氏体是低、中碳钢，马氏体时效钢，不锈钢等铁系合金中形成的一种典型的马氏体组织。低碳钢中的典型马氏体组织如图 4.16（a）所示。

　　板条状马氏体在光镜下成平行的束状，一束束排列在原奥氏体晶粒内，因其显微组织由许多成群的板条组成，故称为板条状马氏体。每一板条长约几十微米，厚度平均为 0.2μm，板条之间为小角度晶界，一群相互平行束状的板条构成一个区域，在一个奥氏体晶粒内平均可有 2～3 个或 3～4 个这种区域，有人也把它作为马氏体晶粒尺寸的度量。在透射电镜下，板条状马氏体显示有高密度的位错组态[图 4.15(b)]，因为这种马氏体的亚结构主要为位错，位错互相缠结而不能区分，位错密度约为 $0.5 \times 10^{12}/cm^2$。因此板条状马氏体通常

(a) 板条状马氏体　　　　　　　　　(b) 片状马氏体

图 4.16　马氏体的显微组织

也称为位错马氏体。某些钢因板条不易侵蚀显现出来，而往往呈现为块状，所以有时也称为块状马氏体。

根据近年来的研究，板条状马氏体显微组织的晶体学特征如图 4.17 所示。其中 A 是平行排列的板条状马氏体束组织的较大区域，称为板条群。一个原始奥氏体晶粒可以包含几个板条群（通常为 3～5 个）。在一个板条群内又可分成几个平行的像图中 B 那样的区域。当用某些溶液腐蚀时，此区域有时仅显现出板条群的边界，而使显微组织呈现为块状，块状马氏体即由此而得名。同一色调区由相同位向的马氏体板条组成，称其为同位向束，数个平行的同位向束即组成一个板条群。有人认为，在一个板条群内，只可能按两组可能位向转变。因此，一个板条群由两组同位向束交替组成，这两组同位向束之间以大角度晶界相间。但也有一个板条群大体上由一种同位向束构成的情况，如图中区域 C。而一个同位向束又由平行排列的板条组成，如图中区域 D。

实验证明，改变奥氏体化温度，从而改变了奥氏体晶粒大小，对板条宽度分布几乎不产生影响，但板条群的大小随着奥氏体晶粒的增大而增大，而且两者之比大致不变。所以一个奥氏体晶粒内生成的板条群数大体不变。

板条状马氏体的特征是板条内有密度很高的位错。经电阻法测量其密度约为 $(0.3～0.9)\times10^{12}/cm^2$。此外，在板条内有时存在着相变孪晶，但只是局部的，数量不多，不是主要的精细结构形式。

另外，板条状马氏体与片状马氏体还有两点不同之处：①板条状马氏体的

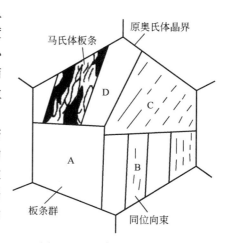

图 4.17　板条状马氏体显微组织的晶体学特征

惯析面接近（111），而片状马氏体的惯析面是（225）或（259）；②板条状马氏体的晶体结构是体心立方，马氏体内的碳原子实际上主要偏聚在位错周围，真正间隙固溶在晶体内部甚少，而片状马氏体的晶体结构为体心正方。

4.6.2　片状马氏体

片状马氏体是铁系合金中出现的另一种典型的马氏体组织，常见于淬火高、中碳钢及高 Ni 的 Fe-Ni 合金中。

高碳钢中典型的片状马氏体组织如图 4.16（b）所示。这种马氏体的空间形态呈双凸透镜片状，所以也称之为透镜片状马氏体。因与试样磨面相截而在显微镜下呈现为针状或竹叶状，故又称之为针状马氏体或竹叶状马氏体。

片状马氏体的显微组织特征是：马氏体片大小不一，马氏体片不平行，互成一定夹角。第一片马氏体形成时贯穿整个奥氏体晶粒而将奥氏体分割成两半，使以后形成的马氏体片大小受到限制，后形成的马氏体片逐渐变小，即马氏体形成时具有分割奥氏体晶粒的作用，如图 4.18 所示。这就在形态上与基本平行的、大小均匀的板条状马氏体呈明显的对比。马氏体片的大小几乎完全取决于奥氏体晶粒的大小。片状马氏体常能见到有明显的中脊。

片状马氏体的亚结构主要为相变孪晶，图 4.19 为 w(C)＝1.28% 钢马氏体的透射电镜形貌，因此又称其为孪晶型马氏体，这是片状马氏体组织的重要特征。孪晶的间距大约为 5.0nm，一般不扩展到马氏体的边界上，在片的边际则为复杂的位错组列。这种片状马氏体内部亚结构的差异，可将其分为以中脊为中心的相变孪晶区（中间部分）和无孪晶区（在片的周围部分，存在位错）。

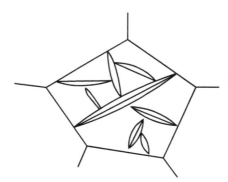

图 4.18　片状马氏体显微组织示意图

图 4.19　w(C)＝1.28% 钢马氏体的透射电镜形貌

为清楚地观察高碳马氏体片的形貌，曾采用特殊热处理工艺：将 Fe-1.22C 合金加热到 1200℃奥氏体化，得到粗大的奥氏体晶粒，于 NaCl 水溶液中淬至发黑，然后立即转入硝盐浴中等温（M_s 点稍下）1h，再取出淬火冷却到室温。这样处理后，在 M_s 稍下转变得到少量的变温马氏体片被回火，析出了碳化物，容易被硝酸乙醇浸蚀，在显微镜下呈黑色。而等温后的淬火马氏体则为灰白色。这样就能够清晰地观察到在 M_s 点稍下处变温转变的马氏体条片的形貌。图 4.20 为高碳马氏体（F_e－1.22C）形貌的光学金相照片，由图可见高碳马氏体呈片状，而且马氏体片以一定角度（120°～140°）相交。

图 4.21 是 Fe-0.88C 合金的马氏体组织形貌。由于奥氏体化温度高，奥氏体晶粒粗化，淬火后得到粗片状马氏体。可见，在一个奥氏体大晶粒内生长出很长的马氏体片，显然是沿着某一晶向长大的。在长的马氏体片之间形成短小的马氏体片，后形成的与先形成的马氏体片之间有一定的夹角。先形成的马氏体片可横贯奥氏体晶粒，后形成的马氏体片则相继分割，呈现分割效应。马氏体变体之间可自促发地形成一簇马氏体片而呈现聚集效应。马氏体为非均匀形核，取决于晶粒内缺陷的有效分布和自促发缺陷的有效分布。

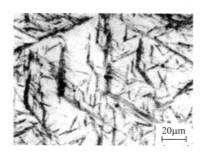

图 4.20 Fe-1.22C 马氏体
形貌的光学金相照片
（黑色片状，已回火）

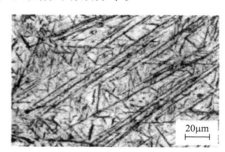

图 4.21 Fe-0.88C 合金的马氏体
（马氏体已回火）组织形貌

超高碳马氏体片呈凸透镜状，在马氏体片中间还可以看到中脊。这种马氏体的亚结构主要是精细孪晶和高密度位错，其中脊由细小的孪晶构成。当高碳马氏体片交角相遇时，造成局部巨大内应力，会产生"撞击"裂纹，图 4.22 （a）

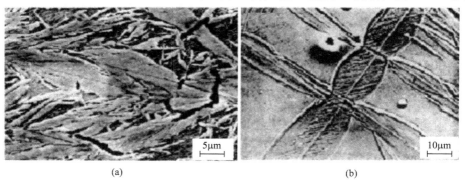

(a)　　　　　　　　　　　　　　(b)

图 4.22 马氏体片交角相遇产生微裂纹

为 Fe-1.5C 合金的马氏体组织，可见在马氏体片交角处存在淬火微裂纹，它导致淬火钢脆性，并且容易形成淬火零件的宏观裂纹。图 4.22（b）是 Fe-32Ni 合金中的马氏体片互相碰遇的情况。

4.7 马氏体的性能

4.7.1 马氏体的硬度

钢中马氏体最重要的特点是具有高硬度和高强度。实验证明，马氏体的硬度取决于马氏体中的碳含量（图 4.23）。以碳钢为例，过饱和碳原子的固溶及位错型或孪晶型亚结构使其硬度显著提高，并随含碳量的增加而显著提高。

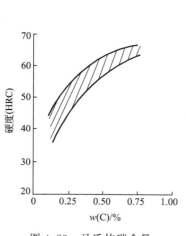

图 4.23　马氏体碳含量
与硬度之间的关系

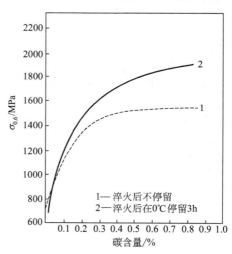

图 4.24　淬火后碳含量与强度之间的关系

4.7.2 马氏体高硬度、高强度的本质

（1）相变强化
马氏体相变的特性，在晶体内产生大量微观缺陷（位错、孪晶及层错等），使马氏体强化，即相变强化。

无碳马氏体的屈服极限 σ_S 为 284MPa，与强化铁素体的 σ_S 很接近，而退火铁素体的 σ_S 仅为 98～137MPa，也就是说相变强化使强度提高了 147～186MPa。

（2）固溶强化
为严格区分碳原子的固溶强化效应与时效强化效应，Winchell 专门设计了一套 M_s 点很低的不同碳含量的 Fe-Ni-C 合金，以保证马氏体转变能在碳原子不可能发生时效析出的低温下淬火后，在该温度下测量马氏体的强度，以了解碳原子的固溶强化效果。结果表明，w（C）$<0.4\%$时，材料的σ_S值随碳含量增加急剧升高，超过0.4%后σ_S不再增加，如图4.24所示。

此强化可能的原因是：一旦碳原子溶入马氏体点阵中，使扁八面体短轴方向上的Fe原子间距增长了36%，而另外两个方向上则收缩4%，从而使体心立方变成了体心正方点阵，由间隙碳原子所造成的这种不对称畸变称为畸变偶极，可以视其为一个强烈的应力场，碳原子就在这个应力场的中心，这个应力场与位错产生强烈的交互作用，而使马氏体的强度得到提高。

当碳含量超过0.4%后，由于碳原子靠得太近，使相邻碳原子所造成的应力场相互重叠，以致应力场相互抵消，从而降低了强化效应。

合金元素也有固溶强化作用，但比起碳来其作用要小很多。据估计，合金元素对马氏体的固溶强化作用仅与合金元素对铁素体固溶强化的作用大致相当。

（3）时效强化

理论计算得出，在室温下只要几分钟甚至几秒钟即可通过碳原子扩散而产生时效强化。在$-60℃$以上时效就能进行，发生碳原子偏聚现象，这是马氏体自回火的一种表现。碳含量越高，时效强化效果越大。

4.7.3 马氏体形态及大小对强度的影响

孪晶亚结构对强度有一附加的贡献。碳含量相同时，孪晶马氏体的硬度与强度略高于位错马氏体的硬度与强度，且随碳含量增高，孪晶亚结构对马氏体强度的贡献增大。

原奥氏体晶粒大小和马氏体群的大小对马氏体的强度也有一定的影响（图4.25），其关系可表示为：

$$\sigma_{0.2}=608+69(d_\gamma)^{-1/2}（\text{MPa}）$$

$$\sigma_{0.2}=449+69(d'_\alpha)^{-1/2}（\text{MPa}）$$

式中，d_γ为奥氏体晶粒的平均直径；d'_α为马氏体板条群的平均直径。对中碳低合金结构钢，奥氏体晶粒由粗晶细化至10级晶粒时，强度增加不大于245MPa。因此，在一般钢中以细化奥氏体晶粒的方法来提高马氏体强度的作用不大。

综上所述，低碳马氏体的强度主要靠其中碳的固溶强化。在一般淬火过程中，伴随自回火而产生的马氏体时效强化也具有相当的强化效果；随马氏体中碳及合金元素含量的增加，孪晶亚结构将有附加的强化；细化奥氏体晶粒及马氏体群的大小，一定程度上也能提高马氏体的强度。

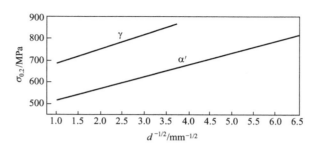

图 4.25　不同尺寸的马氏体晶粒对 $\sigma_{0.2}$ 的影响

4.7.4　马氏体的韧性

位错型马氏体具有良好的塑性和韧性。随碳含量的增加，韧性显著下降。对碳含量为 0.6% 的马氏体，即使经低温回火，冲击韧性还是很低。

通常碳含量小于 0.4% 时，马氏体具有较高的韧性，碳含量越低，韧性越高；碳含量大于 0.4% 时，马氏体的韧性很低，变得硬而脆，即使经低温回火韧性仍不高。

除碳含量外，马氏体的韧性与其亚结构有着密切的关系，在相同屈服极限的条件下，位错型马氏体的韧性比孪晶马氏体的韧性高很多，如图 4.26 所示。

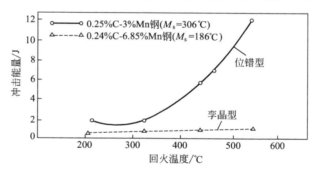

图 4.26　位错型马氏体及孪晶马氏体的韧性

综上所述，马氏体的结构和亚结构特点，决定了其性能不同于同样成分的平衡组织。马氏体的强度主要取决于马氏体的碳含量及组织结构（包括自回火时的时效强化），而马氏体的韧性主要取决于马氏体的亚结构。以碳钢为例，过饱和碳原子的固溶及位错型或孪晶型亚结构使其硬度显著提高，且随碳含量的增加而不断增加。但马氏体的塑性、韧性却有不同的变化规律，低碳马氏体（板条状组织）具有良好的塑性、韧性。但碳含量提高则塑性、韧性下降，高碳的孪晶马氏体很脆，而且高碳的片状马氏体形成时，由于片和片之间的撞击而发生显微裂纹，使脆性进一步增加。根据其性能的不同，低、中碳马氏体钢可用作结构材料（中碳钢马氏体需进行回火处理——加热至适当温度使马氏体发生一定程度的分解，以提高韧性）；高碳马氏体组织的钢硬度高，耐磨性好，但较脆，主要用作要求高硬度的工具、刃具等工具材料，但也要经过适当的低温回火处理以降低脆性。

4.8 几点特殊说明的概念

4.8.1 奥氏体的热稳定化

定义：淬火时因冷却速度较慢或在冷却过程中停留引起奥氏体稳定性提高，而使马氏体转变迟滞的现象，称为奥氏体的热稳定化。

变温马氏体的转变量只取决于最终的冷却温度，而与时间无关。但这指的是连续冷却过程中的一般情况，没有考虑冷却速度对马氏体转变的影响。实际上，若将钢件在淬火过程中于某一温度下停留一定的时间后再继续冷却，其马氏体转变量与温度的关系便会发生变化。

将 GCr15 轴承钢经 1040℃ 奥氏体化后，在淬火冷却过程中分别于不同温度下停留 30min 后再继续冷却时的马氏体转变曲线，如图 4.27 所示。在 M_s 点以下的温度停留后再继续冷却，马氏体转变并不立即恢复，而要冷至某一温度才重新形成马氏体。即要滞后 θ（℃），转变才能继续进行。与正常情况下的连续冷却转变相比，同样温度下的转变量少了 δ，δ 量的大小与测定温度有关。

奥氏体稳定化程度通常是用滞后温度间隔 θ 度量，也可用少形成的马氏体量 δ 度量。影响热稳定化程度的主要因素是等温温度和等温时间。

热稳定化现象有一个温度上限，常以 M_c 表示，在 M_c 点以上等温停留并不产生热稳定化，只有在 M_c 点以下等温停留或缓慢冷却才会引起热稳定化。

（1）等温温度的影响

图 4.28 表示 9CrSi 钢自 870℃ 淬火至不同温度（均在 M_s 温度以上），等温 10min 后，冷至室温所测得的马氏体转变量（以磁偏转表示，偏转值越大，表示马氏体转变量越多，即残留奥氏体量越少）。由图可见，等温温度越高，淬火后获得的马氏体量越少，即 δ 越大，这

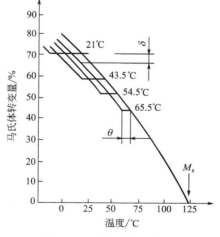

图 4.27　中断冷却对轴承钢马氏体转变的影响

说明奥氏体热稳定化程度越大。

（2）马氏体转变量的影响

马氏体转变量的多少，对热稳定化程度也有很大影响。马氏体转变量越多，等温停留时所产生的热稳定化程度越大，这说明马氏体形成时对周围奥氏体的机械作用，促进了热稳定化程度的发展。热稳定化程度随已转变马氏体量的增多而增大。而且，马氏体量越多，θ值越大。反之，马氏体转变量越少，热稳定化程度越小，对有些钢甚至小到不易发现的程度。

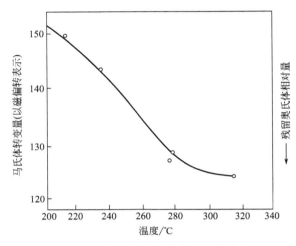

图 4.28　等温温度对热稳定化的影响

例如，将 $w(C)=0.96\%$、$w(Mn)=2.97\%$、$w(Cr)=0.48\%$、$w(Si)=0.40\%$、$w(Ni)=0.21\%$ 的钢于 $1100℃$ 加热淬火至不同温度，获得不同的马氏体量，然后分别在 $60℃$ 等温停留 $1h$，并分别测定 θ 值，其结果如图 4.29 所示。由图可见，马氏体转变量越多，热稳定化程度 θ 越大，且稳定化程度增加得越大。例如，马氏体转变量由 22% 增加到 54% 时，θ 只增加 $39℃$；而马氏体量由 54% 增加到 70% 时，θ 值增大达 $140℃$。

（3）等温停留时间对热稳定化程度的影响

等温停留时间对热稳定化程度也有明显的影响。在一定的等温温度下，停留时间越长，则达到的奥氏体稳定化程度越高，如图 4.30 所示。比较图中不同等温温度曲线，可以看出等温温度越高，达到最大稳定化程度所需的时间越短。可见，热稳定化动力学过程是同时与温度和时间有关的。

（4）热稳定化机制

引起热稳定化的原因，有化学成分的影响，可能与 C、N 原子的热运动有关。在 Fe-Ni 合金中发现，只有当 C 和 N 的质量分数之和超过 0.01% 时，才发生热稳定化现象。无碳的 Fe-Ni 合金没有热稳定化现象。在钢中碳含量增加

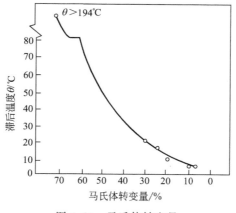

图 4.29 马氏体转变量
对热稳定化的影响

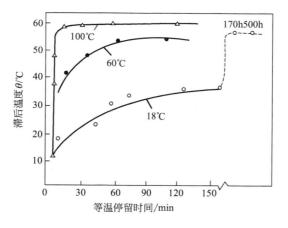

图 4.30 不同等温温度的停留
时间对热稳定化的影响

可使热稳定化程度增大。钢中常见碳化物形成元素如 Cr、Mo、V 等，有促进热稳定化的作用，非碳化物形成元素 Ni、Si 对热稳定化影响不大。

从大量的热稳定化现象推测，热稳定化很可能与原子的热运动有关。设想是由于 C、N 原子在适当的温度下向点阵缺陷处偏聚（C、N 原子钉扎位错），因而强化了奥氏体，且使马氏体相变的阻力增大。根据马氏体的位错成核理论，等温停留时，C、N 原子向位错处偏聚，包围马氏体核胚，直至足以钉扎它，阻止其长大。所以 θ 值的意义可以这样理解，由于 C、N 原子的钉扎位错，而要求提供附加的化学驱动力以克服溶质原子的钉扎力，为获得这个附加的化学驱动力所需的过冷度，即为 θ 值。

按照这种观点，热稳定化程度应与界面钉扎强度（或直接与界面上溶质的浓度）成正比。热稳定化动力学与试验结果基本符合。在 Fe-Ni 合金中测得，奥氏体稳定化时，屈服强度升高 13%，因而使马氏体相变阻力增大，引起 M_s 点下降，而相变驱动力需要相应地提高 18%，这当然会使马氏体相变发生迟滞现象。

4.8.2 残余奥氏体

淬火时奥氏体难以 100% 地转变为马氏体组织，尚残留一部分奥氏体，即所谓残留奥氏体。图 4.31 为 Fe-25Ni-0.3V-0.3C 钢中的马氏体片和片间的残留奥氏体。由于马氏体片的形成，体积膨胀，马氏体片间的奥氏体受到周围压应力的胁迫，难以再转变为马氏体，奥氏体中的位错密度升高，也增加了相变阻力，难以再转变为马氏体而残留下来。可见，残留奥氏体与过冷奥氏体在物理状态上是有区别的。

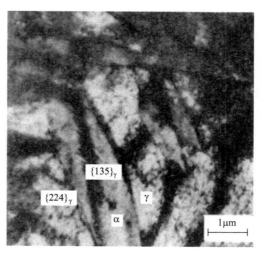

图 4.31 Fe-25Ni-0.3V-0.3C 钢中的马氏体片和片间的残留奥氏体

对于高碳钢件，常常因残留奥氏体量过多而使硬度降低。残留奥氏体是不稳定相，在室温放置或使用过程中可能转变为马氏体，使工件体积胀大而引起尺寸变化。因此，对于某些零件，如量具、轴承等必须进行冷处理，使残留奥氏体继续转变为马氏体。

残留奥氏体常用符号 A_R 表示，它的存在必须给予充分的重视。残留奥氏体对工件使用性能的影响是利弊同在，应结合工件的具体使用情况，控制好残留奥氏体的数量，以控制淬火质量，满足使用要求。

钢淬火后的残留奥氏体数量，主要取决于奥氏体的化学成分。例如碳钢，奥氏体的碳含量越高，淬火后残留奥氏体的数量一般越多。碳的质量分数小于 0.5% 时，残留奥氏体量很少。少量的残留奥氏体与马氏体共存时，对钢的性能有一定影响。例如，会降低工件的淬火硬度、耐磨性及工具钢的疲劳强度，降低硬磁钢的磁感应强度，易产生磨削裂纹。残留奥氏体不稳定，容易产生时效变形甚至开裂。

贝氏体转变也往往不完全，会存在残留奥氏体，在无碳化物贝氏体中，除了贝氏体铁素体相外，其余为残留奥氏体。在粒状贝氏体中存在马氏体/奥氏体（M/A）岛时，其中存在很多残留奥氏体，这些残留奥氏体对贝氏体的性能具有明显的影响。

此外，残留奥氏体具有缓和应力集中、提高钢的韧性和降低脆性转变温度及减震的作用。在交变压应力作用下可提高轴承钢的疲劳强度，当其质量分数达 10%～25% 时可防止齿轮的齿面发生点蚀。近年来利用残留奥氏体的存在，采用新工艺，发展了优良的低温用钢和高韧性钢。

4.8.3 马氏体相变的特征温度

4.8.3.1 马氏体点 M_s 的物理意义

M_s 点是马氏体相变的开始温度，它是奥氏体和马氏体的两相吉布斯自由能之差达到相变所需要的最小驱动力值时的温度。奥氏体和马氏体两相吉布斯自由能相等的温度是平衡温度，表示为 T_0，马氏体相变需要在 T_0 以下某一温度开始，这个温度即为 M_s 温度。

马氏体变温转变结束温度为 M_f，称马氏体转变停止点。实际上，淬火冷却到 M_f 温度时，尚存在没有转变的奥氏体，这些奥氏体将残留下来，称为残留奥氏体。

M_f 点难以实际测定，缺乏具体的实际意义。从理论上讲，M_f 点应当是马氏体相变完全终止的温度。但是，由于大量马氏体的形成，体积膨胀，奥氏体受胁迫而产生应变，这些奥氏体难以继续转变为马氏体而残留下来，即马氏体相变难以真正结束。

4.8.3.2 影响马氏体点的因素

（1）奥氏体化条件的影响

加热温度和时间对 M_s 点影响较复杂。在完全奥氏体化、母相化学成分不改变的情况下，奥氏体的晶粒大小和强度对马氏体点有一定影响。研究认为：奥氏体化温度越高，晶粒越粗大，M_s 点越高。图 4.32 和图 4.33 分别为奥氏体晶粒大小和奥氏体化温度对 M_s 点的影响。但是，仅奥氏体晶粒大小还不能解释 M_s 的变化，奥氏体强度也是重要因素。

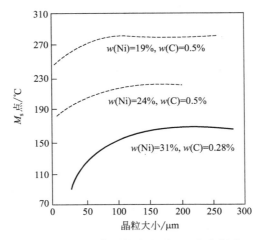

图 4.32 奥氏体晶粒大小对 M_s 点的影响

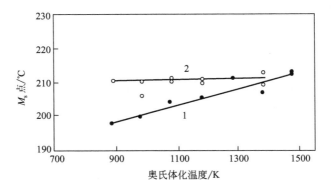

图 4.33 奥氏体化温度对 M_s 点的影响
1——次奥氏体化处理；
2—先 1473K 退火 1h，再在不同温度下退火

（2）形变和应力的影响

将奥氏体冷到 M_s 点以上某一温度进行塑性变形，会引起 M_s 点升高，产生形变马氏体。塑性形变提供有利于马氏体形核的晶体缺陷，促使马氏体的形成，但缺陷增多会使马氏体长大受到阻碍，转变速率变小。因此大量形变虽然可使在 M_s 点以上时形成马氏体，但大大减少冷却时马氏体的形成量，出现显著的奥氏体稳定化现象。

弹性应力对马氏体转变产生与形变相类似的影响。马氏体转变时有比体积变大、体积膨胀的现象，多向压应力会阻碍马氏体的继续转变，降低马氏体点。拉应力或单向压应力往往有利于马氏体的形成，使 M_s 点升高。

4.8.3.3 生产实际中 M_s 的应用

① M_s 点是制订热处理工艺的依据。贝氏体等温淬火、马氏体等温淬火、形变等温淬火等工艺都需要参考钢的 M_s 点，在分析和控制热处理质量时也需要参考 M_s 点。

② M_s 点的高低决定了钢淬火后残留奥氏体量的多少。M_s 温度越低，残留奥氏体量越多，而残留奥氏体量则影响淬火钢的硬度和精密零件的尺寸稳定性等。

③ 马氏体的性能与马氏体的形态和亚结构有密切关系。板条状马氏体形成温度较高，具有位错亚结构，韧性较好。而在较低温度下形成的片状马氏体、蝶状马氏体等，具有较多的孪晶亚结构，韧性较差。因此调整马氏体点，不仅能减少变形开裂，而且可望获得较好的韧性。这对结构钢和工具钢均有重要意义。

④ 对于奥氏体-马氏体沉淀硬化不锈钢，可利用碳化物析出来控制奥氏体中的实际溶碳量以调节钢的马氏体点。将 M_s 点调整到室温以下，得到奥氏体组织，以便冷加工。M_s 点在室温以上得到马氏体组织，可时效强化。

4.8.4 热弹性马氏体

4.8.4.1 热弹性马氏体转变

早在 1949 年，库久莫夫（Kurdjmov）就发现在 Cu-Al-Ni 合金中马氏体随加热和冷却会发生消长现象，即马氏体有可逆性，可在加热时直接转为母相，冷却时又转回马氏体，这称之为热弹性马氏体转变。但碳钢及一般低合金钢中马氏体在加热时却不会发生这样的逆转变，而是分解析出碳化物（回火），这是由于碳在 α-Fe 中扩散较快，加热易于析出。在一些有色合金及 Fe 基等合金中，发现了热弹性马氏体。热弹性马氏体转变行为如图 4.34 所示，母相冷至 M_s 温度开始发生马氏体转变，继续冷却时马氏体片会长大并有新的马氏体形核生长，到 M_f 温度转变完成；当加热时，在 A_s 温度开始马氏体逆转变，形成母相，随着温度上升，马氏体不断缩小直至最后消失，逆转变进程到 A_f 温度完成，全部变回母相。从图中还可看到，马氏体转变点与逆转变点不一致，存在温度滞后现象。热弹性马氏体转变具有以下三个特点：①相变驱动力小、热滞小，即 A_s-M_s 小；②马氏体与母相的相界面能作正、逆向迁动；③形状应变为弹性协作性质，弹性储存能提供逆相变的驱动力。一些有色合金如 Ni-Ti、Au-Cd、Cu-Al-Ni、Cu-Zn-Al 等的马氏体转变为热弹性转变，有些铁基合金如 Fe-30Mn-6Si，Fe-Ni-Co-Ti，Fe-Ni-C 等只能部分地满足上述特点，属于半热弹性转变；而通常的钢及 Fe-30Ni 等则为非热弹性转变。

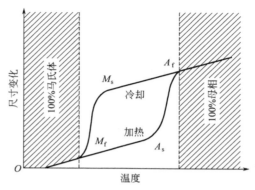

图 4.34 热弹性马氏体转变

除了温度下降或上升能导致马氏体转变或逆转变之外，力学作用（应力及应变）也能对这类合金产生同样的效应。在 M_s 温度以上（不超过 M_d 温度）施加应力（或有应变），也会使合金发生马氏体转变而生成马氏体，这称为应力诱发马氏体或应变诱发马氏体。应力诱发马氏体和应变诱发马氏体转变的临界应力与温度的关系如图 4.35 所示。图中 AB 为应力诱发马氏体转变所需应力与温度的关系，在 M_s^σ 温度（B 点），诱发马氏体转变的临界应力与母相屈服强度相等，故高于 M_s^σ 时，马氏体转变所需应力已高于母相屈服强度，母相要发生塑性应变，故为应变诱发马氏体转变，如 BF 线所示；当温度到 M_d 点以上时，马氏体转变已不能发生，称为形变马氏体点。有些应力诱发马氏体也属弹性马氏体，应力增加时马氏体增大；反之马氏体缩小，应力去除则马氏体

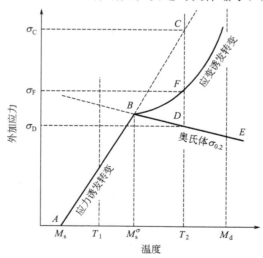

图 4.35 形成马氏体的临界应力
与温度的关系示意图

消失，这种马氏体称为应力弹性马氏体。

4.8.4.2　形状记忆效应

人们在 20 世纪 50 年代初就已发现 Au-Cd 合金和 In-Tl 合金具有形状记忆效应：将合金冷至 M_f 温度以下使其转变为马氏体，由于马氏体组织的自协同作用，工件并不会产生宏观的变形（图 4.36），但这时如果施加外力改变工件形状，然后加热至 A_f 温度以上使马氏体逆转变为母相时，由于晶体学条件的限制，逆转变只能按唯一的途径，则合金工件的外形会恢复到原先的形状。具有形状记忆效应的合金称为形状记忆合金，后来又发现诸如 Ni-Ti，Cu-Al-Ni，Cu-Zn-Al，Cu-Zn-Si 等具有热弹性马氏体转变的合金都有形状记忆效应，而且半热弹性转变的一些铁基合金等也可能产生形状记忆效应，从而引起了人们的重视，对它们在理论上和应用上进行了大量的研究，不仅对热弹性马氏体的热力学、晶体结构变化、马氏体亚结构、马氏体界面结构、记忆机制等有了较深入的了解，还在开发形状记忆功能（从合金设计及

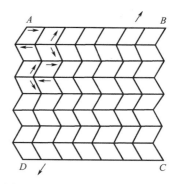

图 4.36　自协同马氏体单元所组成的工件不产生宏观变形

工艺方法两方面）及实际应用等方面取得了很大的进展。根据应用需要，形状记忆效应不能只是一次性发生（称为单程形状记忆效应），通过对合金进行一定的"训练"之后，可获得双程的形状记忆效应，物件在反复加热和冷却过程中能反复地发生形状恢复和改变。目前，形状记忆合金已在多方面被应用，例如航空航天、机械、电子、生物医疗工程、化工等领域，都已取得很好的使用效果。本书将在"拓展阅读"部分分别介绍温控和磁控形状记忆合金。

拓展阅读：　神奇的形状记忆合金

1. 形状记忆合金概述

某些金属或合金材料在某一温度下受外力作用而变形，去除外力后仍保持其变形后的形状，但于较高温度下能自动恢复到变形前的原有形状，呈现出对原有形状保持记忆的功能，这种功能（或特性）称为形状记忆效应（shape memory effect，SME），将具有形状记忆效应的合金称为形状记忆合金（shape memory alloys，SMAs）。形状记忆合金在航空航天领域内有很多成功的应用范例，例如其典型的应用为制作航天器的伞形天线，航天器发射前把设计好的天线收缩固定起来，航天器进入空间工作状态后被压缩的形状记忆合金天线受太阳光辐射加热即可自动张开，恢复到原来的工作形状，如图 4.37 所示。形状记忆合金在生物医学领域内也有着广泛的应用，如各类腔内支架、牙

科正畸器、心脏修补器、手术缝合线、人造骨骼等，其在现代医疗中的很多场合扮演着不可替代的角色。此外，作为一种特殊的新型功能材料，形状记忆合金集感知与驱动于一体，可以制作小巧玲珑、高度自动化且可靠的元器件和装置而备受研究者和应用者的青睐，其很多新功能和新用途正不断地被开发出来。

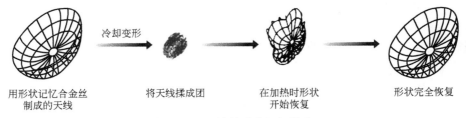

用形状记忆合金丝　　　　将天线揉成团　　　　在加热时形状　　　　形状完全恢复
制成的天线　　　　　　　　　　　　　　　　开始恢复

图 4.37　天线的形状记忆效应

2. 形状记忆材料的应用

形状记忆合金的形状记忆效应是传统金属所没有的，因而在许多领域形状记忆合金有广泛的应用前景。在工程方面，利用形状记忆合金的形状恢复功能及形状恢复应力作连接件、紧固件、密封垫、定位器、压板、铆钉、特殊弹簧和机械手；用于温度自动调节和报警器的控制元件，记录笔的驱动装置，电路连接器，各种热敏元件和接线柱；用于汽车发动机防热风扇离合器，排气自动调节喷管，柴油机散热器孔自动开关，喷气发动机过滤器的形状记忆弹簧，导弹和制导炮弹机电操作伺服控制尾翼，可变形状杀伤枪弹，穿甲弹弹头，飞机液压系统连接件和紧固件，导弹的分立导线连接器和机电执行元件，宇宙飞船天线等。在医学方面，用作生物体内固定骨架的销、接骨板、血凝过滤器（以阻止凝血块流向心脏），以及制造人工心脏等。形状记忆树脂的应用虽然不如形状记忆合金的应用广泛，但已在医疗、包装、建筑、汽车、报警器材、文体用品等领域取得了较大的进展，如用作异径接合材料、容器的衬里、创伤部位固定材料、防止血管阻塞器材、止血钳等，应用领域正在迅速扩大。但陶瓷形状记忆材料的应用尚处于初期开发阶段。由于复合技术、快速凝固技术、薄膜技术的发展，使得复合形状记忆材料、薄带形状记忆材料、薄膜形状记忆材料的研究开发有望取得飞速发展。

（1）工程连接件

连接件是形状记忆合金用量最大的一项用途。形状记忆效应应用最简单的例子是外部无法接触部位的铆接，如图 4.38 所示。形状记忆合金可大量用于制作管接头，连接方法是预先将管接头内径做成比待接管外径小 4%，在 M_s 以下马氏体非常软，可将接头扩张插入管子，在高于 A_s 的使用温度下，接头内径将复原。

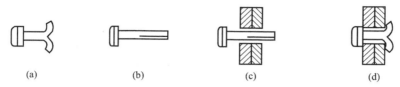

图 4.38 形状记忆合金铆接件铆接示意图

(a) 成型（$T > A_f$）；(b) 弯曲应变（$T < M_f$）；(c) 插入（$T < M_f$）；(d) 加热（$T > A_f$ 工作温度）

形状记忆合金作紧固件、连接件的优点：

① 夹紧力大，接触密封可靠，避免了由于焊接而产生的冶金缺陷；

② 适于不易焊接的接头，如严禁明火的管道连接、焊接工艺难以进行的海底输油管道修补等；

③ 金属与塑料等不同材料可以通过这种连接件连成一体；

④ 安装时不需要熟练的技术。

（2）工业上的应用举例

卫星天线，如图 4.39 所示。

图 4.39 Apollo 11 号登月舱

（3）医学上的应用举例

多臂环抱型锁式接骨器，如图 4.40 所示。

在 4～7℃以下冰水中（含冰块）浸泡 5min 以上，用特制撑开钳均匀撑开，热敷至 35℃以上，恢复原有形状而紧紧抱持在骨折部位。

对金属材料形状记忆现象的发现和初步研究可以追溯到 1932 年，当时美国加州大学伯克利分校化学实验室的研究结果表明，在 Au-Cd 合金中存在类

原始状态　　　撑开状态

植入状态

图 4.40　多臂环抱型锁式接骨器

橡皮弹性的变形行为，即所谓的伪弹性（pseudoelasticity）或超弹性（supere lasticity）。随后，1938 年美国哈佛大学 Greninger 和 Mooradian 在 Cu-Zn 合金中发现了马氏体的热弹性转变，即在加热与冷却过程中，马氏体会随之收缩与长大。1951 年 Chang 和 Read 报道了原子比为 1：1 的 CsCl 型 Au-Cd 合金在热循环中会反复出现可逆相变。一直到 20 世纪 60 年代初，这种观察到的形状记忆效应只被看作是个别材料的特殊现象，直到 1962 年美国海军军械研究所 Buehler 等在等原子比 Ni-Ti 合金中偶然发现了形状记忆效应，并且报道了通过 X 射线衍射等获得的实验研究结果，才引起人们的重视，随后此合金被命名为 "Nitinol"（nickel titanium naval ordnance laboratory），从此形状记忆合金进入了研究和应用的新阶段。1969 年，Raychem 公司首次将 Ni-Ti 合金作为油压系统管接头应用到美国 F14 战斗机上，至今未发生破损或脱落等事故；1969～1970 年，美国将 Ti-Ni 记忆合金丝制成宇宙飞船用天线。这些应用大大激励了国际上对形状记忆合金的研究与开发。迄今为止，已开发出 Ni-Ti 基、Cu-Al-Ni 基、Cu-Zn-Al 基、Fe-Ni-Co-Ti 基、Fe-Mn-Si 基以及 Ni-Mn-Ga 基等形状记忆合金。目前，对 Ni-Ti 等形状记忆合金中的马氏体微观结构、相变行为及其机理、形状记忆现象的本质以及记忆性能等诸多问题的研究一直是重要的研究课题。

3. Ni-Ti 形状记忆合金的特性

形状记忆效应和超弹性是 Ni-Ti 形状记忆合金的两个基本特性，它们都源于热弹性马氏体相变。热弹性马氏体相变中，马氏体一旦形成，就会随着温度下降而继续生长，如果温度上升它又会减少，以相反的过程消失。Ni-Ti 基记忆合金可称为是目前综合性能最为优异、应用最为广泛的形状记忆合金。除具有热弹性马氏体相变的普遍性质外，Ni-Ti 基合金还有一些比较独特的性质，如相变的晶体学特征以及逐级相变、全程形状记忆效应等。本节主要介绍 Ni-Ti 合金的形状记忆效应和超弹性。

（1）形状记忆效应

形状记忆效应是在马氏体相变中发现的，通常把马氏体相变中高温相叫作母相（P），低温相称之为马氏体相（M）；从母相到马氏体相的转变叫作马氏体相变，而从马氏体相到母相的转变称为马氏体逆相变。马氏体相变的开始温度和结束温度分别记为 M_s 和 M_f，母相相变的开始温度和结束温度分别为 A_s 和 A_f。具体来说，当一定形状的母相冷却到 M_f 温度以下形成马氏体，随后将马氏体在 M_f 以下温度形变，当再加热至 A_f 温度以上时发生马氏体逆相变，伴随逆相变材料会自动恢复其在母相时的形状，材料具有的这种特性称为形状记忆效应。对 Ni-Ti 合金而言，主要的马氏体相变是 B2-B19′相变，其中高温相为 B2 相，属 CsCl 型体心立方结构；而低温相为 B19′相，属单斜晶系结构。Ni-Ti 合金优异的形状记忆效应、超弹性变形能力及良好的生物相容性等均与 Ni-Ti 合金中的相变行为有内在的关联。

形状记忆合金的记忆效应可分为三种。

① 单程记忆效应。指形状记忆合金在较低的温度下变形，加热后可恢复至变形前的形状，即只在加热过程中存在形状记忆现象，如图 4.41（a）所示。

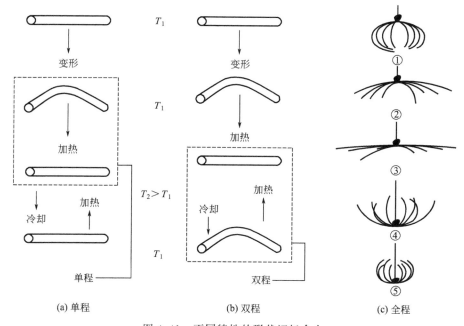

图 4.41　不同特性的形状记忆合金

（a）单程　　　　　（b）双程　　　　　（c）全程

② 双程记忆效应。指某些合金加热时恢复高温相形状，冷却时又能恢复低温相形状，如图 4.41（b）所示。

③ 全程记忆效应。指加热时恢复高温相形状，冷却时变为形状相同而取向相反的低温相形状（目前只在富 Ni 的 Ni-Ti 合金中出现）。目前，对绝大多数形状记忆合金而言，其记忆效应源于热弹性马氏体相变，这种马氏体一旦形成，就会随着温度下降而继续生长，如果温度上升它又会减少，以完全相反的过程消失。母相和马氏体相的自由能之差作为相变驱动力，两相自由能相等的温度 T_0 称为平衡温度。只有当温度低于平衡温度 T_0 时才会产生马氏体相变；反之，只有当温度高于平衡温度 T_0 时才会发生逆相变。在形状记忆合金中，马氏体相变不仅由温度引起，也可以由应力引起，这种由应力引起的马氏体相变叫作应力诱发马氏体相变，且相变温度同应力呈线性关系，如图 4.41（c）所示。

（2）超弹性

超弹性是 Ni-Ti 形状记忆合金具有的另外一种优异性能。所谓超弹性是指合金试样在外力作用下产生远大于其弹性极限应变量的应变，而在卸载时应变可自动恢复的现象。一般将超弹性分为线性超弹性和非线性超弹性两类，在 Ni-Ti 合金中出现的超弹性一般为非线性超弹性。在高于合金马氏体逆相变结束温度（A_f）以上时，处于母相的形状记忆合金在外界应力作用下将诱发马氏体相变而导致形状记忆合金发生宏观变形。当应力诱发马氏体相变产生后，随着变形量的增加，材料中的马氏体数量也不断增加。去除外力后，在 A_f 以上温度的马氏体很不稳定，应力诱发马氏体会自动发生逆相变而消失，由马氏体相变而引起的变形也随之消失。在宏观表现上为，外应力去除后材料又回到初始的形状，应变消失，这一现象称之为超弹性或相变伪弹性（Transformation pseudoelasticity），Ni-Ti 合金的相变伪弹性可达 8% 左右。

（3）形状记忆效应和超弹性的关系

就相同成分的 Ni-Ti 记忆合金而言，根据应力作用下合金所处的温度以及初始状态的不同，其既可以表现出形状记忆效应也可以表现出超弹性，出现哪种特性取决于马氏体逆相变的开始温度 A_s 或结束温度 A_f 以及变形时的温度。形状记忆效应指的是合金在 A_s 温度以下受到应力作用产生应变，外力去除后，由于马氏体的稳定性导致存在残余应变，加热到 A_f 点以上，合金的应变消失；而超弹性对应为合金在 A_f 点以上温度，当受到的外加应力高于诱发马氏体的临界应力，同时又低于母相滑移的临界应力时，所出现的超弹性应力和温度范围。温度处于 A_s 和 A_f 之间时，马氏体不完全稳定，因此可以看到超弹性和形状记忆效应同时存在。这两种特性的原因都是热弹性马氏体相变及其逆相变的结果，只是诱发马氏体及可逆马氏体相变的方式不同，形状记忆效应是温度诱发，而超弹性则为应力诱发。

4. 磁控形状记忆合金

随着科学技术的快速发展，人们对高性能材料的需求日益增长，尤其是对功能材料的需求显得更为迫切。与传统的结构材料不同，功能材料的物理化学性能对诸如温度、湿度、pH 值、压力、电场、磁场、光波波长等外界环境的变化非常敏感。所有的功能材料都是换能材料，它们能够将一种能量转换成另外一种能量，因此它们作为传感和驱动材料在医学、土木工程、国防、航空、航海等诸多领域具有广泛的应用。

功能材料可以根据其响应和激励类型的不同进行分类。在大量的功能材料中，电场驱动的压电材料、磁场驱动的磁致伸缩材料以及温度场驱动的形状记忆合金由于具有广泛的应用前景而备受关注。然而，这些材料各具自己的优缺点。压电材料能够在电场的作用下发生变形，同样也能在外加应变场的作用下产生电场。压电材料以工作频率高（10kHz 数量级）而著名，然而它们的输出应变相对较小。性能最好的压电陶瓷仅能产生大约 0.19% 的输出应变。以 Terfenol-D 为代表的磁致伸缩材料能在磁场作用下产生应变。与压电材料相似，磁致伸缩材料也能在高达 10kHz 的频率下工作，但是也同样具有输出应变小的缺点。在单晶磁致伸缩材料中观测到的最大应变仅有大约 0.2%。此外，磁致伸缩材料非常脆，而且制备成本相对较高。以 Ni-Ti 为代表的形状记忆合金由于发生温度场驱动的可逆马氏体相变而能恢复高达 8% 的塑性应变。然而，由于驱动可逆马氏体相变的加热和冷却过程非常缓慢，形状记忆合金的工作频率非常低。上述各种功能材料的缺点严重制约其在特定领域的应用，因此，开发一种输出应变大且响应速度快的高性能功能材料势在必行。

近年来，由于对电子器件、机械装置的高效能、小型化及微型化需求的增大，要求传感材料具有更大的响应应变、更高的能量密度和更快的响应速度，因而设计与开发具有高功效的新型功能材料以适应上述要求成为近年来形状记忆合金研制的主攻方向。在此背景下，研究者们开发了一种被称为磁致形状记忆合金（magnetic shape memory alloys，MSMAs）（又称为磁致性形状记忆合金 ferromagnetic shape memory alloys，FSMAs）的新型功能材料。磁致形状记忆合金将无扩散可逆马氏体相变与该合金的磁致性能巧妙地结合在一起，其磁致应变（magnetic-field-induced strain，MFIS）源于磁场作用下马氏体变体的重新排列或磁场诱导马氏体逆相变。因此，磁致形状记忆合金将温控形状记忆合金与磁致伸缩材料的优点集于一身，既具有大的输出应变，又具有高的响应频率。文献中报道的磁致形状记忆合金中的磁致应变高达 9.5%，比压电材料和磁致伸缩材料所产生的应变高一个数量级。同时，磁致形状记忆合金的工作频率高达 kHz 数量级。受到磁致形状记忆合金这些优点的启发，过去几十年中人们对这种材料展开了多方面深入而细致的研究。

到目前为止，人们在多个合金系里发现了磁致应变，其中包括 Ni-Mn-Ga

系，Co-Ni-Ga系，Co-Ni-Al系，Ni-Fe-Ga系，Ni-Mn-Al系，Fe-Pd系，Fe-Pt系等。在这些合金中，化学成分接近化学计量比 Ni_2MnGa 的合金最具前景，这是因为 Ni-Mn-Ga 合金的几个关键特性使得它们独具一格，并吸引了研究者的广泛兴趣。首先，它是具有从立方 $L2_1$ Heusler 结构转变为复杂马氏体结构的热弹性马氏体相变的铁磁性金属间化合物。其次，这类合金中与马氏体相变相关联的几个特性引起了功能材料研究者的极大兴趣，这些特性包括双程形状记忆效应、超弹性和磁致应变。最后，也是最重要的，到目前为止最大的磁致应变（9.5%）仅发现于 Ni-Mn-Ga 合金中。因此，Ni-Mn-Ga 合金在过去的十年中得到了最为广泛的研究。

人们对 Ni-Mn-Ga 合金的研究已经有 40 多年的历史了。最开始人们是将 Ni_2MnGa 和其他合金一起作为具有化学式 X_2YZ 的 Heusler 合金进行研究。Soltys 是第一个集中研究 Ni-Mn-Ga 合金系的人。后来 Webster 等在 1984 年详细研究了该合金中的马氏体相变和磁有序。1990 年前后 Kokorin 和 Chernenko 等开始将 Ni-Mn-Ga 作为形状记忆合金进行系统地研究。利用磁场使孪晶变体重新排列从而产生磁致应变的新奇想法产生的相对较晚，仅在近十年来受到广泛关注。1996 年 Ullakko 等首次在 265K、施加 8kOe 磁场的情况下，在 Ni_2MnGa 单晶中发现了 0.2% 的磁致应变。其后一个新的研究时代开始了，人们从实验和理论上对 Ni-Mn-Ga 磁致形状记忆合金的各种性能进行了广泛而深入的研究。1998 年 O'Handley 等和 James 等建立了磁致马氏体变体重新排列的理论模型。2000 年 Murray 等在五层调制马氏体中成功发现了 6% 的巨磁致应变。2002 年 Sozinov 等在七层调制马氏体中发现了接近 10% 的更大磁致应变，这也是迄今为止在磁致形状记忆合金中发现的最大磁致应变。到目前为止，人们围绕 Ni-Mn-Ga 合金诸如晶体结构、相变、磁性能、磁致形状记忆效应、力学性能、合金化等方面进行了大量研究，揭示了许多新现象和新规律。

（1）母相的晶体结构

Webster 等利用中子衍射研究了 Ni_2MnGa 的晶体结构。他们发现 Ni_2MnGa 在马氏体相变温度以上具有立方 $L2_1$ Heusler 结构，其晶格常数约为 5.82Å。Brown 等利用中子衍射进行了更加系统的研究，发现 Ni_2MnGa 合金母相晶体结构的空间群为 Fm-3m（No.225），Ni 原子占据 8c（0.25，0.25，0.25）Wyckoff 位置，Mn 原子和 Ga 原子分别占据 4a（0，0，0）和 4b（0.5，0.5，0.5）位置，图 4.42 为 Ni_2MnGa 的 $L2_1$ Heusler 结构示意图。

研究还发现母相晶体结构的晶格常数随着温度的变化而变化。除此之外，Ni-Mn-Ga 合金的晶格常数还随化学成分和热处理工艺的变化而变化。对 Ni_2MnGa 的晶格常数的理论模拟计算，可以排除实验上合金成分控制不准确及电弧炉熔炼过程中产生的成分偏析以及夹杂、气孔等缺陷的影响，从而给出

纯态 Ni_2MnGa 的平衡晶格常数，从而实验值可以以平衡晶格常数为标准进行误差分析。

（2） 马氏体相的晶体结构

Ni-Mn-Ga 合金马氏体相的晶体结构是影响最终决定其功能行为的磁各向异性、力学性能和化学性能的一个重要因素。Ni-Mn-Ga 合金具有不同的马氏体结构，随着成分和温度的不同，通常会观察到三种不同的马氏体结构，即五层调制四方结构（5M）、七层调制近正交结构（7M）和非调制四方结构（NM 或 T）。在这三种马氏体中，NM 马氏体最稳定，5M 马氏体最不稳定，如图 4.43 所示。因此，如果观察到 5M 马氏体，那么它肯定是直接由母相转变而来的，而 NM 马

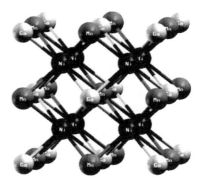

图 4.42 Ni_2MnGa 的 $L2_1$ Heusler 结构示意图

氏体则既可以直接由母相转变而来，又可以由 7M 或 5M 马氏体通过中间马氏体相变转变而来。由母相奥氏体向马氏体转变而直接生成第一种马氏体的类型取决于合金的成分；第一种马氏体类型与合金的马氏体相变温度之间存在一种经验关系，如图 4.44 所示。直接转变为 NM 马氏体的合金的马氏体相变温度可能比其居里温度还要高，而直接转变为 7M 马氏体的合金的马氏体相变温度仅局限于很窄的温度区间内。因此，NM 马氏体是唯一既能作为中间马氏体相变产物存在于很低温度，又能作为从母相直接转变而来的第一种马氏体类型，存在于高于居里温度的较高温度的马氏体。

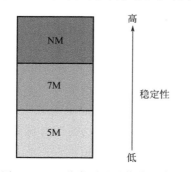

图 4.43 三种类型马氏体的稳定性

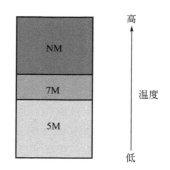

图 4.44 第一种马氏体类型与合金的马氏体相变温度（T）之间的关系

在详细介绍 Ni-Mn-Ga 合金上述三种马氏体的晶体结构之前，有必要对文献中常用来表述马氏体结构的坐标系进行阐述。人们通常用两种不同的坐标系

表述马氏体的晶体结构：①由马氏体的三个主轴构成的正交马氏体坐标系；②由母相奥氏体的立方轴构成的立方母相坐标系。由于采用坐标系①所产生的单胞体积更小，因此从晶体学角度考虑，采用坐标系①表述马氏体结构更加合理。此外，采用坐标系①也可以更加方便地将层状结构（5M 和 7M）中的晶格调制描述为一种长周期超结构。然而，如果为了简单地描述温度场、磁场或者应力场诱发马氏体相变所产生的应变，采用坐标系②显得更加实用，因为这类应变直接来源于马氏体相变前后立方母相坐标系内晶格参数的变化。由于大部分文献中采用立方母相坐标系来描述马氏体的晶体结构，为了保持一致，除非特别说明，这里亦采用此坐标系进行文献综述，在晶格常数、晶面和晶向中将加下标"C"以表示采用立方母相坐标系表述这些参量。需要注意的是，采用两种不同的坐标系时同一个晶体结构的晶格常数不同。

1）五层马氏体结构（5M）

低温相的 5M 马氏体结构起初是通过电子衍射或者 X 射线衍射在以下合金的单晶中被观察到：$Ni_{51.5}Mn_{23.6}Ga_{24.9}$（$M_s=293K$），$Ni_{49.2}Mn_{26.6}Ga_{24.2}$（$M_s$ 约为 180K），$Ni_{52.6}Mn_{23.5}Ga_{23.9}$（$M_s=283K$），$Ni_{52}Mn_{23}Ga_{25}$（$M_s=227K$），等等。这种马氏体的晶体结构是通过沿 $[110]_C$ 方向的横向切变波进行调制的，可以表述为沿 $(110)_C[110]_C$ 系的周期性错动或者 $(110)_C$ 密排面的长周期堆垛。这种调制结构是以五个 $(110)_C$ 面作为一个周期，第一个面不发生位移，其他四个面发生位移而偏离其规则位置。这种调制在电子衍射或者 X 射线衍射中显示为在两个主衍射斑点之间存在四个额外的弱斑点。5M 马氏体的晶格近似为四方结构（稍稍有点单斜结构），该结构的 c_C 轴较短，即 $c_C/a_C<1$（立方母相坐标系内）。5M 马氏体结构的四方性（c_C/a_C）随着温度的降低而增加，并在很低的温度达到饱和。

2）七层马氏体结构（7M）

7M 马氏体起初发现于以下合金的单晶中：$Ni_{52}Mn_{25}Ga_{23}$（$M_s=333K$），$Ni_{48.8}Mn_{29.7}Ga_{21.5}$（$M_s=337K$），等等。与 5M 马氏体的调制机制相似，7M 马氏体中的调制以七个 $(110)_C$ 面作为一个周期，第一个面不发生位移，其余六个面发生位移而偏离其规则位置。X 射线和电子衍射结果均表明，在 7M 马氏体的衍射花样中，沿倒易空间中 $[110]_C^*$ 方向的两个主衍射斑点之间的距离被六个额外的弱斑点平均分成七份。7M 马氏体的晶格近似为正交结构，其 $c_C/a_C<1$。Sozinov 等在这种结构中发现了小于 $0.4°$ 的单斜畸变。Martynov 将 $Ni_{52}Mn_{25}Ga_{23}$ 的晶体结构表述为单斜结构，晶格常数为 $a_C=6.14Å$，$b_C=5.78Å$，$c_C=5.51Å$，$\gamma=90.5°$，而 Sozinov 等报道 $Ni_{48.8}Mn_{29.7}Ga_{21.5}$ 中的 7M 马氏体结构为近正交结构，晶格常数为 $a_C=6.19Å$，$b_C=5.80Å$，$c_C=5.53Å$。

3）非调制马氏体结构（NM）

NM 马氏体起初发现于以下合金的单晶以及薄膜样品中：$Ni_{53.1}Mn_{26.6}$

$Ga_{20.3}$（$M_s=380K$），$Ni_{52.8}Mn_{25.7}Ga_{21.5}$（$M_s=390K$），等等。NM 马氏体中不存在调制结构，实验证实 NM 马氏体具有四方结构且该结构的 c_C 轴较长。NM 马氏体结构是唯一具有 $c_C/a_C>1$ 的马氏体结构。Liu 等报道 $Ni_{46.4}Mn_{32.3}$ $Ga_{21.3}$ 中 NM 马氏体结构的晶格常数为 $a_C=b_C=5.517Å$，$c_C=6.562Å$，$c_C/a_C=1.189$，而 $Ni_{51.7}Mn_{27.7}Ga_{20.6}$ 中 NM 马氏体结构的晶格常数为 $a_C=b_C=5.476Å$，$c_C=6.568Å$，$c_C/a_C=1.199$。Lanska 等系统研究了 Ni-Mn-Ga 合金中不同类型马氏体的晶体结构和晶格常数随成分和温度的变化，并建立了马氏体晶体结构、马氏体相变温度和电子浓度之间的关系。

图 4.45 为 1173K 退火后的铸态 $Ni_{53}Mn_{25}Ga_{22}$ 合金室温下的非调制马氏体相的扫描电镜显微照片。$Ni_{53}Mn_{25}Ga_{22}$ 合金在室温下具有典型的片层状马氏体微观组织，具有典型自协作特征的马氏体片层的厚度为几个微米，大部分相邻片层之间由微米尺度上笔直的片层间界面分隔开，但是也有一些片层由于片层内部出现取向的微小变化而发生弯曲或者分叉。由于该合金化学成分均匀且具有单相结构，扫描电镜背散射电子显微照片的衬度仅与晶体取向有关，因此可以由图 4.46（a）背散射照片中马氏体片层内部衬度的变化明显看出弯曲或分叉片层内部取向的变化。在高放大倍数下进行观察显示，该合金的马氏体片层由具有两种衬度、交替分布的大量精细微孪晶组成，如图 4.46(b)[图 4.46 (a)中方框 A 的放大图]所示。微孪晶两种不同的衬度可以说明每个马氏体片层内的微孪晶只有两种取向，预示着同一片层内两种不同取向的微孪晶有可能具有孪晶关系（微孪晶间的界面和取向关系稍后将进行确定）。微孪晶的厚度从几纳米到几十纳米不等。由于两种不同取向的纳米微孪晶交替分布，因此可以认为这些纳米孪晶成对出现。由图 4.46(b) 和图 4.46(c)[图 4.46(a)中方框 B 的放大图]可以看出每对中两种纳米孪晶的厚度不同，其中一种厚度较大，记为主要孪晶（major），另一种厚度较小，记为次要孪晶（minor）。两种纳米孪晶之间具有贯穿于整个马氏体片层的笔直的界面。在高放大倍数下进行观察还显示，与马氏体片层间界面不同，马氏体片层内界面并不笔直，具有由规则

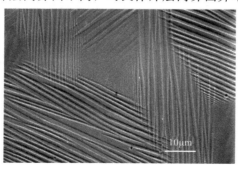

图 4.45　1173K 退火后的铸态 $Ni_{53}Mn_{25}Ga_{22}$ 合金室温下的非调制马氏体相的扫描电镜显微照片

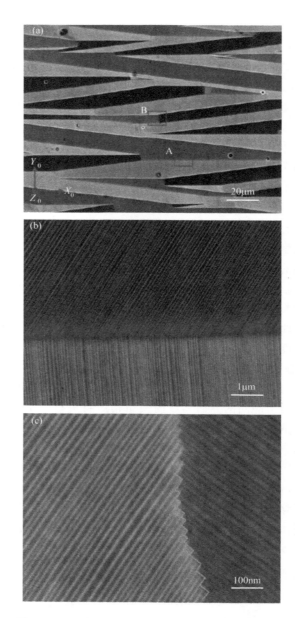

图 4.46　显示 $Ni_{53}Mn_{25}Ga_{22}$ 合金自协作片层状显微
组织的扫描电镜背散射电子显微照片及局部放大图

（a）电子显微照片 $X_0Y_0Z_0$ 为宏观试样坐标系，方框 A 和 B 分别圈出了片层间界面和片层内界面；

（b）图（a）中方框 A 的放大图，显示相邻马氏体片层内的纳米微孪晶；

（c）图（a）中方框 B 的放大图，显示片层内界面的台阶状特征。图中所画实线用来突出强调台阶状界面

的小台阶构成的明显的台阶状特征，如图 4.46（c）所示。在台阶状片层内界

面上，一个区域内的一束纳米孪晶终止在另一区域内的纳米孪晶界面上，从而形成一个台阶。

（3）Ni-Mn-Ga 合金的相变

1）相变次序

由于由马氏体变体重新排列而产生的磁致形状记忆效应仅发生于 Ni-Mn-Ga 合金的铁磁性马氏体状态，因此该类合金的相变次序和转变温度决定了其服役温度。因此，详细研究该类合金的具体相变过程对更好地了解其材料行为具有重要意义。事实上 Ni-Mn-Ga 合金的相变过程十分复杂，随着化学成分和热处理过程的不同，合金的相变过程也会有很大差异。图 4.47 示意性地给出了 Ni-Mn-Ga 合金的相变次序。

在高温区，合金首先由液态凝固成部分无序的 B2′ 相，然后在冷却过程中发生由 B2′ 相向 L2$_1$ 有序 Heusler 相转变的无序-有序转变。继续冷却到较低温度后，一部分 Ni-Mn-Ga 合金首先发生预马氏体相变，然后发生马氏体相变，而其他合金则直接由 Heusler 母相向马氏体相转变。随后一些合金中的马氏体在继续冷却到很低温度的过程中一直保持稳定，而其他合金中的马氏体发生一次或多次中间马氏体相变而生成了在低温更加稳定的马氏体。

2）凝固以及无序-有序转变

Ni-Mn-Ga 合金在一个特定的取决于成分的温度下凝固成为部分无序的 B2′ 中间相。Overhosler 等报道 Ni$_{50}$Mn$_x$Ga$_{50-x}$（$x = 15 \sim 35$）合金的凝固温度在 $1340 \sim 1400$K 温度区间内。Söderberg 等证实 Ni$_{50.5}$Mn$_{30.4}$Ga$_{19.1}$ 和 Ni$_{53.7}$Mn$_{26.4}$Ga$_{19.9}$ 合金分别在 1386K 和 1392K 凝固。B2′ 相在随后的冷却过程中经历一个向 L2$_1$ 有序 Heusler 相转变的无序-有序转变。B2′-L2$_1$ 无序-有序转变是一个二级相变，转变温度随合金化学成分的不同而分布于 $800 \sim 1100$K 之间。B2′ 和 L2$_1$ 结构之间的不同之处在于 B2′ 结构中 Ni 原子形成晶格的框架，Mn 和 Ga 原子可以互相混乱占位，而 L2$_1$ 结构中 Ni、Mn 以及 Ga 原子都严格有序占位。

3）预马氏体相变

在发生低温马氏体相变之前部分 Ni-Mn-Ga 合金中可发生预马氏体相变。虽然 Ni-Mn-Ga 合金的预马氏体相变与其磁致形状记忆效应没有直接的关联，但是从科学的角度讲，它给研究者提供了研究电子-声子交互作用、磁弹性以及 Jahn-Teller 效应机制等的诸多机会。研究者通过中子衍射、传输性能测量、磁性测量、力学性能测量、声学和超声测量、电镜分析等实验和理论手段研究 Ni-Mn-Ga 合金预马氏体相变的物理机制。

研究者在马氏体相变温度（T_m）低于 270K 且化学成分仅稍微偏离化学计量比的 Ni$_{2+x+y}$Mn$_{1-x}$Ga$_{1-y}$ 合金中观测到了预马氏体相变。研究证实 Ni-

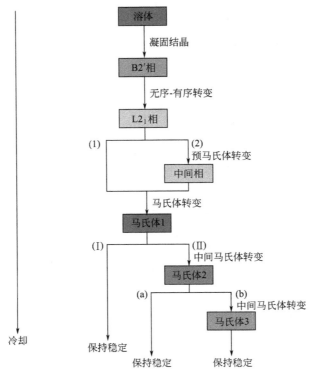

图 4.47　Ni-Mn-Ga 合金相变次序示意图

(1) 和 (2)、（Ⅰ）和（Ⅱ）、(a) 和 (b) 表示在
每种情况下有两种可能的从高温相向低温相转变的路径

Mn-Ga 合金中的预马氏体相变为很弱的一级相变。Ni_2MnGa（T_m 约为 220K）合金中的预马氏体相变发生在 260K 左右。Khovailo 等通过对电阻率的温度依赖性的异常突变进行研究，发现 $Ni_{2+x}Mn_{1-x}Ga$ 合金的预马氏体相变温度与化学成分的关系不大。通过中子衍射实验，Brown 等发现 Ni_2MnGa 合金的预马氏体相具有正交三层调制结构（空间群 Pnnm，No.58），且这种结构的调制机制与 5M 和 7M 马氏体相似。

　　需要指出的是 Ni-Mn-Ga 合金中的预马氏体相变仅发生于马氏体相变温度（T_m）相对较低的合金中。Zheludev 等指出预马氏体相变源于费米面的嵌套奇异性。由于预马氏体相变温度与合金化学成分偏离化学计量比的程度关系不大，且预马氏体相变仅在 $T_m < 270K$ 的 $Ni_{2+x+y}Mn_{1-x}Ga_{1-y}$ 合金中出现，所以合金电子浓度的变化对费米面嵌套截面的影响可能十分有限。在 $T_m > 270K$ 的合金中，伴随有费米面产生根本转变的马氏体相变，在母相还没有来得及产生嵌套奇异性之前就已经发生，所以这些合金中没有预马氏体相变的发生。

预马氏体相变的朗道理论模型已经建立，并成功解释了：①电子-声子的耦合导致了 Ni-Mn-Ga 合金发生从母相向微调制的中间相转变的一级预马氏体相变；②磁弹性耦合使得在马氏体相变之前共度预马氏体相可以存在。

4）马氏体相变

马氏体相变是切变型无扩散一级固态相变，相变过程中原子相对其邻近原子在短程内做规则移动。马氏体相变发生在特定的温度范围内，马氏体相变和马氏体逆相变之间通常存在滞后现象。马氏体相变前后合金的化学成分不变，母相奥氏体和新相马氏体的晶体结构之间通常存在明确的取向关系。相变的动力学和马氏体相的形貌由切变位移产生的应变能决定。马氏体相变的特征温度为马氏体相变起始温度 M_s，马氏体相变终了温度 M_f，马氏体逆相变（即奥氏体相变）起始温度 A_s 以及马氏体逆相变终了温度 A_f。

Ni-Mn-Ga 合金的马氏体相变温度对其化学成分十分敏感。通常认为 Ni-Mn-Ga 合金的马氏体相变温度随着每原子的平均价电子数（又称电子浓度 e/a）的增加而升高。Ni-Mn-Ga 合金的电子浓度定义为：

$$e/a = \frac{10\text{Ni}_{at\%} + 7\text{Mn}_{at\%} + 3\text{Ga}_{at\%}}{\text{Ni}_{at\%} + \text{Mn}_{at\%} + \text{Ga}_{at\%}} \tag{4.1}$$

式中，$X_{at\%}$（X=Ni，Mn，Ga）表示 X 所占的原子百分比。式中，Ni 的价电子数为 10，其外电子层排布为 $3d^8 4s^2$，Mn 的价电子数为 7，其外电子层排布为 $3d^5 4s^2$，Ga 的价电子数为 3，其外电子层排布为 $4s^2 4p^1$。

Chernenko 等研究了 Ni-Mn-Ga 合金马氏体相变温度随成分的变化，得出如下结论：①在 Mn 含量不变的情况下，随着 Ga 含量的增加合金的 M_s 降低；②在 Ni 含量不变的情况下，随着 Mn 含量的增加合金的 M_s 升高；③在 Ga 含量不变情况下，随着 Mn 含量的增加合金的 M_s 降低。Wu 等进一步定量研究了合金的 M_s 和化学成分的关系，得出以下公式：

$$M_s(K) = 25.44\text{Ni}_{at\%} - 4.86\text{Mn}_{at\%} - 38.83\text{Ga}_{at\%} \tag{4.2}$$

该式可用于根据化学成分大致估算合金的 M_s。Jin 等通过研究建立了马氏体相变温度 T_m 与电子浓度 e/a 之间的经验关系式：

$$T_m(K) = 702.5(e/a) - 5067 \tag{4.3}$$

需要指出的是，T_m 通常可定义为 $(M_s + M_f + A_s + A_f)/4$，但是文献中没有明确给出式（4.3）中 T_m 的定义。

研究马氏体相变温度随化学成分的变化，对通过成分设计开发具有实际应用前景的高温 Ni-Mn-Ga 磁致形状记忆合金，具有极其重要的意义。化学成分的调整可以通过富余组分的过量原子占据贫乏组分的空缺阵点（反位点缺陷）或者产生空位点缺陷来实现。除了化学成分外，母相的原子有序度也对 Ni-Mn-Ga 合金的马氏体相变温度具有很大的影响。研究发现 Ni_2MnGa 合金中 Mn 和 Ga 的无序占位能够将马氏体相变温度降低大约 100K。Tsuchiya 和 Besseghini 等研究证实通过适当的退火处理获得高度有序的 $L2_1$ 结构可以使马氏体相变温度范围变窄。由此可见，适当的热处理工艺对获得稳定的高性能磁致形状记忆合金具有重要的作用。因此，系统地研究不同类型的点缺陷（例如反位缺陷、原子互换以及空位），对理解性能对化学成分和原子有序度的依赖性是至关重要的。

5）中间马氏体相变

除了预马氏体相变和马氏体相变外，在一些 Ni-Mn-Ga 合金中还可能发生从一种马氏体转变为另外一种马氏体的一级中间马氏体相变，产生中间马氏体相变的原因是不同类型的马氏体具有不同的稳定性，如图 4.46（a）所示。随着化学成分和热处理过程的不同，典型的中间马氏体相变的转变路径为 5M—7M—NM 或 7M—NM。除了具有科学研究意义外，中间马氏体相变的发生还对磁致形状记忆合金的应用有一定的影响。磁致形状记忆合金只能在不发生中间马氏体相变的温度范围内使用，也就是说，中间马氏体相变限定了磁致形状记忆合金服役温度的下限。

中间马氏体相变通常伴随着合金升温和降温过程中热流、力学性能、磁性能和电阻率的异常突变。图 4.48 为具有 Heusler—7M 马氏体相变和 7M—NM 中间马氏体相变的典型 Ni-Mn-Ga 合金的低场交流磁化率随温度的变化。

冷却过程中交流磁化率在 355K 左右的突变源于 Heusler 母相从顺磁状态向铁磁状态的转变，而在 275K 左右的突变归因于由 Heulser 母相向 7M 马氏体转变的马氏体相变。继续冷却到 100K 左右，交流磁化率发生了另一个突变，归因于 7M—NM 中间马氏体相变。在加热过程中这些结构转变完全可逆，并具有一定的温度滞后性。Ni-Mn-Ga 合金的中间马氏体相变也得到了原位透射电镜（TEM）研究的证实。

Ni-Mn-Ga 合金的中间马氏体相变对样品的内应力十分敏感。Wang 等研究发现，样品内部因晶格畸变而储存的大约 14MPa 的内应力就可以改变 $Ni_{52}Mn_{24}Ga_{24}$ 单晶的相变过程，并使中间马氏体相变彻底消失。这种观点得到了在快速凝固多晶薄带样品实验结果的支持：细晶薄带样品中没有出现任何中间马氏体相变，这归因于大量晶界的出现使得薄带样品比单晶样品具有更高的协调应力。

（4）Ni-Mn-Ga 合金的磁致形状记忆效应

1）前提条件

Ni-Mn-Ga 合金的磁致形状记忆效应（magnetic shape memory effect，

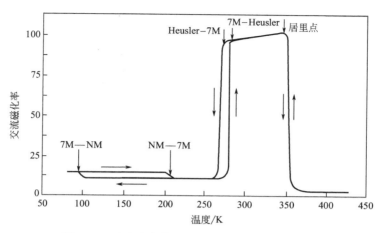

图 4.48　冷却和加热过程中具有 Heusler—7M 和
7M—NM 中间马氏体相变的典型 Ni-Mn-Ga
合金的低场交流磁化率随温度的变化

MSME）以磁致应变的形式表现出来，这种磁致应变来源于外加磁场作用下马氏体变体的重新排列。Ni-Mn-Ga 合金产生磁致形状记忆效应的前提条件为：

① 合金工作温度范围内必须具有铁磁性马氏体孪晶组织。也就是说磁致形状记忆效应只能在低于居里温度 T_C 且低于马氏体逆相变起始温度 A_s 的温度范围内才可能产生。

② 磁致应力必须大于合金的孪生应力。此处，孪生应力 σ_{tw} 指使马氏体变体重新排列所需要的应力；孪生应力可以通过单晶的应力-应变曲线来确定。由于磁致应力 σ_{mag} 不能超过由磁各向异性 K_U 和理论最大磁致应变 ε_0 的比值 K_U/ε_0 所决定的饱和值，上述前提条件可以表述为：

$$\sigma_{mag} = \frac{K_U}{\varepsilon_0} > \sigma_{tw} \tag{4.4}$$

其中，理论最大磁致应变 ε_0 可以根据具有单变体的单晶的应力-应变曲线上去孪生所对应的最大应变而确定。需要注意的是，σ_{mag} 和 σ_{tw} 的大小与马氏体的类型有很大的关系。据报道，5M 和 7M 马氏体的孪生应力 σ_{tw} 仅为 2MPa 左右，而 NM 马氏体的孪生应力 σ_{tw} 则可高达 18～20MPa。

2）产生机制

在 Ni-Mn-Ga 磁致形状记忆合金中，孪晶界的形成由高温下高对称性的奥氏体向低温下低对称性的马氏体发生无扩散型马氏体相变所产生。由于该类合金具有强磁各向异性，马氏体的磁矩沿易磁化轴方向排列，越过孪晶边界时磁化的择优方向发生改变，如图 4.49 所示。当外加磁场沿其中一个孪晶变体的易磁化轴方向施加时，易磁化轴平行于磁场方向的变体的能量将与其他变体不同。这种能量差将在孪晶界上施加一个应力 σ_{mag}，从而为孪晶界的移动提供驱动力。如果这个磁致应力 σ_{mag} 大于孪晶变体重新排列所需要的孪生应力 σ_{tw}，孪晶边界就会移动，使得易磁化轴平行于磁场方向的变体长大而其他变体缩小，从而导致样品宏观形状发生变化，也就是产生磁致应变。理想状态下，当磁场强度增加到某一个特定值时，所有马氏体变体的易磁化轴都会沿磁场方向排列，这时磁致应变也相应地达到最大值。图 4.49 示意性地给出了磁场作用下马氏体变体的重新排列。

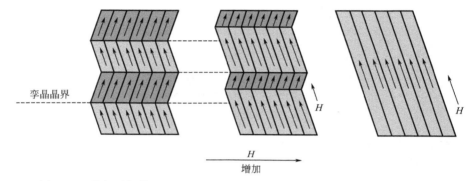

图 4.49　外加磁场作用下磁致形状记忆合金中马氏体变体重新排列的示意图

事实上，研究者已经通过实验直接跟踪观测到了磁场作用下马氏体变体的重新排列过程。需要指出的是，样品的宏观形状变化在磁场去除以后仍然可以保持。因此，为了在磁致形状记忆合金中获得可逆的磁致应变，应用过程中需要改变磁场方向或者同时施加磁场和外加应力场。

第5章

贝氏体转变

5.1 贝氏体及其组织结构

5.1.1 贝氏体

贝氏体，曾被称为"针状屈氏体"。1930 年，钢的热处理理论奠基人 Bain 首先发现在钢的中温等温转变过程中，中相变产物具有针状组织特征，并于 1939 年第一次将贝氏体的光学金相照片正式发表。故在 20 世纪 40 年代末，为了纪念 Bain 的功绩，将钢在珠光体转变温度以下、马氏体转变温度以上，经等温或连续冷却分解所形成的组织命名为贝氏体。之后，Mehl 将钢中贝氏体分为羽毛状上贝氏体和片状下贝氏体；Habraken 又将低碳钢中出现的贝氏体铁素体中分布着富碳的奥氏体岛组织命名为粒状贝氏体，其他还有许多以形态命名的贝氏体组织。这些组织分类一直沿用至今。除了钢以外，在某些非铁合金，如铜等有色金属系合金 Cu-Zn、Cu-Al、Cu-Zn-Al 等中，也发现存在贝氏体，甚至在 $8CeZrO_2$ 中发现类似于贝氏体的中温转变产物，但其 $400℃$ 下等温转变除了结构变化外，可能还有成分变化。可见，贝氏体转变是普遍存在的固态相变之一。

关于钢中贝氏体转变的一些基本特征，能够获得普遍认可的有以下几点。

① 贝氏体转变是过冷奥氏体在中温转变区发生的，其转变温度范围比较宽，贝氏体转变前有孕育期，在孕育期期间，碳在奥氏体中发生扩散并形成贫碳奥氏体区。碳的扩散速率控制贝氏体转变速率并影响以后的贝氏体组织形态。

② 贝氏体的转变过程主要是贝氏体铁素体的形核与长大过程。该过程中可能存在着碳原子在奥氏体中的扩散、铁原子的自扩散及铁原子的切变。因此，在不同的转变温度下，决定过程的主要因素也不相同，所以可以获得不同

类型的贝氏体组织。

③ 贝氏体组织由贝氏体铁素体及碳化物两相组成，并且贝氏体铁素体存在表面浮凸现象。贝氏体转变通常不能进行完全，即存在未转变的残余奥氏体。

除此之外，关于贝氏体转变的一些特征还存在着很多争议，其焦点就在于贝氏体相变属于切变机制还是扩散机制。以柯俊为代表的切变论者，由于发现了钢中贝氏体转变具有类似马氏体相变的表面浮凸效应，据此提出了贝氏体相变的切变学说。该学说在 20 世纪 50～60 年代几乎是被许多人所接受的唯一理论。但是，60 年代末，切变论受到了美国著名学者 Aaronson（哈洛森）的挑战，原因是贝氏体转变温度不足以提供切变所需的能量，因此从能量的角度否定了贝氏体切变的可能性。他们认为，贝氏体相变是共析转变的变种，贝氏体是非片层共析体，这个理论后来被中国的金属学家徐祖耀及 Aaronson 的学生们所接受，并发展成现在的贝氏体相变机制的又一理论——扩散论。

总之，对于贝氏体的转变机制、贝氏体相变的基本特征以及贝氏体组织本身，到目前为止都还存在较多的争议与分歧，所以至今尚无明确定义。

贝氏体组织十分复杂，据目前多数人的意见，大体上可把贝氏体描述为由条片状铁素体和碳化物（有时还有残余奥氏体）组成的非片层状组织，以便与珠光体这种片层状组织相区别。实际上，这一定义仍是不很完善的。由于贝氏体中铁素体和碳化物的形态与分布情况多变，使贝氏体显微组织呈现为多种形态。据此，通常可将其分为：① 上贝氏体（upper bainite）；② 下贝氏体（lower bainite）；③ 无碳化物贝氏体（carbide-free bainite）；④ 粒状贝氏体（granular bainite）；⑤ 反常贝氏体（inverse bainite）；⑥ 柱状贝氏体（columnar bainite）等。其中以上贝氏体、下贝氏体最为常见，粒状贝氏体次之，其余的较为少见。现分别简述如下。

5.1.2　上贝氏体

上贝氏体是在贝氏体转变区较上部的温度范围内形成的。它是由成束的、大体上平行的板条状铁素体和条间的呈粒状或条状的渗碳体（有时还有残余奥氏体）所组成的非片层状组织。当其转变量不多时，在光学显微镜下，可以看到成束的条状铁素体自晶界向晶内生长，形似羽毛［见图 5.1(a)］，故有羽毛状贝氏体之称，此时无法分辨其条间的渗碳体。但在电子显微镜下，可较清晰地看到上贝氏体中的铁素体和渗碳体的形态［见图 5.1(b)、(c)］。

与板条状马氏体相似，上贝氏体中由大体上平行排列的铁素体板条所构成的"束"的尺寸，对其强度和韧性有一定影响，故往往把束的平均尺寸视为上贝氏体的"有效晶粒尺寸"。各束间有较大的位向差。束中各相邻铁素体板条间存在着较小的位向差（几度至十几度）。上贝氏体铁素体中的碳含量近于平衡态的成分，其板条的宽度通常比相同温度下形成的珠光体铁素体片大。上贝氏体形成时也具有浮凸效应。研究表明，上贝氏体铁素体与其母相间具有一定的晶体学取向关系；同时，上贝氏体铁素体中存在一定的位错组态。上贝氏体组织的形态往往因钢的成分和形成温度不同而有所变化。当钢中碳质量分数增加时，上贝氏体铁素体板条趋于变薄，渗碳体量增多，并由粒状、链珠状变到短杆状，甚至不仅分布于铁素体板条之间，而且还可能分布于铁素体板条内部。钢中含有较多量硅、铝等元素时，由于它们具有延缓渗碳体沉淀的作用，使上贝氏体铁素体板条间很少或基本上不沉淀出渗碳体，而代之以富碳的稳定的奥氏体，并保留到室温，成为一种特殊的上贝氏体，也称为准上贝氏体，如图5.2所示。随着形成温度的降低，铁素体板条变薄，且渗碳体变得更为细密。

(a) 光学金相(30CrMnSiA钢，
400℃等温30s),1000×

(b) 电子金相(复型, 60钢, 900℃加热，
按50℃/s冷却),5000×

(c) 电子金相(薄膜透射, 暗场, 60CrNiMo钢, 495℃等温),12500×

图5.1 上贝氏体组织

5.1.3 下贝氏体

下贝氏体是在贝氏体转变区较下部的温度范围内形成的，它也是由铁素体和碳化物构成的复相组织。在低碳（低合金）钢中，这种贝氏体铁素体的形态

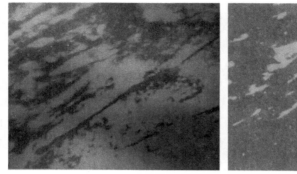
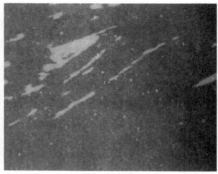

(a) 明场像   (b) 暗场像

图 5.2　40CrMnSiMoVA 钢中的准上贝氏体组织

310℃等温 15min，薄膜透射，36000×

通常呈板条状，若干个平行排列的板条便构成一束（见图 5.3），与板条状马氏体很相似。在高碳钢中，贝氏体铁素体则往往呈片状，各个片之间互成一定的交角（见图 5.4），与片状马氏体很相似。而在中碳钢中，则两种形态的贝氏体铁素体兼有之（见图 5.5）。

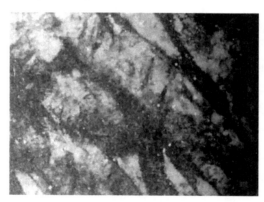

图 5.3　低碳（低合金）钢（15CrMnMoV）中的下贝氏体组织

薄膜透射，975℃加热，油淬，26400×

　　研究表明，下贝氏体大都是从晶界开始形成的，但也有在晶粒内部形成的。在电子显微镜下可清晰地看到，不论贝氏体铁素体呈板条状还是片状，在其基体上都沉淀着许多细微的碳化物（有时也可能还有残余奥氏体），它们与铁素体的长轴呈 50°～60°的方向较整齐地排列着[见图 5.3、图 5.4（b）和图 5.5（b），（c）]。这与回火马氏体的特征迥然不同。

　　下贝氏体形成时有表面浮凸效应。下贝氏体铁素体中也有位错缠结存在，且位错密度比上贝氏体铁素体高，但却未发现有孪晶亚结构存在。下贝氏体铁

(a) 光学金相, 500×

(b) 电子金相(复型), 5000×

图 5.4 高碳钢（T11）中的下贝氏体组织（1150℃加热 2h，水淬）

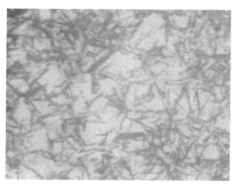

(a) 光学金相(35CrMnSi钢，
325℃等温20s), 400×

(b) 电子金相(30CrMnSiNi2A钢, 薄膜
透射, 240℃等温1h), 22400×

(c) 电子金相(含0.54C的Cr-Ni钢, 复型, 缓冷), 10000×

图 5.5 中碳钢中的下贝氏体组织

素体中溶有比上贝氏体铁素体多的过饱和碳，形成温度越低，碳的过饱和度也越大。

随着钢中碳质量分数的增加，下贝氏体铁素体中沉淀的碳化物量亦增多，并随形成温度的降低而更趋弥散。当钢中含有较多稳定奥氏体的合金元素时，在铁素体基体上也可能同时有残余奥氏体和碳化物存在。

下贝氏体铁素体与其母相间也具有一定的晶体学取向关系。

5.1.4 其他种类贝氏体

5.1.4.1 无碳化物贝氏体

无碳化物贝氏体是在贝氏体转变区最上部的温度范围内形成的，它是一种由条束状的铁素体构成的单相组织。显然，这类贝氏体不完全符合经典的贝氏体的定义，过去人们曾称它为无碳贝氏体。这种贝氏体一般产生于低、中碳钢中，它不仅可在等温时形成，在有些钢中也可在缓慢的连续冷却时形成。无碳化物贝氏体的显微组织如图5.6所示，可见它是从晶界开始向晶内平行生长的成束的板条状铁素体，其板条较宽，条间距离也较大，板条间为富碳的奥氏体，这种富碳奥氏体在随后冷却过程中将会部分地转变为马氏体；如在同一温度继续停留则可能转变为奥氏体的其他分解产物（其他贝氏体或珠光体）。可见，无碳化物贝氏体总不是单一地存在，而是与其他组织共存的，这类贝氏体形成时也具有浮凸效应。

图 5.6 无碳化物贝氏体显微组织
30CrMnSiA 钢，450℃等温 20s，1000×

5.1.4.2 粒状贝氏体

粒状贝氏体一般是在低、中碳合金钢中存在，它是在稍高于其典型上贝氏体形成温度下形成的。长期以来，人们曾经把由块状（等轴状）的铁素体和分布于其中的岛状（颗粒状）富碳奥氏体（有时还有少量碳化物）所构成的复相组织称为粒状贝氏体。但据近年来的研究证实，上述块状铁素体形成时并不产生像一般贝氏体形成时所具有的浮凸效应，而且上述所谓"粒状贝氏体"的形态也与一般贝氏体（呈板条状）不一致，并认为其块状铁素体很可能是按块状转变机理形成的。与此同时，还发现另一种由条状亚单元组成的板条状铁素体和在其中呈一定方向分布的富碳奥氏体岛（有时还有少量碳化物）所构成的复相组织（见图 5.7），并具有明显的浮凸效应（见图 5.8），因此，认为后者才是真正的粒状贝氏体，而前者可称之为"粒状组织"，以示区别。这一论述澄清了长期以来被混淆的概念。但应指出，这两种组织在钢中往往是共存的，即使在同一个奥氏体晶粒内也可能同时出现，如图 5.8（c）、（d）所示（A 区位置为粒状组织）。至于两者基体中的富碳奥氏体岛则无任何区别，图 5.8（c）表明，它们即使在光学显微镜下也清晰可见，其外形一般不规则，有的近似圆形，有的呈不规则的多边形，有的则呈长条形。

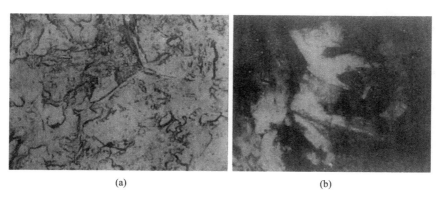

(a)   (b)

图 5.7　粒状贝氏体的形貌和亚结构（18Mn2CrMoBA 钢，自 930℃空冷）

(a) 复型，5400×；(b) 薄膜透射（铁素体亚单元清晰可见，并具有一定的位错密度，
暗黑色不规则的多边形为富碳奥氏体岛），16000×

　　研究表明，粒状贝氏体基体中的碳含量近于平衡状态下的铁素体；富碳奥氏体岛中的合金元素含量与基体中的平均值基本相同，但其碳含量则较高，例如在 18Mn2CrMoB 钢中其碳含量平均约为基体的 5 倍，而且各个岛中的碳含量差别极大，它可以在相当于基体的 3.5～12 倍范围内变化。

　　富碳奥氏体岛在随后继续冷却的过程中，依其冷却速率和奥氏体稳定性的不同，可能发生以下三种情况：①部分或全部分解为铁素体和碳化物；②部分转变为马氏体，其余部分则成为残余奥氏体，这种两相混合物通常被称为"α'-γ"或"M-A"组成物，其中的马氏体是高碳孪晶型马氏体；③全部保留下来而成为残余奥氏体。一般来说，第②种情况最为普遍。

　　应当说明，在对某些低合金高强度结构钢的研究中发现，M-A 岛状组成物也常在其他贝氏体组织中伴存，但却不能把这种在铁素体基体上分布有 M-A 岛状组成物的上、下贝氏体也称为粒状贝氏体。

(a) 表面浮凸(在A区无表面浮凸),600×　　　(b) 与(a)同一部位的表面干涉图像,600×

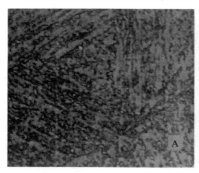
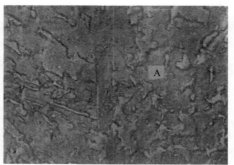

(c) 与(a)同一部位的光学金相, 600 ×　　　(d) 电子金相(复型), 4000×

图 5.8　粒状贝氏体组织及其表面浮凸（18Cr2Ni4WA 钢，自 960℃经 65min 冷至 300℃）

5.1.4.3　反常贝氏体

反常贝氏体产生于过共析钢中。这种钢在 B_s 点以上因有先共析渗碳体的析出（一般呈魏氏形态）而使其周围奥氏体的碳含量降低，这样便促使在 B_s 点以下形成由碳化物与铁素体组成的上贝氏体。由于这种贝氏体是以渗碳体领先形核，和一般贝氏体以铁素体领先形核相反，故称为反常贝氏体，如图 5.9 所示。目前对这种贝氏体研究较少。

图 5.9　反常贝氏体组织
（1.34C 钢，550℃等温 1s）

5.1.4.4　柱状贝氏体

柱状贝氏体一般在高碳钢或高碳合金钢的贝氏体转变区的较低温度范围内形成，但在高压下，在中碳钢中亦可形成。图 5.10 即为 0.44C 钢在 2400MPa 压力下形成的柱状贝氏体。由图 5.10 可见，柱状贝氏体铁素体上的碳化物有着一定的排列方向，这点与下贝氏体有一定程度的相似。

有人认为，从各类贝氏体的形态特征来看，无碳化物贝氏体、粒状贝氏体、反常贝氏体等似应归属于上贝氏体的范畴，即它们都是上贝氏体的变态，而柱状贝氏体可归属于下贝氏体的范畴。按照这种观点，贝氏体只有上、下贝氏体两大类之分。

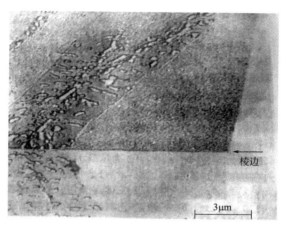

图5.10 柱状贝氏体组织（0.44C钢双磨面电子金相，315℃等温，2400MPa压力）

5.2 贝氏体转变机理

5.2.1 切变机理

切变学派的代表人物为柯俊和 Hehemann 等。持切变论的学者主要观点是，贝氏体转变中，铁素体条 BF 和马氏体一样以共格切变方式形成，同时伴有碳的扩散和碳化物 BC 的沉淀，所以整个转变过程为碳的扩散控制，相变速率较马氏体转变低。

切变论主要依据了以下贝氏体转变的特征。

① 贝氏体相变时产生表面浮凸，和马氏体相变类似。

② 贝氏体与母相之间有一定的位向关系。第二类完全共格相界面通过切变使相界面迁移，直到共格破坏，成为含错配界面位错的半共格界面，通常具有晶体学位向关系，而贝氏体中的铁素体条和奥氏体的位向关系基本符合 K-S 关系。

研究发现，尽管下贝氏体铁素体优先在晶界形核，但是大量下贝氏体一般在奥氏体晶内的位错等缺陷处形核。切变论者认为，位错滑移切变或孪生切变形成下贝氏体 α 相片条，相变结果产生精细孪晶和高密度位错。据此可以推测，贝氏体可能是以滑移切变和孪生切变方式形成基元，基元重复逐级形成下贝氏体片，如图 5.11 所示。在基元的边界上析出 ε 碳化物，碳化物排列方向与下贝氏体片的主轴成 55°～60° 夹角。

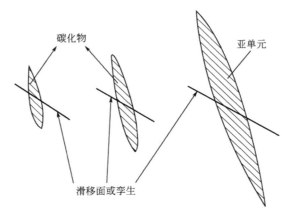

图 5.11　下贝氏体片长大示意图

　　③ 贝氏体相变产物中铁素体 BF 一般呈板条或针状形貌。Hehemann 等还观察到上贝氏体铁素体中的条状亚结构，因此他们认为该亚结构是切变长大的基元，其长大速率比整体贝氏体的长大速率快得多，在长大过程中仍存在着碳在铁素体及奥氏体两相间的继续分配。基元长大的阻力为体积应变能，随着阻力的增大而使基元长大停止后，另一基元可形核长大，因此导致贝氏体长大速率比马氏体慢很多。

　　Bhadeshia 设计了一个贝氏体由亚结构基元重复形成的模型，如图 5.12 所示。该模型示意性地指出，正是由于新的亚单元形成速度较慢，从而决定了贝氏体束在整体上以较低的速率长大。康沫狂认为相变基元是沿缺陷面方向切变增厚的，而板条端部的相变基元平行叠加使板条伸长。

　　但是切变论的反对者认为，切变理论的一个明显不足是能量问题。反对者从计算结果出发认为中温转变时的驱动力并不足以使铁晶格发生切变。为此，持切变论的学者提出了一种解释，认为奥氏体中的溶质原子局部贫化，使得切变阻力下降，从而提高了 M_s 点。

5.2.2　台阶机理

　　台阶扩散长大论的代表人物为 Aaronson、Laizd 等。Aaronson 首先提出了台阶长大机制，提出表面浮凸是由于相变产物的体积效应产生的。徐祖耀等的电子显微镜研究结果证实了贝氏体铁素体宽面上长大台阶的存在。这种台阶的高度约为几个纳米到几个微米，称为"巨型台阶"。巨型

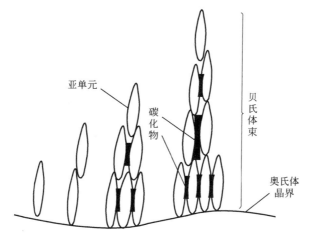

图 5.12　亚单元重复切变贝氏体束示意图

台阶又由众多的小台阶堆积而成，并在异相等障碍物前堆积，如图 5.13
所示。由图可见，越靠近异相，堆积的巨型台阶数量越多，台阶的密度越
高。巨型台阶在障碍物前沿堆积的实验事实表明，在相变过程中，巨型台
阶的阶面是可动的。部分巨型台阶堆积后会相互作用，若扩散浓度场允
许，其中部分台阶可以相互合成，形成更大的巨型台阶。巨型台阶的长大
速率也与按照台阶机制计算所得值相符。

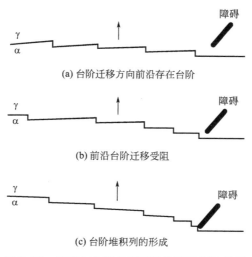

图 5.13　巨型台阶侧向迁移及堆积过程示意图

　　巨型台阶阶面可侧向迁移的其他间接实验证据还有：由透射电镜明暗场像
确定的下贝氏体碳化物在巨型台阶前沿析出，以及贝氏体片条的楔状形特征，

即片条宽度沿生长方向逐渐变细，而且沿生长方向的宽面上发现大量尺寸不同的台阶。

Aaronson 基于大量实验事实，发展了扩散控制的台阶长大理论，认为片状析出物台阶宽边为半共格界面，这种半共格界面的正向移动是靠台阶的横向迁移来进行的，即台阶阶面的界面能较低，如图 5.14 所示。台阶的移动受控于碳在奥氏体中的体积扩散。

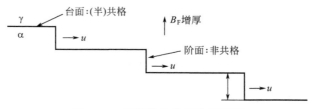

图 5.14　贝氏体台阶长大示意图

从 1990 年开始，台阶论开创者 Aaronson 不断说明：切变长大和扩散长大主要是通过台阶机制来实现的，承认片状产物可以切变长大，不过要借助于台阶机制。这表明，在 fcc→bcc 的转变过程中，可以"台阶切变长大"，也可以"台阶扩散长大"。至此，可以认为这一点缩小了两派的观点分歧。台阶机制可以为扩散长大所利用，也可以为切变长大所利用。当然，片状产物无需台阶而以相界面位错的滑移也能完成。但也可以明显看到，台阶长大机制难以说明 BF 内精细结构以及全片条的形成原因。

5.3　贝氏体转变的动力学

5.3.1　贝氏体转变动力学的特点

由于贝氏体转变温度介于珠光体转变和马氏体转变之间，因而使贝氏体转变兼有上述两种转变的某些特点，现概述如下：

① 贝氏体转变也是一个形核和长大的过程。贝氏体的形核需要有一定的孕育期，其领先相一般是铁素体（除反常贝氏体外），贝氏体转变速度远比马氏体转变慢。

② 贝氏体形成时会产生表面浮凸。

③ 贝氏体转变有一个上限温度（B_s），高于该温度则不能形成，贝氏体转变也有一个下限温度（B_f），到达此温度则转变即告终止。

④ 贝氏体转变也具有不完全性，即使冷至 B_f 温度，贝氏体转变也不能进行完全；随转变温度升高，转变的不完全性愈甚。

⑤ 贝氏体转变时，新相与母相奥氏体间存在一定的晶体学取向关系。

贝氏体长大速率与形成温度和钢中碳质量分数的关系如图 5.15 所示。关于贝氏体转变不完全性的规律，可作如下解释：一般贝氏体转变总是优先在贫碳区开始的，随着贝氏体转变量的增加，由于碳不断向奥氏体中扩散，使未转变奥氏体中的碳含量愈来愈高，从而增加了奥氏体的化学稳定性而使之难以转变；同时由于贝氏体的比容比奥氏体大，产生了一定的机械稳定化作用，这也不利于贝氏体转变的继续进行。至于转变不完全性随温度升高而愈加显著的原因，可能主要与温度较高时使奥氏体与贝氏体间的自由能差减小，从而使相变驱动力减小有关。同时也应考虑到，转变温度愈高，将愈有利于碳原子的扩散而形成更多的柯氏气团，从而增强未转变奥氏体热稳定化倾向的作用。但应指出，当钢的 B_f 点低于 M_s 点，亦即在 M_s 点以下仍可发生贝氏体转变时，随等温温度降低，贝氏体的转变量则愈来愈少。显然，这是由于在 M_s 点以下大量马氏体的形成所引起的机械稳定化作用的结果。

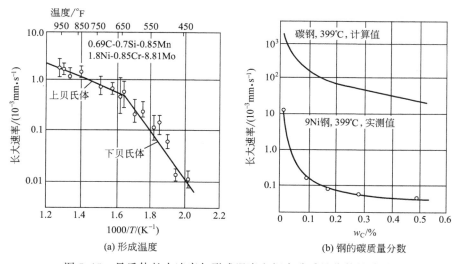

图 5.15　贝氏体长大速率与形成温度和钢中碳质量分数的关系

5.3.2　贝氏体转变动力学图

与珠光体转变一样，贝氏体也有独立的等温转变动力学图，呈"C"型。这是因为随过冷度增大，相间自由能差增大，即相变驱动力增大，从而促使转变加速，而与此同时，碳原子的扩散能力却愈受到抑制，这又将使转变减缓，上述这一对矛盾因素共同作用的结果就使曲线上出现了"鼻子"。依钢的化学成分不同，贝氏体转变的 C 曲线可与珠光体转变的 C 曲线部分重叠，也可彼此分离。贝氏体转变 C 曲线的最高点所对应的温度即为 B_s 点。但是当贝氏体转变 C 曲线与珠光体转变 C 曲线部分重叠时，由于珠光体的较早形成而使 B_s

点难以观察到。过冷奥氏体转变为贝氏体的终止温度 B_f 点有时高于 M_s 点，而有时又低于 M_s 点。

近年来，由于新技术的发展，测试的灵敏度大为提高，往往可以发现在贝氏体转变区内实际上存在着上贝氏体、下贝氏体、等温马氏体等几组独立的 C 曲线。图 5.16（a）、（b）分别表示普通碳素共析钢的等温转变示意图和 40CrMnSiMoVA 钢的实测等温转变图。这些研究结果也从另一个侧面证实上、下贝氏体是按照不同的转变机理形成的。

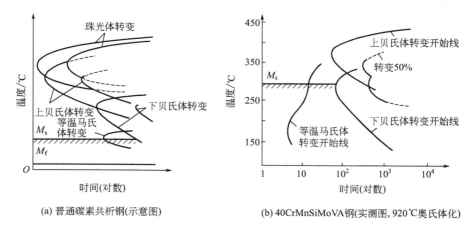

(a) 普通碳素共析钢(示意图)   (b) 40CrMnSiMoVA钢(实测图, 920℃奥氏体化)

图 5.16　贝氏体区的等温转变图

5.3.3　影响贝氏体转变动力学的因素

从碳的扩散角度，影响贝氏体相变动力学因素与影响珠光体的因素一样；从切变的角度，影响贝氏体相变动力学因素与影响马氏体的因素一样。

5.3.3.1　化学成分

碳的质量分数：碳的质量分数增加，贝氏体相变时需要扩散的碳数量增加，使 C 曲线右移，鼻温下移，贝氏体相变速度减慢。

合金元素：除 Co 和 Al 外，大部分合金元素使 C 曲线右移，鼻温下移，贝氏体相变速度延缓。其中 Mn、Cr、Ni 的影响最为显著。同时加入多种合金元素时，相互影响比较复杂。

5.3.3.2　奥氏体晶粒尺寸与奥氏体化工艺

一般来说，奥氏体晶粒越大，贝氏体优先形核部位越少，相变孕育期越长，相变速度越慢。

提高奥氏体化温度或延长保温时间，碳化物充分溶解，奥氏体成分更加均匀，甚至可能导致奥氏体晶粒长大，这些因素均使贝氏体相变速度减慢。

5.3.3.3　应力与塑性变形

应力可加速贝氏体相变，当应力超过屈服强度时，提高贝氏体相变速度尤为明显。

过冷奥氏体的塑性变形可能对贝氏体相变速度产生两种相反的作用：当塑性变形增加奥氏体晶体缺陷时，有利于碳的扩散，加速贝氏体相变；当塑性变形破坏奥氏体晶粒取向的连续性，对铁素体共格长大不利时，将减缓贝氏体相变。在中温区（300～600℃）对奥氏体进行塑性变形，加工硬化效果明显，晶内缺陷密度增加，碳扩散速度加快，因此贝氏体相变速度加快。实验表明，中温塑性变形不仅促进碳化物析出，而且可以细化贝氏体铁素体。而高温（800～1000℃）区塑性变形只能细化贝氏体铁素体晶粒。

5.3.3.4　奥氏体冷却时的中间停留

贝氏体相变速度与过冷奥氏体冷却过程中在不同温度下的中间停留有关，可以分以下 3 种情况，如图 5.17 所示。

① 在珠光体和贝氏体相变之间的过冷奥氏体稳定区停留（见图 5.17 中曲线 1）时，会使下贝氏体相变加速。实验发现，停留期间有碳化物析出。过冷奥氏体中的碳和合金元素浓度下降，从而降低了过冷奥氏体的稳定性。

② 先形成部分上贝氏体，再冷至下贝氏体转变的低温区（见图 5.17 中曲线 2），将使下贝氏体转变的孕育期延长，减少最终贝氏体的转变量。这说明先发生的部分上贝氏体相变增加了未转变过冷奥氏体的稳定性。

③ 先形成少量的马氏体或下贝氏体（见图 5.17 中曲线 3），则加速随后的下贝氏体或上贝氏体相变速度。这是因为停留期间发生的部分相变使过冷奥氏体点阵发生了畸变，应变诱发了随后的贝氏体形核，加速了贝氏体的形成。

5.4　贝氏体的力学性能与贝氏体钢的发展

5.4.1　贝氏体的力学性能

一般来说，同一种钢的贝氏体强度和硬度比马氏体低，比珠光体高；贝氏体的塑性和韧性比马氏体好，比珠光体差。贝氏体的力学性能取决于贝氏体的组织形态，由贝氏体中铁素体、碳化物及其他相（残余奥氏体和过冷奥氏体的其他转变相）共同决定。

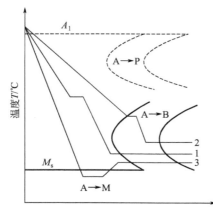

图 5.17　贝氏体转变前的停留工艺

5.4.1.1　贝氏体的强度和硬度

影响贝氏体强度和硬度的因素有以下几个方面：

（1）贝氏体铁素体晶粒大小

贝氏体铁素体晶粒尺寸越小，其强度和硬度越高。贝氏体强度与贝氏体铁素体晶粒尺寸之间也符合 Hall-Petch 公式。而贝氏体铁素体晶粒尺寸与相变温度和奥氏体晶粒大小有关。相变温度越低，铁素体条越薄；奥氏体晶粒越细小，铁素体条越短。

（2）弥散强化

碳化物颗粒尺寸愈细小，数量愈多，对强度的贡献越大，贝氏体强度与碳化物的弥散度大致呈线性关系。碳化物的大小、数量和分布主要取决于相变温度和奥氏体中碳的质量分数。钢的成分一定时，随相变温度的降低，渗碳体尺寸变小，数量增多，形态也由断续杆状向粒状变化，贝氏体强度、硬度增加。

（3）位错密度

贝氏体铁素体的亚结构主要为位错，位错密度也随转变温度的降低而增加。

（4）固溶强化

贝氏体中也存在固溶强化，但强化效果不是十分显著。贝氏体铁素体中碳的质量分数稍高于平衡浓度，且饱和度随转变温度的下降而增大。

综上所述，相变温度是影响贝氏体强度、硬度的决定性因素，随转变温度下降，贝氏体强度提高。

5.4.1.2　贝氏体的塑性和韧性

贝氏体强度增加时，塑性会相应下降。冲击韧性主要取决于碳化物的分布。贝氏体的冲击韧性与相变温度之间的关系如图 5.18 所示，由图可见，贝氏体形成温度超过 350℃ 时，冲击韧性开始下降。这是因为，350℃ 以上，组织中大部分是上贝氏体，断续杆状渗碳体分布在铁素体条之间。上贝氏体铁素体和碳化物尺寸都较大，且都具有较明显的方向性，容易形成大于临界尺寸的裂纹。下贝氏体的碳化物分布在铁素体内，且尺寸细小，难以形成临界尺寸的裂纹，裂纹扩展时，也将受到大量弥散碳化物和位错的阻止。因此，上贝氏体不仅强度低，韧性也很差，是不希望得到的组织，下贝氏体具有高的强度和良好的韧性。从力学性能上说，下贝氏体类似于淬火＋高温回火组织，具有良好的综合性能，但获得下贝氏体组织的工艺简单、成本低。

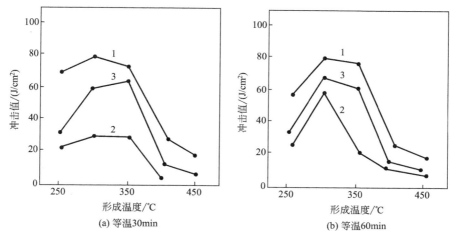

图 5.18　贝氏体冲击韧性与相变温度的关系

图中 1～3 表示碳质量分数在 0.27%～0.42%之间逐渐增加

5.4.1.3　其他相对贝氏体力学性能的影响

贝氏体相变时，可能存在未转变的过冷奥氏体。过冷奥氏体可能变成残余奥氏体或过冷奥氏体的其他转变产物，如马氏体等。残余奥氏体是软相，会降低贝氏体强度和硬度，提高塑性和韧性。若残余奥氏体量少且均匀分布，则对强度的影响较小。

实验表明，贝氏体中存在马氏体时，这种混合组织具有较高的强度和较好的韧性。韧性同时提高的原因是，先形成的贝氏体分割母相奥氏体的晶粒，使其有效晶粒变小。裂纹遇到贝氏体和马氏体晶界时将改变扩展方向。

我国研制的低、中碳 Mn-B 系和 Mn-Si-Cr 系贝氏体钢，就是采用无碳化物贝氏体和马氏体的混合组织，强韧化效果优良，目前已得到广泛应用。

5.4.2　贝氏体钢的发展

经热轧直接空冷或经正火冷却后能得到全部贝氏体组织的钢，统称为贝氏体钢（bainitic steels）。贝氏体钢具有以下优点：

① 全部贝氏体组织是空冷得到的，空冷可以避免淬火变形和开裂；

② 碳的质量分数低的贝氏体钢，可焊性和成形性好；

③ 贝氏体钢具有高的强度和韧性，综合力学性能优良；

④ 可在很大截面尺寸上获得优良性能；

⑤ 与淬火＋回火钢比，设备、工艺简单，成本低。

5.4.2.1 低碳贝氏体钢

低碳贝氏体钢是在 Mo 或 Mo-B 钢的基础上，加入 Mn、Cr、Ni，有时还加入微量碳化物形成元素 Nb、V、Ti。

Mo 和 B 都能抑制珠光体转变，而不影响贝氏体转变，保证钢在空冷条件下易于得到贝氏体组织。合金元素 Mn、Cr、Ni 的加入，能降低贝氏体形成温度 B_s，使贝氏体强度进一步提高。

我国常用的低碳贝氏体钢有 14MnMoV、14MnMoVBRe、14CrMnMoVB、17CrMoV、15CrNiMnMoNb、20CrNiMnMoB、18MnMoNb 等。近年来，研制出新型 Mn-Si-Cr 系列碳贝氏体钢，不仅成本低，而且强韧性和耐磨性都优于含 Cr、Ni、Mo 等贵金属合金经淬火＋回火的马氏体钢。

5.4.2.2 中碳贝氏体钢

50CrSiMnMoV、40NiCrMo 及中碳 Mn-B 系列是空冷就能得到全部贝氏体组织的贝氏体钢。一些中碳结构钢也可以成为贝氏体钢，但必须通过等温淬火处理来获得贝氏体组织。在强度相等的条件下，比较中碳结构钢经适当的等温淬火处理和淬火＋回火处理，等温淬火处理后的冲击韧性和疲劳强度高。因此，中碳贝氏体钢空冷与中碳结构钢等温淬火，可代替"淬火＋中温回火"或调质处理，获得较好的强韧性配合。

5.4.2.3 高碳贝氏体钢

当韧性和焊接性不重要时，可以通过增加碳的质量分数来进一步提高贝氏体的强度。但高的碳质量分数将加速珠光体转变，使能够获得全部贝氏体组织的工件截面尺寸变小。例如，1.0％C-1.0％Cr-0.5％Mo-B 钢，空冷获得贝氏体组织的工件截面为 5～12mm，直径小于 5mm，空冷得到马氏体的直径大于12mm，空冷得到珠光体。所以，与低碳贝氏体钢比较，高碳贝氏体钢的应用受到更多限制。

同样，对于高碳工具钢，为了提高韧性和/或减少淬火变形，可以采用等温淬火，获得部分贝氏体组织。再进行多次回火处理，使残余奥氏体转变为回火马氏体。这种贝氏体、回火马氏体和残余奥氏体的混合组织具有很高的强度和韧性。

5.4.2.4 奥贝球铁

奥贝球铁是 20 世纪 70 年代末 80 年代初研制的一种新型工程材料，是具有奥氏体-贝氏体复相组织的高强度球墨铸铁。这种组织可以直接由液态凝固得到，也可经等温处理得到。奥贝球铁的性能明显优于铁素体-珠光体球墨铸铁，也优于调质处理的球墨铸铁。等温处理的球墨铸铁能以铁代钢，满足日益发展的高速、大马力、受力复杂的机件性能要求。

我国球墨铸铁等温处理通常在 $250\sim350℃$ 之间，处理时间 $45\sim90min$，基体组织为下贝氏体加少量马氏体和残余奥氏体。对于壁厚大于 10mm 的球墨铸铁件，需加入 Mo、Ni、Cu 等促进贝氏体形成的合金元素。

5.4.2.5　低温贝氏体钢

低温贝氏体钢是 2000 年左右研制出的一种高硅高碳低合金钢。这种钢在低温下长时间等温（125℃等温 29d，190℃等温 14d）得到。其抗拉强度达 2500MPa，硬度超过 HV600，韧性大于 $30\sim40MPa\cdot m^{1/2}$，其组织为超细结构的无碳化物贝氏体，贝氏体铁素体板条厚度仅 $20\sim40nm$，板条间分布薄膜状残余奥氏体，故称之为纳米贝氏体钢，或者超细贝氏体钢、超级贝氏体钢、超强贝氏体钢等。由于具有良好的力学性能，且制备工艺简单，引起了学术界及生产企业的热切关注。

2008 年英国国防科技实验室与剑桥大学等联合研发纳米贝氏体装甲钢。欧盟煤炭与钢铁研究基金立项研究开发纳米贝氏体钢耐磨件。浦项钢铁公司正在开发一种低温贝氏体相变诱导塑性钢，即 SB-TRIP 钢，组织由纳米尺寸的无碳化物贝氏体和残余奥氏体组成，强塑积达到 $40GPa\cdot\%$，是最具发展前景的汽车用第三代先进高强钢之一。因此，贝氏体钢作为新一代汽车轻量化材料成为可能。

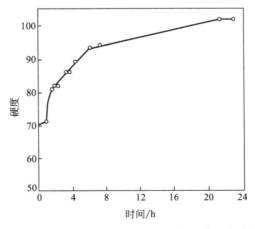

第6章

有色合金的脱溶沉淀与时效

6.1 概述

6.1.1 固溶、脱溶及时效

固溶处理及时效处理是提高材料强度的有效强化手段之一，这种热处理方式与时效硬化现象的发现有关。1906年德国人 Alfed Wilm 在研究一种 Al-Cu-Mg 系硬铝合金时发现该合金经高温加热并水淬后硬度变化不大，但在室温或稍高恒温条件下放置，随时间延长硬度值则持续升高，由此第一条时效硬化曲线被绘制出来（图6.1），而时效硬化现象也被人们发现。之后人们在其他铝合金系中也发现了这种现象，但受当时科技水平的限制，人们无法解释产生时效硬化现象的原因。后来，随着科技水平和研究手段的不断提高，时效硬化理

图 6.1 Al-Cu-Mn-Mg 合金的第一条时效硬化曲线

论得以逐步建立并获得快速发展，现在已经清楚时效硬化现象是由合金的固溶和脱溶现象引起的。

固溶处理（solution treatment）是将钢或合金加热到高温单相区保持恒温，使碳或合金元素充分溶入固溶体中，然后以较快的速度冷却下来，得到过饱和固溶体或过饱和新相的热处理工艺。固溶处理工艺适用于以固溶体为基体，且溶解度随温度变化较大的合金系统。例如某一合金系统中有 A 和 B 两种组元，其中 B 在 A 中的溶解度随温度下降而减小，如图 6.2 所示。根据相图将某一成分的合金加热到溶解度曲线以上（图中 MN 即为溶解度曲线）、固相线下的某一适当温度，在此温度下恒温保持一定时间，使 B 组元充分溶入 α 固溶体中，然后迅速取出并立即在水或其他介质中快速冷却以抑制 B 组元重新析出，即可得到室温下的过饱和固溶体。因固溶处理的实施过程与淬火相似，故又称为"固溶淬火"。由于固溶处理后得到的过饱和固溶体在热力学上处于亚稳定状态，在适当的温度或应力条件下将发生脱溶或其他转变，因此固溶处理一般属于预备热处理工艺，其目的是为后续热处理准备最佳条件。固溶处理工艺目前已广泛应用于铝合金、镁合金、铜合金、镍合金等有色合金系统及某些合金钢中。

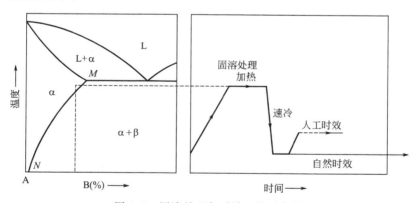

图 6.2　固溶处理与时效工艺示意图

脱溶是固溶处理的逆过程，由于固溶处理得到的过饱和固溶体大多是亚稳定的，存在自发脱溶趋势。在室温放置或加热到一定温度下保持一定时间，将从过饱和固溶体中析出第二相或形成溶质原子聚集区以及亚稳定过渡相，这一过程称为脱溶或沉淀。由于脱溶过程中析出大量细小弥散的沉淀相，使合金的强度和硬度显著提高，故称为沉淀强化（precipitation strengthening）或弥散强化（dispersion strengthening）。实现沉淀强化需要具备三个条件：①在相图上具备固溶体溶解度随温度变化的曲线，合金成分处于二相区内；②第二相本身热强性良好，且其最高稳定温度限制了沉淀强化的极限温度；③第二相应均匀弥散分布于基体上，并具有一定的热稳定性。

时效处理（aging treatment）是合金经固溶处理后在室温或高于室温的适当温度下保温，以达到沉淀强化目的的热处理工艺，简称时效。时效可以显著提高材料的强度和硬度，是适用于铝合金、镁合金、耐热合金、沉淀硬化不锈钢和马氏体时效钢等材料的一种有效的强化途径。时效强化的实质就是过饱和固溶体发生脱溶沉淀引起的沉淀强化。

时效工艺可分为等温时效（单级时效）、分级时效、回归再时效及形变时效等。等温时效是指在一定温度下保持一定时间所进行的时效，时效工艺示意图如图 6.2 所示。等温时效是最主要、最基本的时效工艺，可分为自然时效和人工时效。自然时效是指金属或合金经过固溶处理后仅需室温下放置就可以进行的时效工艺。自然时效过程缓慢，只有热处理强化的变形铝合金才有较好的自然时效强化效果。人工时效是指金属或合金经过固溶处理后，加热到适合温度下保温一定时间进行的时效，人工时效适用于大多数可时效型合金材料。分级时效是指将过饱和固溶体在不同温度下进行两次或多次时效，其工艺比一次时效复杂，但组织均匀性和综合力学性能要优于一次时效，目前在 Al-Zn-Mg 和 Al-Zn-Mg-Cu 合金系中应用较多。回归再时效工艺适用于变形铝合金，是指对人工时效后的铝合金进行回归处理后再重新时效的一种时效工艺。形变时效是形变和时效相结合的一种处理工艺，可分为低温形变时效和高温形变时效。低温形变时效是材料经淬火后，于室温下形变，然后进行时效处理，应用范围较广；高温形变时效是材料经热变形后直接淬火和时效，一般在铝锌镁系合金中应用较多。

6.1.2 脱溶的分类

采用不同的分类方法，可将脱溶分为不同的类别。

① 按脱溶过程中母相成分变化的特点，可分为连续脱溶和非连续脱溶。

a. 连续脱溶指在脱溶过程中，随着新相的形成，母相的成分连续、平缓地由过饱和状态逐渐达到饱和状态，这样的脱溶称为连续脱溶。连续脱溶可分为均匀脱溶和非均匀脱溶，均匀脱溶的析出物在基体中分布比较均匀，而非均匀脱溶的析出物会优先在晶界等晶体缺陷处形成。

b. 非连续脱溶与连续脱溶相反，脱溶相一旦形成，其周围一定距离内的固溶体立即由过饱和状态达到饱和状态，并与原始成分的固溶体形成截然的分界面。在很多情况下这个界面是大角度晶界，通过这个界面，不但浓度发生了改变，而且取向也发生了变化，故非连续脱溶也称为两相式脱溶或胞状脱溶。

② 根据脱溶相分布状况，可分为普遍脱溶与局部脱溶。

a. 普遍脱溶是由固溶体中发生均匀形核引起的，在整个固溶体中同时发生，因此形成的新相也在基体中呈均匀分布状态。通常来讲，普遍脱溶对材料的力学性能有良性的影响，它使合金具有较高的疲劳强度，同时降低晶间腐蚀及应力腐蚀的敏感性。

b. 局部脱溶一般发生在普遍脱溶之前，脱溶相优先在能量较高的晶界、亚晶界及孪晶界等晶体缺陷处形核，因此局部脱溶是由不均匀形核引起的，形成的新相在基体中的分布也是不均匀的。

③ 按析出相与母相界面原子匹配的情况，可分为共格脱溶和非共格脱溶。

a. 共格脱溶的脱溶产物与母相界面呈共格关系，脱溶产物与母相的晶体学关系取决于过冷度、温度及脱溶产物的晶体结构。沉淀相的晶体结构与母相相似性大的，或者脱溶反应在低温进行的，两相易于保持共格关系，时效过程中生成的亚稳相多数为共格脱溶。

b. 非共格脱溶的脱溶产物与母相界面呈非共格关系，脱溶产物与母相间无取向关系，时效过程中的平衡相就是非共格脱溶。

④ 按照脱溶相的平衡状态，可分为平衡脱溶和亚稳平衡脱溶。

脱溶过程中，按照系统自由能最低原则，最终的脱溶相应为平衡相。但从过饱和固溶体析出平衡相的过程中，可能包含一到多个亚稳相，亚稳相并非过程终态，在一定的条件下会回溶或转变为平衡相，形成所谓脱溶贯序现象。由于亚稳相与母相多呈共格或半共格关系，对材料的强度和硬度更加有益，因此，在实际使用过程中，希望获得的是数量更多的亚稳强化相，而非最终的平衡相。

⑤ 按脱溶相中溶质含量与母相的关系，脱溶可分为正脱溶和负脱溶。

脱溶相中溶质含量比母相高的脱溶称为正脱溶，反之，则为负脱溶。Fe-C合金奥氏体中析出（先共析）渗碳体和铁素体就是正、负脱溶的典型例子。

6.1.3 脱溶沉淀的微观组织

6.1.3.1 连续脱溶的微观组织

连续脱溶中，脱溶相形核位置周围，溶质原子的浓度变化呈连续性，晶格常数的变化也具有连续趋势，这种连续变化一直进行到多余的溶质排出为止。在整个转变过程中，原固溶体基体晶粒的外形及位向保持不变。由于在连续脱溶过程中各部分的能量条件不同，脱溶相的形核和长大速率可能会有不同，因此连续脱溶可分为均匀脱溶和非均匀脱溶，实际上所有具有脱溶现象的合金几乎都是非均匀脱溶。

非均匀脱溶也称局部脱溶，是不均匀形核引起的，由于晶界、亚晶界、滑移面、孪晶界面、位错线、孪晶及其他缺陷处能量较高，可以为脱溶相提供形核所需的能量，因此局部脱溶析出物优先在这些地方形核，而其他区域或不发生脱溶，或依靠远距离扩散将溶质原子输送到脱溶区以达到实际脱溶效果。常见的局部脱溶有滑移面脱溶和晶界脱溶。这里的滑移面是切应力所造成的，而切应力一般是在固溶处理时形成的，若在固溶淬火后、时效处理前施以冷变形也可以形成切应力。图 6.3 是 Cr25-Ni20（质量分数）不锈钢中在晶界和滑移线上局部脱溶的碳化物的微观组织。

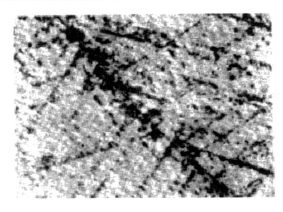

图 6.3　Cr25-Ni20（质量分数）不锈钢中在晶界和滑移线上局部脱溶的碳化物

某些铝基、钛基、铁基及镍基等时效型合金在晶界处的局部脱溶，往往在紧靠晶界附近形成一条无脱溶带（也称无沉淀带或无析出带），显微组织中表现为一条亮带。有些合金的无析出带宽度很小，仅为十几纳米，只能在透射电子显微镜或高倍扫描电子显微镜下才能观察到。图 6.4 为经时效处理的

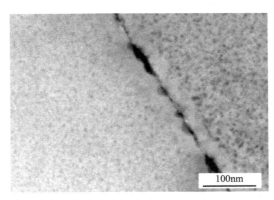

100nm

图 6.4　经时效处理的 AA7050 合金的晶界无析出带（TEM）

AA7050 合金的晶界无析出带，其宽度为 10nm 左右。而有些合金的晶界无析出带宽度较大，在光学显微镜下就能观察到，如 β 型钛合金的无析出带宽度就有几个微米。在无析出带既不形成 GP 区，也不析出过渡相和平衡相。目前，对无析出带形成原因主要围绕两种机制：一是贫溶质机制，由于晶界处脱溶较快，脱溶相析出较早，因而吸收了晶界附近的溶质原子，使周围基体因缺少溶质原子无法析出脱溶相，而形成无析出带；二是贫空位机制，认为无析出带是

由于该区域在固溶处理冷却过程中靠近晶界的空位扩散至晶界并消失造成空位密度低，使溶质原子的扩散变得困难，从而形成无沉淀相析出带。一般高温时效以贫溶质机制为主，低温时效以贫空位机制为主。

许多研究者认为合金中的无析出带会降低材料的力学性能和耐蚀性，在应力作用下塑性变形容易集中在无析出带内，引起晶间断裂。此外，发生了塑性变形的无析出带，相对周围晶粒内部而言作为阳极，易于发生电化学腐蚀，加速应力腐蚀，更易导致晶间断裂。图 6.5 是时效 A1-6Zn-1.2Mg 合金力学性能和无析出带宽度之间的关系。无析出带的宽度对强度影响较小，塑性随着无析出带宽度的增加而降低，但由于无析出带宽度增加时，晶界上优先脱溶的沉淀相数量和尺寸随之增加，直至形成连续薄膜，这也会对塑性产生影响。也有一部分研究者认为无析出带对塑性有利，他们认为无沉淀带较软，应力在其中发生松弛，使裂纹难以萌生和发展。但从力学性能和腐蚀性方面考虑，还是希望消除或缩小无析出带。通过提高固溶处理温度、加快冷却速度及降低时效温度，或在固溶处理后、时效处理前进行预变形，可有效减小无析出带的宽度或消除晶界附近的无析出带。

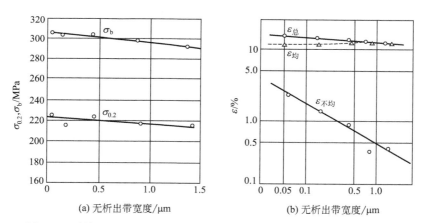

图 6.5　时效 A1-6Zn-1.2Mg 合金力学性能和无析出带宽度之间的关系

6.1.3.2　非连续脱溶的微观组织

假设 α_0 为原始 α 相，β 为平衡脱溶相，α_1 为胞状脱溶区的 α 相，则非连续脱溶可表示为：$\alpha_0 \Longrightarrow \alpha_1 + \beta$。非连续脱溶过程中，一旦脱溶相 β 从 α 相中析出，β 与母相 α 之间就会形成截然的分界面，如大角度晶界，晶界两侧的取向也会不同。

由于晶界处能量高，具有较高的界面扩散系数，有利于发生非连续脱溶，因此非连续脱溶的显微组织特征是沿晶界不均匀形核，之后逐步向晶内扩展，在晶界上形成界限明显的脱溶组织区域，称为胞状物或瘤状物，形成的新相与母相保持非共格关系。胞状物一般由两相组成：一相为平衡脱溶物，大多呈片状；另一相为基体，即贫化的固溶体。这种胞状物可在晶界一侧生长，也可在两侧同时生长，直至与连续脱溶相或另一胞状物相接触。在非连续脱溶过程中形成的胞状物与片状珠光体十分相似，但却有本质区别：片状珠光体的两相与母相在结构和成分上都不相同，但胞状组织中必有一相的结构与母相相同，仅溶质原子的浓度不同于母相。图 6.6 为 Zn-Al40 合金在固溶时效后发生非连续脱溶析出的胞状物组织。

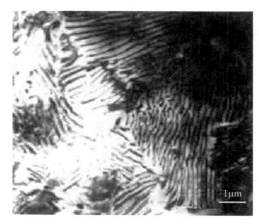

图 6.6　Zn-Al40 合金在 100℃经 60min 时效后非连续脱溶析出的胞状物组织

　　非连续脱溶形成胞状物时一般伴随着基体的再结晶。当与基体保持共格关系的沉淀相（如 GP 区或过渡相）析出时，会对基体产生一定的应力和应变，当应力和应变积累到一定程度时，基体就会发生回复以至再结晶，这种再结晶过程称为应力诱发再结晶。由于析出及其伴生的应力和应变以及应力诱发再结晶通常优先发生于晶界上，因此这种析出又称为晶界再结晶反应型析出，简称晶界反应型析出。发生再结晶的过程中会释放前期积累的应力和应变，使应力、应变和应变能显著降低。在发生再结晶的区域，其胞状物中的析出物为平衡相，它与基体间的共格关系完全被破坏，也不再存在晶体学位向关系（形成再结晶组织和结构者除外），基体中的溶质原子浓度降至平衡值。应力诱发再结晶与一般再结晶一样，亦为扩散型的形核和长大过程。

　　图 6.7 为非连续脱溶机理示意图。在过饱和固溶体 α 相中，溶质原子优先偏聚于晶界处，之后以质点形式脱溶析出 β 相，同时固定住 β 相周围的晶界。随着溶质原子的不断偏聚，β 相逐渐长成片状形貌，并长入与其无位向关系的母相晶粒中，在片状 β 相两侧将出现溶质原子贫化区（α₁ 相），而在其外侧沿母相晶界又可形成新的 β 相晶核，此时，β 相和 α₁ 相以外的母相仍保持原有浓

度 α_0。随着脱溶过程的进行，β 相不断向前长成薄片状，并与相邻的 α_1 相组成内部为层片状而外形呈胞状的组织，即胞状物。

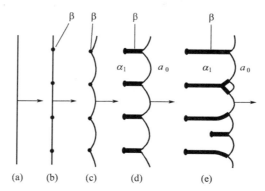

图 6.7 非连续脱溶机理示意图

6.1.3.3 脱溶过程中的组织变化

过饱和固溶体脱溶产物的显微组织可能出现下列 3 种变化顺序，如图 6.8 所示。

（1）连续脱溶

过饱和固溶体首先在滑移面和晶界等具有较高能量的地方发生非均匀脱溶，之后发生均匀脱溶。此时，均匀脱溶物尺寸十分细小，需依靠高分辨电子显微镜观察[图 6.8 中 1(a)]；随着时间的延长，晶界和滑移面上的非均匀脱溶物逐渐长大，并在晶界两侧形成无沉淀析出带[图 6.8 中 1(b)]；随着脱溶过程的进一步发展，析出物发生粗化和球化，基体中的溶质浓度已经贫化。此时，在连续脱溶过程中由非均匀脱溶和均匀脱溶析出的沉淀物已经难以区分[图 6.8 中 1(c)]。

（2）非连续脱溶加连续脱溶

过饱和固溶体首先在晶界处发生非连续脱溶形成胞状物，接着在晶粒内发生连续脱溶。随着时间的延长，胞状组织由晶界扩展至整个基体[图 6.8 中 2(a)～(c)]；随着脱溶过程的进一步发展，析出物发生粗化和球化，基体中溶质已贫化并发生再结晶[图 6.8 中 2(d)]。

（3）非连续脱溶

过饱和固溶体在晶界上仅发生非连续脱溶，形成胞状组织。随着时间的延长，胞状组织不断长大，逐渐扩展到整个基体并发生再结晶（图 6.8 中 3）。

实际上，通过改善合金成分和加工状态、固溶处理工艺、时效处理工艺及必要的预变形方式，可在一定程度上对脱溶产物微观组织变化顺序进行调控，从而获得较为理想的微观组织，使合金的综合力学性能达到最佳。

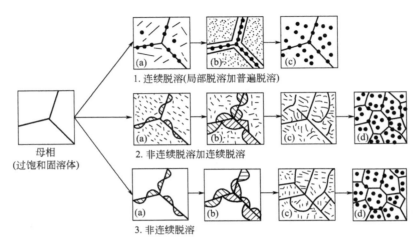

图 6.8　过饱和固溶体脱溶产物的显微组织变化顺序示意图

6.2　时效硬化

6.2.1　时效硬化机制

时效硬化是有色合金的主要强化手段，硬化机理可应用位错理论进行解释。根据位错与析出相交互作用的不同，可将时效硬化机制分为内应变强化机制、位错切过可变形颗粒的强化机制以及位错绕过不可变形颗粒的强化机制。

6.2.1.1　内应变强化

通常，时效过程中析出的亚稳相或平衡相都具有独立的点阵结构和晶格参数，因此溶质原子或析出相与母相之间存在一定错配度时，会在其周围产生不均匀畸变区，形成应力场，阻碍位错运动，由此便产生了内应变强化效果。

内应变强化是一种比较经典的理论。在过饱和固溶体中，大量溶质原子高度弥散地分布在溶剂中，由于溶质原子与溶剂原子不同，因此每一个溶质原子周围均形成一定的应力场。处于不同应力场的位错具有不同的能量，为了降低系统能量，位错均趋于低能位置。由于过饱和状态下的溶质原子数量极多，则相邻溶质原子间距就会很小，那么溶质原子与母相间由错配度引起的应力场就是高度弥散的。在这种高度弥散的应力场中，位错是不可能使其每一段都处于低能位置的。可能的情况是，位错基本上保持平直状态，其中部分位错段处于能谷位置，部分位错段处于能峰位置，部分位错段处于能谷和能峰之间[图 6.9(a)]。当该位错线在外力作用下移动时，部分位错将从低能位置移向高能位置，故受到一阻力作用，而另一部分位错段则从高能位置移向低能位置，故受到一推力作用。作用在位错线上的阻力和推力大致相当，因此固溶状态下的溶质原子所形成的应力场不能阻止位错运动，此时的固溶体处于较软的状态。随着时效的进行，溶质原子从开始偏聚至形成脱溶相的过程中，应力场的间距逐渐变大。当应力场间距增大到可以容纳整条位错处于能谷位置时［图 6.9（b）］，位错线将受到阻力作用而使硬度和强度得到提高。由此引起的强化称为内应变强化，内应变强化随析出相的增多而增强。

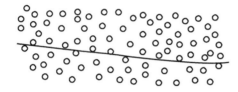 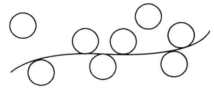

(a) 位错线在高度弥散应力场中直线通过　　　(b) 位错线在间距较大的应力场中弯曲通过

图 6.9　位错线在不同应力场中的分布状态（以小圆圈代表应力场）

6.2.1.2　位错切过可变形颗粒的强化

若析出相颗粒为位于位错线滑移面上的可变形颗粒，位错将切过析出相颗粒使其随基体一起变形。图 6.10 为位错切过可变形颗粒的示意图，其主要强化方式取决于合金体系及析出相类型，即颗粒本身的性质及与基体的关系。通常情况下，位错切过可变形颗粒产生的强化是如下各种强化因素综合作用的结果：①当位错切过析出相颗粒时，会在颗粒上产生宽度为位错柏氏矢量（b）的表面台阶，使界面能升高；②位错切过具有有序结构的析出相时，会改变析出相内滑移面上下的有序排列，形成反相畴界，使能量升高，阻碍位错运动；③析出相与基体的点阵常数、滑移面取向及层错能不同，位错切过时就会引起原子错排或产生割阶，给位错运动带来困难；④析出相与基体之间存在一定的错配度，产生弹性应力场，使位错运动受阻。透射电镜观察表明，位错可以切过 Al-Zn 系合金的 GP 区、Al-Ag 系合金的 γ' 相、Al-Zn-Mg 系合金的 η' 相以及 Al-Cu 系合金的 GP 区和 θ'' 相。

6.2.1.3　位错绕过不可变形颗粒的强化

位错绕过不可变形颗粒产生强化的机制是 Orowan 在 1948 年提出的，他指出当位于位错滑移面上的第二相粒子足够硬且间距足够大时，位错线不能直接切过第二相粒子，但在外力作用下，位错线可以环绕第二相粒子发生弯曲，最后在第二相粒子周围留下一个位错环而让位错通过。位错线的弯曲将会增加位错影响区的晶格畸变能，使位错线运动受阻、滑移抗力增大。图 6.11 为位错绕过不可变形颗粒的示意图，显示在外力作用下位错线在第二相粒子之间从

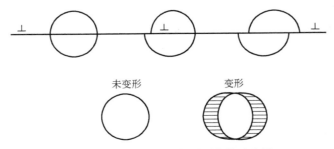

图 6.10　位错切过可变形颗粒的示意图

凸出、扩展、相遇、相消，最后又重新连接成一条位错线并在第二相粒子周围留下一圈位错环的过程。位错线环绕第二相粒子后留下的位错环不仅使下一条位错线通过的阻力变大，而且使第二相粒子有效间距变小、硬化率提高。

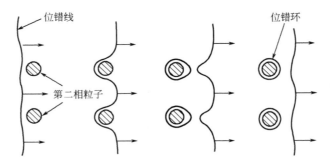

图 6.11　位错绕过不可变形颗粒的示意图

位错绕过不可变形颗粒运动时所需的切应力 $\tau_{绕}$ 为：

$$\tau_{绕} = \frac{2Gb}{L} \tag{6.1}$$

式中，G 为切变模量；b 为位错柏氏矢量；L 为相邻析出相颗粒间距。

可见，位错绕过不可变形颗粒运动所需的切应力 $\tau_{绕}$ 与相邻析出相颗粒间距 L 成反比，当 L 越小，$\tau_{绕}$ 则越大。时效过程中，沉淀相不断从过饱和固溶体中析出，相邻析出相间距不断变小，合金的硬度和强度不断升高，产生时效硬化；而当时效进行到一定程度后，沉淀相由于聚集长大，其间距变大，则切应力 $\tau_{绕}$ 变小，使硬度和强度下降，合金进入过时效阶段。

在时效过程中，各种析出相的形核与长大是相互竞争的，因此时效硬化机制也是各种强化因素共同作用的结果。

6.2.2　影响时效硬化的因素

（1）合金化学成分

合金的化学成分与时效硬化有直接关系。时效硬化需要形成过饱和固溶体，且随温度降低能够析出具有强化作用的沉淀相。如果添加的合金元素具有较小的固溶度或析出的沉淀相强化效果不大，是不能通过时效强化方式提高合金性能的。例如 Al-Si、Al-Fe、Al-Ni 以及 Al-Mg 等合金。当添加的合金元素能够形成结构与成分复杂的第二相时，合金的强化效果就会比较显著，如 Al-Cu、Mg-Zn 等二元合金，以及 Al-Mg-Si，Al-Cu-Mg-Si、Mg-Gd-Y、Mg-Zn-Ca 等多元合金。此外，合金元素的添加量对时效硬化效果也有重要影响。图6.12 为二元合金时效硬度增量与合金成分的关系，浓度低于 c_1 的合金不能进行时效强化，只有当浓度大于 c_1 后，合金才具有时效强化效果。随着浓度增加，合金的硬度增量将增加，达到最高值 n 以后则会缓慢下降。

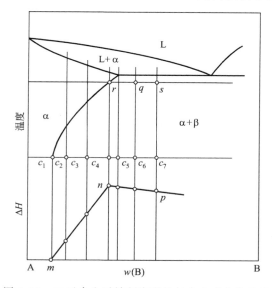

图 6.12 二元合金时效硬度增量与合金成分的关系

（2）固溶处理工艺

进行固溶处理时，需要根据相图，在固相线以下、溶解度曲线以上选择一合适温度进行加热。在不发生过热或过烧的前提下，固溶温度越高，时效进程越快，这是因为随着固溶温度的升高，强化相在固溶体中的溶解越来越彻底，这样就增大了时效过程中强化相的析出能力。此外，提高固溶温度还可以提高基体的空位数量，并使合金成分更加均匀。

保温的目的在于使过剩相充分溶解以获得过饱和程度高的固溶体，其时间长短是由主要添加元素的溶解速度决定的。合金的成分、原始组织、加热温度、试样尺寸、加热方式等因素都会影响保温时间，固溶温度越高，相变速率越大，所需的保温时间就越短。

冷却速度对时效进程具有很大的影响，不同合金的过饱和固溶体的稳定性不同，因此为了抑制冷却过程中固溶体分解所要求的临界冷却速率也不同。如 Al-Zn-Mg 系合金的固溶体稳定性较高，冷却时可采用空冷，而 Al-Cu-Mg 系合金的固溶体稳定性较低，冷却时必须采用水冷。冷却速度越快，时效峰值硬度则越高。

因此，固溶处理工艺的原则是：在保证合金不发生过热、过烧等前提下，尽量提高固溶温度，延长保温时间并加快冷却速度，有利于获得过饱和度更高的均匀固溶体。

（3）时效工艺

同一种合金在不同时效温度下析出相的临界晶核大小、数量、分布以及聚集长大的速度不同，因而表现出不同的时效强化曲线。当合金在某一温度时效时能获得最大硬化效果，这个温度称为最佳时效温度。大多数情况下，合金在最佳时效温度得到的峰时效微观组织主要以高密度的 GP 区和亚稳强化相为主。

选择适当的时效温度十分重要，时效温度过低，原子扩散困难，时效过程缓慢，时效效率低；时效温度高，时效进程加快，合金达最高强度所需时间缩短，但时效温度过高会降低强化效果，进入过时效阶段。如图 6.13 为相同时效时间下时效强度与时效温度的关系，时效温度升高，合金强度不断升高，达到某一极限值后又降低。降低的原因是由于合金已经处于过时效阶段，其微观组织中形成的亚稳强化相不断聚集长大使沉淀相间距变大，并且由亚稳相向平衡相的转化过程中，析出相与基体的弹性应力场不断减小，这些都会降低对位错的阻碍能力，使合金强度降低。

时效方式对时效强化效果也有一定影响。单级时效工艺简单，但组织均匀性差，抗拉强度、屈服强度、条件屈服强度、断裂韧性及应力腐蚀抗力等性能很难得到良好的配合。分级时效的组织均匀性好，具有较好的断裂韧性及应力腐蚀抗力，但由于二级时效的温度稍高，合金进入过时效区的可能性增大，合金的强度比单级时效略低。

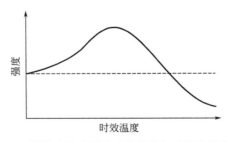

图 6.13　相同时效时间下时效强度与时效温度的关系

6.3 铝合金的时效

6.3.1 铝及铝合金

6.3.1.1 纯铝的性质

铝（Al）是元素周期表第三周期主族元素，具有面心立方点阵，无同素异构转变。表6.1列出了铝常见的物理化学性质。铝元素在地壳中的含量仅次于氧和硅，居世界第三位，是地壳中含量最丰富的金属元素，含量为8.3%，其蕴藏量在金属中居第二位。1854年，法国化学家德维尔把铝矾土、木炭、食盐混合，通入氯气后加热得到NaCl、$AlCl_3$复盐，再将此复盐与过量的钠熔融，便得到了金属铝。1886年，美国的豪尔和法国的海朗特，分别独立地电解熔融的铝矾土和冰晶石（Na_3AlF_6）的混合物制得了金属铝，奠定了今后大规模生产铝的基础。在目前的工业生产和使用中，铝是仅次于钢的第二大类金属材料。

表6.1 铝常见的物理化学性质

性质	高纯铝 99.996%（质量分数）	工业纯铝 99.5%（质量分数）
原子序数	13	
原子量	26.9815	
晶格常数(20℃)/m	4.0494×10^{-10}	4.04×10^{-10}
密度/(g/cm³)		
20℃	2.698	2.710
700℃	—	2.373
熔点/℃	660.24	约650
沸点/℃	2060	—
溶解热/(J/kg)	3.961×10^5	3.894×10^5
燃烧热/(J/kg)	3.094×10^7	3.108×10^7
凝固体积收缩率/%	—	6.6
质量热容(100℃)/[J/(kg·K)]	934.92	964.74
热导率(25℃)/[W/(m·K)]	235.2	222.6（O状态）
线胀系数/[μm/(m·K)]		
20~100℃	24.58	23.5
100~300℃	25.45	25.6
弹性模量/MPa	—	70000
切变模量/MPa	—	2625
声音传播速度/(m/s)	—	约4900
电导率/(S/m)	64.94	59（O状态） 57（H状态）
电阻率（20℃）/μΩ·m	0.0267（O状态） —	0.02922（O状态） 0.03025（H状态）

续表

性质	高纯铝99.996%（质量分数）	工业纯铝99.5%（质量分数）
电阻温度系数（20℃）/（$\mu\Omega\cdot$ m/K）	0.1	0.1
体积磁化率	6.27×10^{-7}	6.26×10^{-7}
磁导率/（H/m）	1.0×10^{-5}	1.0×10^{-5}
反射率/%		
$\lambda=2500\times10^{-10}$ m	—	87
$\lambda=5000\times10^{-10}$ m		90
$\lambda=20000\times10^{-10}$ m		97
折射率（白光）[①]	—	0.78~1.48
吸收率（白光）[①]	—	2.85~3.92

①与材料表面状态有关。

6.3.1.2　铝合金的分类

纯铝具有良好的延展性，易于塑性成形，通过在纯铝中添加不同性质的合金元素可制造出满足各种性能、功能和用途的铝合金。根据加入合金元素的种类及生产工艺，可将铝合金分为变形铝合金和铸造铝合金，如图6.14所示。变形铝合金的元素含量较低，一般不超过极限溶解度 D 点成分，塑性变形能力较好，适于进行冷、热加工。在变形铝合金中，成分低于 F 点的合金，其固溶体成分不随温度变化，故不能采用热处理强化；成分大于 F 点的合金则可以通过热处理显著提高力学性能。因此，变形铝合金又可分为不可热处理强化铝合金和可热处理强化铝合金两类。铸造铝合金具有与变形铝合金相同的合金体系和强化机理（除应变硬化外），但铸造铝合金中硅元素的最大含量一般都超过极限溶解度 D 点，合金流动性好，易于铸造成形。

变形铝合金的分类方法多种多样，目前，国际上普遍按如下方法分类。

① 按合金状态和热处理特点分为不可热处理强化铝合金和可热处理强化铝合金。例如纯铝、Al-Mn、Al-Mg 及 Al-Si 等合金属于不可热处理强化铝合金，常采用加工硬化方式提高合金强度；而 A1-Mg-Si、Al-Zn-Mg、Al-Cu-Mg、A1-Cu-Mn 等合金则属于可热处理强化铝合金，其强化方式为固溶强化和时效强化。

② 按合金性能和用途可分为工业纯铝、切削铝合金、耐热铝合金、低（中）强度铝合金、防锈铝合金、锻造铝合金、硬铝合金及超硬铝合金等。

③ 按合金中主要元素成分可分为：1×××系（工业纯铝）、2×××系（Al-Cu合金）、3×××系（Al-Mn合金）、4×××系（Al-Si合金）、5×××系（A1-Mg合金）、6×××系（A1-Mg-Si合金）、7×××系（Al-Zn-Mg-Cu）、8×××系（Al-Li合金）以及9×××系（备用合金组）。

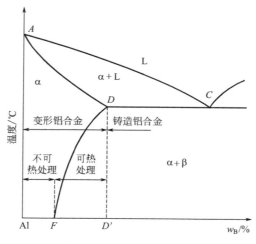

图 6.14　铝合金分类示意图

6.3.1.3　铝合金的特点

铝合金是工业中应用最广泛的一类有色金属结构材料，在航空、航天、汽车、机械制造、船舶及化学工业中已大量应用。铝合金具有如下特点。

① 密度小、重量轻。纯铝的密度约 $2700kg/m^3$，相当于铁的三分之一左右，添加合金元素后，铝合金的密度约在 $2640\sim2850kg/m^3$ 之间。

② 比强度和比刚度较高。铝合金的强度约为 $500\sim700MPa$，相当于普通碳钢的强度，但由于铝合金的密度低，比强度可达到超高强度钢的水平，比刚度也是如此。

③ 导热性好。铝合金具有良好的导热性，广泛用于机械、造船和化工的热交换器、冷却装置等部件。

④ 良好的耐蚀性。铝合金易氧化形成致密牢固的 Al_2O_3 氧化膜，在环境大气、硝酸、冰醋酸及过氧化氢等化学介质中具有很好的抗腐蚀性能。

⑤ 良好的切削加工性。铝合金硬度低、塑性好，容易加工成形，可采用多种加工方式生产各类半成品和成品，如铝箔、铝板、棒材、线材、型材及锻件、铸件等。

⑥ 良好的低温性能。大多数金属在低温下会表现出脆性，但铝合金随着温度的降低，强度提高但塑性并不减小，是一种优良的低温材料，可用于冷藏车、冷冻库、南极雪上车辆等装置。

⑦ 美观。铝及铝合金反射能力强，表面有银白色光泽，经机加工后就可以达到很高的光洁度和亮度。若经阳极氧化和着色，不仅可以提高耐蚀性，而且可以获得五彩缤纷的制品，既美观又实用。

6.3.2　铝合金的时效特点

6.3.2.1　铸造铝合金的时效特点

铸造铝合金具有优良的铸造性能，可直接铸造成各种薄壁、形状复杂且强度要求不高的零部件，并可通过热处理等方式改善其综合力学性能。铸造铝合金一般含合金元素较多，根据加入主要合金元素的不同，铸造铝合金可分为Al-Si系铸造铝合金、Al-Cu系铸造铝合金、Al-Mg系铸造铝合金和Al-Zn系铸造铝合金四大类。尽管铸造铝合金的力学性能不如变形铝合金，但在许多工业领域仍然有着广泛的应用。

（1）Al-Si系铸造铝合金

Al-Si系铸造铝合金中的Si含量一般在4%～20%（质量分数）左右。低Si量的亚共晶Al-Si合金具有高强度和良好的塑韧性，而高Si量（质量分数>14%）的合金主要是利用Si相的低热膨胀系数和高耐磨性能。Si元素能够提高合金的流动性，合金的流动性越强，组织的致密性越高，热裂倾向则相应降低，在共晶成分（Si质量分数为12.5%）附近表现出优异的综合铸造性能。其中ZL102是典型的成分处于共晶点附近的二元Al-Si合金，含Si量为10%～13%（质量分数），组织几乎全部由共晶体组成。铸件不仅具有较小的热裂倾向，还具有良好的焊接性、耐蚀性及耐热性，比较适合于铸造薄壁、形状复杂且强度要求不高的零件，如各种仪表的壳体等。然而该合金的热处理强化效果不大，因而力学性能不高，这主要是由于Si的沉淀和聚集速度很快，不形成共格或半共格的过渡相。

在Al-Si二元合金中加入Mg能形成Mg_2Si相，Mg_2Si在Al中有较大溶解度，且随温度降低而急剧减小，因此可通过时效处理进行强化。ZL101和ZL104合金在Al-Si-Mg系合金中应用最为广泛，在时效过程中，其固溶序列为SSSS（过饱和固溶体）→GP区→β'相→β（Mg_2Si）相。通常在150℃以下时效，沉淀物以GP区为主；在150～225℃时效，沉淀物以GP区和β'相为主，合金强化效果最大；250℃以上时效则形成稳定的β相。

（2）Al-Cu系铸造铝合金

Al-Cu系铸造铝合金是研究最早的一类时效硬化合金系，其时效硬化理论已比较成熟。Al-Cu系铸造铝合金的主要强化相是θ-$CuAl_2$相，具有很高的时效硬化强度和热稳定性，因此，Al-Cu系铸造铝合金的室温强度和高温强度都较高，且切削加工性能优良，是目前工业化生产中应用最多的一类铸造铝合金。Al-Cu合金的时效过程详见本章6.3.3节，这里不再详细介绍。

（3）Al-Mg系铸造铝合金

Al-Mg系铸造铝合金力学性能优良，比强度高、密度小、耐蚀性好，且抗冲击、切削加工性好。当 Mg 含量在 12%~13%（质量分数）时，Al-Mg 合金抗拉强度达到 295~440MPa，延伸率为 12%~25%。但是，该类合金同样存在一些不足，例如热裂倾向大、自然时效倾向和易氧化、易夹渣、冶炼复杂，因此该类合金常采用固溶处理方式进行合金强化。

在 Al-Mg 二元合金中加入微量的钛和铍可得到 ZL302 合金，ZL302 合金的组织为 $\alpha + Mg_5Al_8 + Mg_2Si + TiAl_3$，由于该合金中镁含量高于 8%，在铸造状态下沿晶界分布着大量的 Mg_5Al_8 相，因此该合金仅在 T4 状态下使用。

（4）Al-Zn 系铸造铝合金

Al-Zn 系铸造铝合金与上述几类铸造铝合金相比，成本较低，且铸造、焊接和尺寸稳定性能较好，强度较高。缺点是密度大、耐热耐蚀性差。由于在铸造条件下锌原子很难从过饱和固溶体中析出，因而合金在铸造冷却时能够自行淬火，经自然时效后就有较高的强度。该合金可以在不经热处理的铸态下直接用于汽车、拖拉机的发动机零部件。Al-Zn 系铸造铝合金经固溶处理后还需进行时效强化处理。时效强化工艺可以根据合金组织转变特征和性能需求，选择进行自然时效、人工时效或多级时效等方式。

6.3.2.2　变形铝合金的时效特点

变形铝合金是通过不同变形方式生产出来的，若根据合金特性分类，可将变形铝合金分为防锈铝合金、硬铝合金、超硬铝合金及锻铝合金。

（1）防锈铝合金

目前使用的防锈铝合金主要属于 Al-Mn 系和 Al-Mg 系合金，这类合金的特点是耐蚀性好，易于加工成形，具有良好的低温性能，但此类合金不能采用热处理方式强化，因此合金的强度较低。

（2）硬铝合金

硬铝合金主要是指 Al-Cu-Mg 系和 Al-Cu-Mn 系合金，具有强度高、硬度高、加工性能好、耐蚀性低于防锈铝合金等特点，此类合金具有强烈的时效硬化能力，可进行时效强化和变形强化。Al-Cu-Mg 合金和 Al-Cu-Mg-Si 合金的时效过程将在本章 6.3.3 节详细介绍，这里不再叙述。

（3）超硬铝合金

超硬铝合金主要以 Al-Zn-Mg 系和 Al-Zn-Mg-Cu 系合金为主，并含有少量 Cr 和 Mn 元素，是目前室温强度最高的一类铝合金，其强度可到 600~700MPa。由于 Mg 和 Zn 在 Al 中均具有较大的溶解度，且随温度变化明显，是超硬铝合金中主要的强化元素，具有显著的时效硬化效果，在时效过程中可形成 η（$MgZn_2$）和 T（$Al_2Mg_3Zn_3$）强化相。超硬铝合金中的 Cu 可以起到补充强化的作用，时效过程中与 Al、Mg 形成 θ（$CuAl_2$）和 S（Al_2CuMg）相，但 Cu 的含量应控制在 3% 以下，避免降低合金的耐蚀性能。超硬铝合金时效工艺分为单级时效和分级时效，其时效强化效果超过硬铝合金。例如7075 合金在 120℃单级时效 24h，沉淀物以 GP 区为主，同时还含有少量的 η′相，合金的时效强化效果达到最大。若进行 120℃×3h＋160℃×3h 的双级时效工艺，以低温时效进行形核处理并形成大量 GP 区，而高温时效时则以形成的 GP 区为核心形成均匀分布的 η′相，使合金保持较高的抗疲劳性能和抗应力腐蚀的能力，此时合金的沉底物以 η′相为主。超硬铝合金一般不采用自然时效工艺，因为该系合金的 GP 区形成非常缓慢，自然时效过程往往需要几个月甚至更长的时间才能达到稳定阶段，而且自然时效的抗应力腐蚀的能力也低于人工时效。

（4）锻铝合金

锻铝合金可分为 Al-Mg-Si-Cu 系和 Al-Cu-Mg-Fe-Ni 系两类，由于其具有良好的热塑性，可用于生产锻件，故有锻铝之称。合金的主要强化相是 β(Mg_2Si) 相，在共晶温度下 β（Mg_2Si）相的极限溶解度为 1.85％，200℃时仅为 0.27％。因此，该系合金具有明显的时效硬化效果。Al-Mg-Si 系合金常采用人工时效，在人工时效条件下可以获得显著的强化效果；也可以进行自然时效，但时效过程非常缓慢。

6.3.3　几种铝合金的时效

可热处理强化的铸造铝合金和变形铝合金都可以通过固溶处理及时效处理进行强化。

6.3.3.1　Al-Cu 合金的时效

Al-Cu 合金是最简单、最典型的合金，也是研究最广泛、最细致的合金。一般可热处理强化铝合金，在应用前需进行热处理，即固溶处理淬火后再进行人工时效，达到强度要求。Al-Cu 合金的固溶处理是将合金升温至单相区保温一段时间，如图 6.15 所示，使溶质原子 Cu 充分溶入基体中，迅速水淬至室温得到过饱和固溶体，在随后的人工时效过程中 Cu 会以析出相形式分布于基体中，提高合金的强度。

Al-Cu 合金固溶处理后在进行人工时效时，随时效逐渐充分，其析出序列为 SSSS（过饱和固溶体）→GP 区→θ″相→θ′相→θ 相（也可称作 θ 相析出序列），这些析出相都是盘状结构。析出相的产生是从过饱和固溶体开始的。随着时效时间的延长，析出相从前驱体（或称原子簇集团或 GP 区）逐渐演变到过渡相，直至平衡相，在此过程中，合金的性能也随之发生变化。在相的演变过程中，各个阶段析出相的特点决定了合金的性能，下面分别介绍 Al-Cu 合金析出序列里各个析出阶段产物的特点。

GP 区与基体共格，是 Guinier 和 Preston 独立发现的，通过 XRD 衍射在

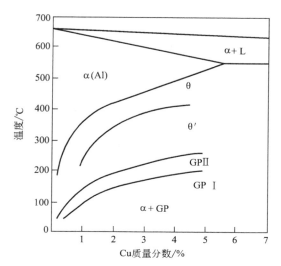

图 6.15　Al-Cu 二元系的富 Al 端有关 GP 区、θ' 及 θ 相的状态图

倒易点阵中观察到曳尾条纹，后期其他研究者通过透射电子显微镜（TEM）和高分辨透射电子显微镜（HRTEM）等也确认了 GP 区的存在。目前关于Al-Cu 合金中 GP 区的结构尚未达成一致，通常认为 GP 区是单层 Cu 原子，长度约为 2～10nm。Al-Cu 合金的 GP 区示意图如图 6.16 所示。图面平行于Al 原子点阵 $(100)_\alpha$ 面，且与 $(001)_\alpha$ 和 $(010)_\alpha$ 面垂直。由于 $(001)_\alpha$ 方向上的弹性模数最小，因此 Cu 原子择优连续偏聚在 $(001)_\alpha$ 面上。Cu 原子的半径为 0.128nm，而 Al 原子的半径为 0.143nm，两者半径相差较大，当铜原子连续集中在 $(001)_\alpha$ 面上时，两边邻近的 Al 原子层间距将沿 $[001]_\alpha$ 方向以Cu 原子层为中心向内收缩。最邻近 Cu 原子层的 Al 原子层收缩量最大，与Cu 原子层的间距小于原始 Al 原子层间距。次邻近各 Al 原子层亦有不同程度的收缩，距离 Cu 原子层越远，Al 原子层的收缩量就越小，其影响范围大约为16 个 Al 原子层。

最近有研究者通过高角环形暗场像和原子探针对 GP 区进行研究，发现这个单层结构由 Al 和 Cu 组成。也有研究者采用原子探针场离子电镜发现有的GP 区中 Cu 的含量为 40%，较多的 GP 区含 Cu 为 65%，也有近半 GP 区含Cu 为 100%。Takeda 通过 EHMO（extended hueckel molecular orbital）方法计算出当 Cu 含量为 40%～50% 时 GP 区的能量处于稳定状态。在分析 GP 区时，为了方便起见，很多学者将其看作是具有晶体结构的析出相来考虑，将GP 区设为 $L1_0$ 型晶胞结构，则 $a = b = 0.404$nm，$c = 0.361$nm（GP 区的 c 轴为 FCC 结构 Cu 的晶格常数）。

在透射电子显微镜的电子衍射花样上，Al-Cu 合金中 GP 区的衍射条

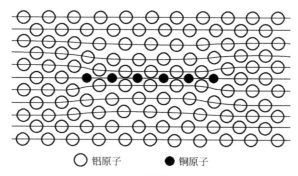

○ 铝原子　　● 铜原子

6.16　Al-Cu 合金的 GP 区示意图

纹呈现平行于 $<002>_\alpha$ 的曳尾条纹。GP 区与基体的位向关系为 $\{001\}_{GP}//\{001\}_\alpha$，具有三种变体，分别为：$(001)_{GP1}//(001)_\alpha$，$(001)_{GP2}//(010)_\alpha$，$(001)_{GP3}//(100)_\alpha$，在电子衍射花样中可以看到曳尾条纹沿 $<002>$ 方向强度分布相当，这也意味着 GP 区的数量在 $<002>$ 三个方向等量分布。

　　溶质与溶剂的原子半径差会影响 GP 区的形状，这是由于 GP 区与基体呈共格关系，其界面能较小但弹性应变能较大。溶质原子与溶剂原子半径差越大，GP 区周围的畸变能也越大。当合金系统中溶质原子半径与溶剂原子半径差大于 5% 时，为了降低畸变能，GP 区一般形成应变能最小的圆盘状形貌。而当合金系统中溶质原子半径与溶剂原子半径差小于 5% 时，GP 区则会形成球状或针状形貌。这种现象也与理论计算相符合：当析出物体积一定时，其周围的弹性应变能按球状（等轴状）→针状→圆盘状（薄片状）的顺序依次减小。在 Al-Cu 合金中，由于 Cu 原子与 Al 原子的半径差较大，因此 GP 区呈圆盘状，盘面垂直于基体低弹性模量方向。图 6.17 为 Al-4Cu（质量分数）合金在 130℃经 16h 时效的 GP 区微观组织，显示 GP 区均匀分布在 α 基体上，密度约为 $10^{18}/cm^3$。表 6.2 列出几种铝合金系中原子半径差以及形成的 GP 区的形状，在 Al-Ag 和 Al-Zn 合金中，溶质和溶剂的原子半径差较小，GP 区周围的弹性应变能较小，GP 区呈球状形貌，而在 Al-Mg-Si 和 Al-Cu-Mg 合金中，GP 区呈针状形貌。

表 6.2　几种铝合金系中原子半径差及形成的 GP 区形状

合金系	原子半径差/%	GP 区形状
Al-Ag	+0.7	
Al-Zn	−1.9	球状
Al-Zn-Mg	+2.6	
Al-Mg-Si	+2.5	
Al-Cu-Mg	−6.5	针状
Al-Cu	−11.8	盘状

　　随着时效时间的延长，GP 区会转变为 GPⅡ区，也称 θ″相，与基体呈共

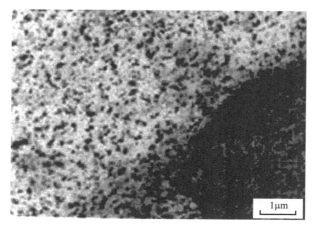

1μm

图 6.17 Al-4Cu（质量分数）合金在 130℃经 16h 时效的 GP 区微观组织

格关系。通常认为 θ'' 相具有双层 Cu 原子，是不同于 GP 区的相，因为其具有固定的晶体结构，在电子衍射花样上可观察到间断的曳尾条纹。在尺寸上，θ'' 相一般最厚可达 10nm，直径则达到 150nm。它的晶体结构为正方结构，Guinier 测得其晶格常数为 $a=b=0.404$nm，$c=0.79$nm，指出 θ'' 相由两层纯 Cu 原子、两层 1/6Cu＋5/6Al 和单层 Al 原子组成，成分为 Al_2Cu。有研究者认为 θ'' 相是由两层纯 Cu 原子加上三层纯 Al 原子组成，成分为 Al_3Cu。一些研究者利用 HRTEM 研究表明 θ'' 相由两层 Cu 原子加上单层 Al 原子组成。通过能量计算以及 HRTEM 的观察，大多数研究者更赞同 θ'' 相是由两层纯 Cu 原子加上三层纯 Al 原子组成，其成分为 Al_3Cu。θ'' 相的原子排列示意图和微观组织如图 6.18 和图 6.19 所示。

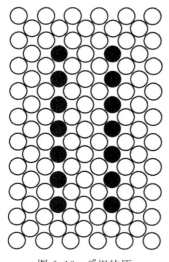

图 6.18 θ'' 相的原子排列示意图

随着时效时间的继续延长，Cu 原子持续在 θ'' 相区偏聚，当 Cu 原子与 Al 原子的数量比达到 1∶2 时，θ'' 相则转变为新的过渡相 θ' 相。θ' 相是盘状相，与基体呈半共格关系，其微观组织如图 6.20 所示。应注意的是尽管 θ'' 相与 θ' 相都是通过形核与长大形成的，但两者的形核方式却不同，θ'' 相为均匀形核，而 θ' 相为不均匀形核。θ' 相通常在螺形位错及胞壁处形成，位错的应变场可以减小形核的错配度。

Silcock 提出 θ' 相模型的空间群结构为 I $\overline{4}$/m_2，晶格常数为 $a=0.404$nm，$c=0.58$nm。与基体的位向关系为 $\{001\}_\alpha$ // $\{001\}_{\theta'}$，$\{001\}_\alpha$ //

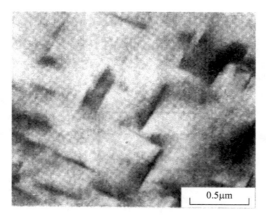

图 6.19 θ'' 相的微观组织 （TEM）

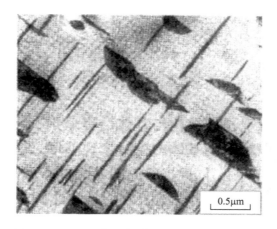

图 6.20 Al-Cu 合金中 θ' 相的微观组织 （TEM）

$<010>_{\theta'}$。尽管也有其他研究者对 θ' 相提出了不同模型，但目前大家公认的是 Silcock 提出的 θ' 相模型，其结构示意图及电子衍射花样示意图如图 6.21 所示。

当 θ' 相长大到一定程度后，将与 α 相完全脱离，形成与基体具有明显相界面的 $CuAl_2$ 相，称为 θ 相。θ 相是平衡相，与基体呈非共格关系，其空间群结构为 I4/mcm，晶格常数为 $a = 0.6067nm$，$c = 0.4877nm$。图 6.22 为 Al-Cu 系合金中 θ 相的微观组织。θ 相与基体 α 界面一般为大角度晶界，但 θ 相与基体 α 相仍存在一定的晶体学位向关系，如表 6.3 所示。θ 相是不均匀形核，其界面能较高，通常在晶界或其他晶体缺陷处形核以减小形核功。随着时效温度的提高或时效时间的延长，θ 相不断聚集长大，对合金的强化效果也随之变弱，时效硬度值降低，此时合金处于过时效状态。

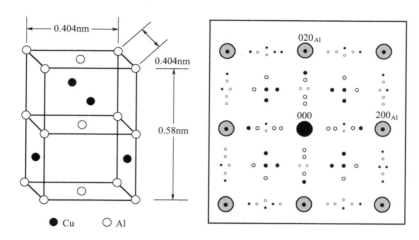

图 6.21　θ′相的晶体结构和电子衍射花样示意图

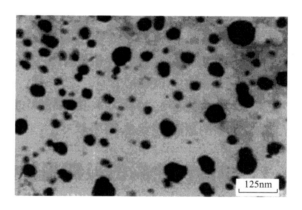

图 6.22　Al-Cu 系合金中 θ 相的微观组织

表 6.3　一些合金脱溶相与基体之间的晶体学位向关系

合金系	基体		脱溶相		位向关系
	名称	点阵结构	名称	点阵结构	
Al-Ag	α 固溶体	面心立方	γ 相(AgAl₂)	密排六方	$(0001)_\gamma // (111)_\alpha, [11\bar{2}0]_\gamma // [110]_\alpha$
			γ′ 过渡相	密排六方	$(0001)_{\gamma'} // (100)_\alpha, [11\bar{2}0]_{\gamma'} // [110]_\alpha$
Al-Cu	α 固溶体	面心立方	θ 相(CuAl₂)	正方	$(100)_\theta // (100)_\alpha, [001]_\theta // [120]_\alpha$
			θ′ 过渡相	正方	$(100)_{\theta'} // (100)_\alpha, [001]_{\theta'} // [001]_\alpha$
Cu-Be	α 固溶体	面心立方	γ 相 (CsCl 型)	立方	GP 区在(100)_α
					γ 相$(100)_\gamma // (100)_\alpha, [010]_\gamma // [100]_\alpha$

6.3.3.2　Al-Cu-Mg（2024）合金的时效

　　为了寻求高强度的铝合金，德国冶金学家 Alfred Wilm 在 1906 年发明了杜拉铝（Al-Cu-Mg），随后该合金被广泛应用于飞艇，并逐渐用于航空航天领域。Al-Cu-Mg 合金通过在 Al-Cu 合金中添加 Mg 元素，形成新的析出相，对强度或硬度的提高有显著作用。2024 铝合金属于 Al-Cu-Mg 系铝合金，是一种高强度硬铝合金，主要用于制作各种高负荷的零件和构件，可进行热处理强化，在淬火和刚淬火状态下塑性中等。2024 合金在 20 世纪 30 年代研制成功并大量使用，经改进和改型后，因其优越性能至今仍是结构材料中的重要部分。

2024 合金成分位于 α+S 相区间内，但关于其析出序列有不同观点。Bagaryatsky 提出 2024 合金的析出序列为：SSSS（过饱和固溶体）→Cluster→GPB→S″→S′→S 相。后期经大量研究发现，2024 合金的析出序列为：SSSS（过饱和固溶体）→cluster→GPB→S 相，原子簇集团（Cluster）是 GPB 的前驱体，对快速硬化阶段的硬度起主要作用，这些原子簇集团由 Mg-Cu 原子或空位-Cu-Mg 组成。

GPB 是 Guinier-Preston-Bagaryatsky 的缩写，是由 Bagaryatsky 提出的，他认为 GPB 区是平行于基体 $\{001\}_\alpha$ 面的短程有序体。Silcock 提出 GPB 区是不同于 Al-Cu 合金中 GP 区的相，直径约为 $1\sim2nm$，长度约为 $4\sim8nm$，呈杆状形貌，晶体结构为正方，晶格常数 $a=0.55nm$，$c=0.404nm$。尽管有研究者提出 GPB 区是在 $\{210\}_\alpha$ 面上析出的，但 Wolverton 通过对 GPB 计算指出，GPB 区在 $\{100\}_\alpha$ 面上的能量更低，即 GPB 区与基体的位向关系为 $[100]_\alpha$ // $[100]_{GPB}$。

GPBⅡ，也称为 S″相，Bagaryatsky 认为 S″相与基体共格，结构与 S 相接近，与基体位向关系为 $[100]_\alpha$ // $[100]_{S''}$，$[0\bar{5}3]_\alpha$ // $[011]_{S''}$，$[011]_\alpha$ // $[013]_{S''}$。Charai 等利用 Fourier 变换提出 S″相为单斜结构，$a=0.32nm$，$b=0.405nm$，$c=0.254nm$，$\beta=91.7°$，但这种结构不能很好地与其实验所得的傅立叶变换花样相匹配。也有研究者提出 GPBⅡ 相为正交结构，但位向关系和晶格常数不同于 S 相。Kovarik 提出 GPBⅡ 为正交结构，晶格常数为 $a=1.212nm$，$b=0.404nm$，$c=0.404nm$，与基体位向关系 $[001]_\alpha$ // $[001]_S$。实际上，目前有很多研究者对 S″和 S′相的存在表示质疑。其中，Ringer 等对 Al-Cu-Mg 合金在时效过程中存在的两个峰值进行细致研究，利用原子探针发现在时效初期存在原子簇集团和 S 相，在第二个峰值起始时 GPB 开始析出，并认为 S″和 S′相实质上是轻微偏离、与惯析面存在一定小角度的 S 相。目前大部分研究者赞同这种观点，鉴于此，研究者们提出的 GPBⅡ 或 S″相实质上是 S 相或者是 GPB 区。

有研究者认为 S′相是半共格的，尽管有较多研究者对 S′相的存在加以证明，并给予晶体结构，但对于 S′与 S 相的区别，很多研究者认为它们只在晶格常数上有细微的差别，结构上并没有太大的区别，S′和 S 相为同一种析出相。

S 相是由 Perlitz 和 Westgren 基于 XRD 提出的模型（称 PW 模型），为正交结构，空间群为 Cmcm，晶格常数为 $a=0.400\text{nm}$，$b=0.923\text{nm}$，$c=0.714\text{nm}$。板条状的 S 相在基体 $\{120\}_\alpha$ 面上形成，与基体的位向关系为 $[100]_\alpha // [100]_S$，$[02\bar{1}]_\alpha // [010]_S$，$[012]_\alpha // [001]_S$。虽然后来其他研究者也提出 S 相模型，例如 Radmilovic 等通过 HRTEM 图像模拟，将 PW 模型中 Cu 和 Mg 原子互换，提出新的模型（$a=0.403\text{nm}$，$b=0.930\text{nm}$，$c=0.708\text{nm}$），但 PW 模型更符合实际。S 相有 12 种变体，这 12 种变体与基体的位向关系列于表 6.4，变体与基体的位向关系示意图及模拟电子衍射花样图如图 6.23 所示。

表 6.4　S 相的 12 种变体与基体的位向关系

变体	位向关系	S 变体的方向
1	$[100]_\alpha // [100]_S$，$[02\bar{1}]_\alpha // [010]_S$，$[012]_\alpha // [001]_S$	$[100]_S$
2	$[\bar{1}00]_\alpha // [100]_S$，$[021]_\alpha // [010]_S$，$[01\bar{2}]_\alpha // [001]_S$	$[\bar{1}00]_S$
3	$[100]_\alpha // [100]_S$，$[0\bar{1}2]_\alpha // [010]_S$，$[02\bar{1}]_\alpha // [001]_S$	$[100]_S$
4	$[\bar{1}00]_\alpha // [100]_S$，$[01\bar{2}]_\alpha // [010]_S$，$[0\bar{2}1]_\alpha // [001]_S$	$[\bar{1}00]_S$
5	$[001]_\alpha // [100]_S$，$[2\bar{1}0]_\alpha // [010]_S$，$[120]_\alpha // [001]_S$	$[021]_S$
6	$[00\bar{1}]_\alpha // [100]_S$，$[210]_\alpha // [010]_S$，$[1\bar{2}0]_\alpha // [001]_S$	$[02\bar{1}]_S$
7	$[0\bar{1}0]_\alpha // [100]_S$，$[\bar{2}01]_\alpha // [010]_S$，$[\bar{1}0\bar{2}]_\alpha // [001]_S$	$[0\bar{2}1]_S$
8	$[010]_\alpha // [100]_S$，$[20\bar{1}]_\alpha // [010]_S$，$[\bar{1}02]_\alpha // [001]_S$	$[0\bar{2}1]_S$
9	$[00\bar{1}]_\alpha // [100]_S$，$[1\bar{2}0]_\alpha // [010]_S$，$[2\bar{1}0]_\alpha // [001]_S$	$[01\bar{3}]_S$
10	$[001]_\alpha // [100]_S$，$[\bar{1}20]_\alpha // [010]_S$，$[2\bar{1}0]_\alpha // [001]_S$	$[0\bar{1}3]_S$
11	$[010]_\alpha // [100]_S$，$[\bar{1}02]_\alpha // [010]_S$，$[201]_\alpha // [001]_S$	$[0\bar{1}3]_S$
12	$[0\bar{1}0]_\alpha // [100]_S$，$[102]_\alpha // [010]_S$，$[\bar{2}01]_\alpha // [001]_S$	$[01\bar{3}]_S$

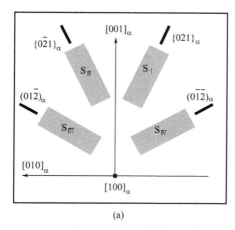

(a)

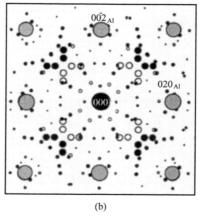

(b)

图 6.23　S 相其中 4 个变体与基体的位向关系示意图（a）
及 12 个变体模拟电子衍射花样图（b）

6.3.3.3 Al-Cu-Mg-Si（2014）合金的时效

与 Al-Cu-Mg 系合金相比，Al-Cu-Mg-Si 合金中的 Si 含量比较高，Si 已不再以杂质形式存在于合金中，而是作为合金元素添加其中，其形成的析出相对强度的提高起一定的贡献作用。成分不同时，合金中的析出相也有所不同，很多研究者对不同合金成分的 Al-Cu-Mg-Si 合金的析出相进行了大量研究，当合金为 2014 合金时，合金中的析出相主要为 Q 相和 θ 相，关于 θ 相的特征已在前面作了介绍，在此主要介绍关于合金中 Q 相的特征。

Q 相最早是在 Al-Mg-Si-Cu 合金中发现的，关于 Q 相的成分组成尚未达成一致，可能是 $Al_4CuMg_5Si_4$、$Al_4Cu_2Mg_8Si_7$、$Al_5Cu_2Mg_8Si_6$。Arnberg 和 Aurivillius 用单晶测出 Q 相的成分为 $Al_4Cu_2Mg_8Si_7$，晶体结构为密排六方，晶格常数为 $a=1.03902nm$，$c=0.40173nm$，空间群为 P63/m 或 P6，惯析面为 $\{150\}_\alpha$。Q 相与基体的位向关系为 $[0001]_Q // [001]_\alpha$，$[11\bar{2}0]_Q // [510]_\alpha$。Wolverton 等采纳 Arnberg 和 Aurivillius 提出的模型，通过第一原理计算 Q 相原子占位与实验相符，并通过相与基体的共格关系计算出共格相为 $Al_3Cu_2Mg_9Si_7$。也有研究者认为 Q′相是 Q 相的亚稳相，并对 Q′相进行结构和成分的研究，Torseter 用透射电子显微镜和原子探针对 Q′相进行研究，认为其成分为 $Al_{3.8}CuMg_{8.6}Si_7$。Eskin 也对 Q 相进行了研究，通过 Thermocal™软件进行成分计算，发现 Q 相与 β 相晶体结构很相似，只是成分上的差别（含 Cu 或不含 Cu 元素）。

对于 Al-Cu-Mg-Si 合金中 Q 相的析出序列，Cayron 及 Wolverton 等利用透射电子显微镜（TEM）、高分辨透射电子显微镜（HRTEM）及能谱仪（EDS）对 Al-Cu-Mg-Si 合金进行分析，提出在相变过程中 Q 相的析出序列为 $Q_p \rightarrow Q_c \rightarrow Q$ 相。认为 Q 相（$Al_5Cu_2Mg_8Si_6$）为杆状相，晶体结构为密排六方，晶格常数为 $a=1.035nm$，$c=0.405nm$；Q_c 是密排立方结构，$a=0.670nm$；Q_p 也是密排六方结构，$a=0.39nm$，截面直径约为 $1\sim2nm$。Wang 等通过对 Al-Cu-Mg-Si 合金进行电镜观察，提出 6111 合金中析出相的析出序列为原子簇集团或 GP 区 →β″或 Q″→β′或 Q′→β 或 Q 相，所得的 Q′相的电镜照片及高分辨电镜照片如图 6.24 所示，Q′相与基体的位向关系为 $[0001]_{Q'} // [001]_\alpha$，$[11\bar{2}0]_{Q'} // [510]_\alpha$。

6.3.4 铝合金的应用与发展前景

铝合金是轻质金属材料中的佼佼者，具有质量轻、塑性好、比强度和比刚度高、导电性和耐蚀性良好等特点。铝合金是当今轻质金属的代表和最具有现代感的金属材料，在生活中随处可见铝合金的相关产品，尤其在航空航天、交

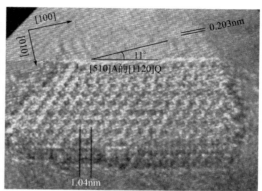

图 6.24　Al-Cu-Mg-Si 合金中 Q′相的电镜照片（暗场像）
和截面形貌的高分辨电镜照片（暗场像）

通运输、建筑和桥梁结构、包装及容器等工业领域有着广泛的应用。

（1）航空航天领域

铝合金是飞机和航天器轻量化的首选材料。铝合金在军用飞机上的用量为
$40\% \sim 70\%$，在民用飞机上的用量可达 $70\% \sim 80\%$，飞机上的桁条、骨架、
翼盒、升降舵与主向舵、发动机支架、机身蒙皮、大梁等构件采用的都是铝合
金材料；铝合金在火箭与航天器上的应用部件与飞机相似。此外，铝合金还用
于制造燃料箱和助燃剂箱；载人飞行器的托架、防护板、推进器的氮气缸以及
骨架和操作杆的大多数零部件都采用高强度铝合金制备。几乎所有类型的铝合
金都可以用于航空航天领域。

（2）交通运输领域

铝合金在交通运输领域应用十分广泛，如飞机、高铁、轻轨、船舶、汽车
等领域。当今社会对交通运输业的要求越来越高，既要高速、节能，又要安
全、舒适，而轻量化则是实现上述目标的最有效途径，因此用铝合金制造交通
运输工具，特别是高速的现代化车辆和船舶，更具备科学性、先进性和经
济性。

在一辆汽车上，可以在不同部位找到不同成分、形状和功能的多种铸
造铝合金与变形铝合金。如汽车发动机系统中的活塞、汽缸体、汽缸盖、
进气管、油底壳以及正时链轮盖等零件，汽车的传动系统与行走系统中的
变速箱壳体、离合器壳体、换挡拨叉、底盘摆臂、转向机壳体、转向节、
制动钳、刹车与离合器踏板、方向盘骨架及汽车轮毂等大部分采用铸造铝
合金制备；而汽车的水箱、中冷器、空调器的蒸发器和冷凝器和管路、汽
车座椅、仪表盘、车厢底板、保险杠支架以及车身与车架的部分面板多采
用变形铝合金制备。

（3）建筑和桥梁结构领域

由于铝合金可以减轻建筑结构的重量，提高构件的使用寿命和建筑质量，因此国内外建筑师越来越广泛地采用铝合金作为建筑结构材料。在建筑领域，铝合金主要用于建筑物构架、屋面和墙面的围护结构、骨架、门窗以及饰面、吊顶等装饰方面；在桥梁结构领域，铝合金主要用于公路、人行和铁路桥梁的跨式结构、护栏，特别是通行大型轮船的江河可分开式桥梁、市区立交桥和天桥等。

（4）包装及容器领域

包装业一直是用铝的重要市场之一，而且发展很快。由于铝合金无毒性、无吸附性且能防止碎裂，同时还能减少细菌滋生和接受蒸汽清洗，因此广泛应用于家用包装材料、软包装、食品容器、瓶盖、塑料罐及食品罐等方面。其中，铝制容器罐是铝在包装和容器领域应用最为成功的一例，软饮料、啤酒、咖啡、快餐食品、肉类以及酒类均可装在铝罐内，生啤酒可在包铝的铝桶内装运，牙膏、食品、软膏和颜料可以盛装在铝制软管内。

与镁合金和钛合金相比，铝合金在成本控制、制造技术、机械性能、材料开发拓展等方面综合性能好，因此铝合金仍具有广阔的发展前景。

6.4　镁合金的时效

6.4.1　镁及镁合金

6.4.1.1　纯镁的性质

镁（Mg）位于元素周期表第三周期、ⅡA族，属于碱金属元素。英国戴维于1808年用钾还原氧化镁制得金属镁，它具有银白色金属光泽且化学性质活泼。此外，镁还具有密度小、硬度低、弹性模量小及抗震力强等特点，经长期使用也不容易发生变形。镁元素在自然界分布广泛，是人体的必需元素之一。镁的基本物理化学性质如表6.5所示。

表6.5　镁的基本物理化学性质

性质	数值	性质	数值
原子序数	12	沸点/K	1380 ± 3
化合价	2	气化潜热/(kJ/kg)	5150～5400
原子量	24.3050	升华热/(kJ/kg)	6113～6238
原子体积/(cm³/mol)	14.0	燃烧热/(kJ/kg)	24900～25200
原子直径/Å	3.20	镁蒸气比容容 C_p/[kJ/(kg·K)]	0.8709
泊松比	0.33	MgO生成热 Q_p/(kJ/mol)	0.6105
密度/(g/cm³)		结晶时的体积收缩率/%	3.97～4.2
室温	1.738	磁化率 $\varphi/10^{-3}$mks	6.27～6.32
熔点	1.584	声音传播速度（固态镁）/(m/s)	4800

续表

性质	数值	性质	数值
电阻温度系数(273～373K)/(10⁻³/K)	3.9	标准电极电位/V	
电阻率 $\rho/n\Omega\cdot m$	47	氢电极	−1.55
热导率 λ/[W/(m·K)]	153.6556	甘汞电极	−1.83
电导率(273K)/[10⁶/(Ω·m)]	23	对光的反射率/%	
再结晶温度/K	423	$\lambda=0.500\mu m$	72
熔点/K	923±1	$\lambda=1.000\mu m$	74
镁单晶的平均线膨胀系数(288～308K)/(10⁻⁶/K)		$\lambda=3.000\mu m$	80
		$\lambda=9.000\mu m$	93
沿 a 轴	27.1		
沿 c 轴	24.3	收缩率/%	
熔化潜热/(kJ/kg)	360～377	固—液	4.2
945K下的表面张力/(N/m)	0.563	熔点至室温	5

6.4.1.2　镁合金的分类

镁合金的分类方法多种多样，可根据化学成分、成形工艺、是否含锆、是否含铝等方式进行分类。

① 按化学成分，可将镁合金分为二元、三元和多组元系镁合金。其中二元合金系包括 Mg-Al、Mg-Mn、Mg-Zn、Mg-RE、Mg-Zr、Mg-Th、Mg-Ag和 Mg-Li 等；三元合金系包括 Mg-Al-Zn、Mg-Al-Mn、Mg-Mn-Ce、Mg-RE-Zr 和 Mg-Zn-Zr 等；多组元合金系包括 Mg-Th-Zn-Zr、Mg-Ag-Th-RE-Zr 等。

② 按成形工艺，可将镁合金分为铸造镁合金和变形镁合金两类。铸造镁合金按其性能可分为标准类铸造镁合金、高强度类铸造镁合金和耐热类铸造镁合金，主要用于汽车零件、机件壳罩和电器构件等；变形镁合金按应力腐蚀开裂倾向可分为无应力腐蚀倾向镁合金和有应力腐蚀倾向镁合金，如 Mg-Mn 合金、Mg-Mn-Ce 合金和 Mg-Zn-Zr 合金属于无应力腐蚀倾向镁合金，而 Mg-Al-Zn 合金则属于有应力腐蚀倾向镁合金。

③ 按是否含锆，可分为含锆镁合金和无锆镁合金两类。常见的含锆镁合金系有 Mg-Zn-Zr、Mg-Ag-Zr、Mg-RE-Zr 和 Mg-Th-Zr 系，不含锆的镁合金系有 Mg-Al、Mg-Mn 和 Mg-Zn 系。

④ 按是否含铝，可分为含铝镁合金和无铝镁合金两类。

6.4.1.3　镁合金的特点

中国的镁资源丰富，是世界上镁储量最多的国家。纯镁通常不能直接作为结构件使用，但可以通过合金化获得具有良好性能的镁合金，镁合金具有如下特点。

① 镁合金的密度会因添加合金元素的种类不同而有所变化，其范围约为

$1.74\sim1.86g/cm^3$，因此镁合金可以说是目前可应用的工程结构材料中最轻的一种金属材料。镁合金能够减轻结构件重量，目前被广泛应用在航空航天和汽车工业方面，用以进一步增大载重量或提高速度。

② 由于镁合金较小的密度使得它的比强度显著高于钢铁及铝合金材料，而镁合金的比刚度与钢铁及铝合金材料相近。

③ 镁合金的震动阻尼容量较高，且吸震性能好，因此能够起到减震和降低噪音的作用，这使得镁合金的应用范围更加广泛。

④ 镁合金的比热容和结晶潜热小，所以流动性好、凝固快，具有良好的铸造性能。镁与铁的反应性低，压铸时对压铸模的熔损少，可以增加压铸模使用寿命，使其通常可使用 20 万次以上。

⑤ 镁合金不需要退火和消除应力就具有高的尺寸稳定性，可用于制作夹具、样板及电子产品外罩等，体积收缩率在铸造金属中最低，仅为 4%。

⑥ 镁合金的切削速度远远高于其他金属材料，且对刀具的磨损小，具有良好的切削加工性能，切削同样的零件，镁合金消耗的功为铝合金的 5/9、铸铁的 2/7、低合金钢的 10/63。

⑦ 镁合金具有较好的散热性和电磁屏蔽性，广泛用于手机、电脑等元件结构密集且能够发出电磁干扰的电子产品。

⑧ 镁合金具有再生性能，废旧的镁合金压铸件可以作为 AZ91 或 AM60 等镁合金的二次材料进行再铸造，因此使用镁合金能够保护环境，使镁合金成为"21 世纪绿色工程金属结构材料"。

6.4.2　镁合金的时效特点

常见的可热处理强化的铸造镁合金主要有六大系列：Mg-Al-Zn 系（如 AZ63A、AZ81A、AZ91C 和 AZ92A 等）、Mg-Al-Mn 系（如 AM100A）、Mg-Zn-Zr 系（如 ZK51A 和 ZK61A 等）、Mg-Zn-Cu 系（如 ZC63A）、Mg-Ag-RE-Zr 系（如 QE22A）和 Mg-RE-Zn-Zr 系（如 EZ33A 和 ZE41A）。可热处理强化的变形镁合金有三大系列：Mg-Zn-Zr 系（如 ZK60A）、Mg-Al-Zn 系（如 AZ80A）和 Mg-Zn-Cu 系（如 ZC71A）。镁合金没有同素异构转变，其基本固态相变形式是过饱和固溶体的脱溶分解。

镁合金的热处理强化方式主要由固溶处理、人工时效、固溶处理（空冷）＋完全人工时效、固溶处理（热水冷）＋完全人工时效以及自然时效等。

对于时效强化效果不大的合金，一般只需进行固溶处理来提高合金的强度，如 ZM5、MB6 等合金经固溶处理就可使合金的抗拉强度和伸长率同时提高。在固溶处理时的加热温度通常仅需比固相线温度低 5～10℃，以便获得过饱和程度较高的固溶体。固溶处理的保温时间要比铝合金长得多，这是因为镁合金中原子扩散过程极为缓慢，只有长时间保温才能保证过剩相充分固溶。因此，镁合金淬火时不需要进行快速冷却，通常在静止的空气中或者人工强制流动的气流中冷却。

对于 Mg-Zn 系合金，由于晶粒容易长大，进行固溶处理反而会使合金组织变得粗大，降低合金强度，因此需要采用直接人工时效的方式。与铝合金相比，镁合金人工时效的保温时间也要延长。对于 Mg-Al-Zn 系、Mg-RE-Zr 系和 Mg-Zn-Zr 系合金，一般采用固溶处理（空冷）＋完全人工时效的强化方式来提高合金的屈服强度。而对于冷却速度敏感性较高的 Mg-RE-Zr 系合金，则需采用固溶处理（热水冷）＋完全人工时效的强化方式，如 Mg-(2.2～2.8)Nd-(0.4～1.0)Zr-(0.1～0.7)Zn（质量分数）合金，与铸态时的性能相比，采用固溶处理（空冷）＋完全人工时效的强化方式可使强度提高 40%～60%，而采用固溶处理（热水冷）＋完全人工时效的强化方式，则可使强度提高 60%～70%。

由于镁的扩散激活能较低，合金元素在镁中扩散速度慢，自然时效的脱溶沉淀过程必然极其缓慢，因此镁合金一般不采用自然时效方式来进行合金强化。

6.4.3 几种镁合金的时效

当镁基体中加入多种合金元素时，对基体的作用往往不是单一元素作用的简单加和，有时候甚至起到乘积的效果。由于添加的合金元素不同会直接影响镁合金的时效析出过程，因此不同镁合金系的时效序列也不同。目前的研究大多集中在 Mg-Al 系、Mg-Zn 系和 Mg-RE 系等镁合金系。

6.4.3.1 Mg-Al 系合金的时效

Mg-Al 系合金是应用较为广泛的一类铸造镁合金，有关 Mg-Al 系合金的时效析出相转变过程，已经开展了大量的实验研究。依据 Al-Mg 二元相图（图 6.25），可以看到，Al 元素在基体 Mg 中的固溶度随着温度的降低而急剧降低，在接近共晶温度时固溶度接近 11.8%（原子分数），而降到 200℃ 时，固溶度仅为 3.3%（原子分数），达到室温时更低，仅约为 1%（原子分数）。这一特征为固溶后形成过饱和固溶体并通过时效实现析出强化提供了可能。通常，当 Al 含量大于 2%（质量分数）时，Mg-Al 二元合金便可以产生时效强化效果，其时效序列为：SSSS（过饱和固溶体）→ 在 $(0001)_\alpha$ 上形核的 β-$Mg_{17}Al_{12}$ 非共格平衡沉淀物。β-$Mg_{17}Al_{12}$ 相具有复杂的体心立方结构，晶格常数 a 约为 1.06nm，与基体之间主要具有以下位向关系：$(110)_\beta // (0001)_\alpha$，$[11\bar{2}]_\beta // [01\bar{1}0]_\alpha$。Mg-Al 系合金常用的热处理工艺为：420℃ 下进行固溶处理并水淬后获得过饱和固溶体，然后在 100～300℃ 下进行时效处理。若 200℃

下时效，达到平衡状态时沉淀出的 β 析出相体积分数可以达到 11.4%。与其他镁合金系不同的是：Mg-Al 系合金在时效过程中，并没有形成任何 GP 区或者亚稳相，而是从过饱和固溶体直接沉淀出平衡的 β 相。沉淀出的 β 相对于位错有一定的阻挡作用，但由于其相对较为粗大，且与基体 Mg 的主要滑移面（基面）平行，这种阻挡作用并不明显，因此，Mg-Al 系合金的时效强化效果并不如人们所期望的那样好。

在 Mg-Al 二元合金中加入微量合金元素，可以有效增加合金的时效硬化效果，如今在 Mg-Al 系合金的基础上发展起来的合金系主要有 Mg-Al-Zn 系、Mg-Al-Si 系、Mg-Al-Mn 系以及 Mg-Al-RE 系。在 Mg-Al 系合金中加入 Zn 元素可以提高 Mg-Al 系合金的抗拉性能，同时也会在一定程度上提高强度，但会增大热裂倾向。Mg-Al-Zn 合金中 AZ91D 的比强度较高，是目前应用最为广泛的镁合金之一，主要用于电器产品的壳体、小尺寸薄型或异型支架等。有研究者系统研究了 AZ91D 镁合金中 β-$Mg_{17}Al_{12}$ 时效析出相的形态与晶体学特征，指出时效过程中产生了四种不同形态与位向的 β-$Mg_{17}Al_{12}$。第一类呈板条状，是时效过程中的主要析出相，惯析面为 $(0001)_\alpha \parallel (110)_\gamma$，与基体保持 Burgers 位向关系；第二类是六棱柱体，轴线与基面 $(0001)_\alpha$ 垂直，六个棱柱面均与基体保持对称性好的 Crawley 位向关系，即 $\{1\bar{1}00\}_\alpha \parallel \{110\}_\beta$；第三类也是六棱柱体，与第二类类似，但六棱柱体的轴线偏离基面 $(0001)_\alpha$；第四类呈等轴状，含量极少，与基体的位向关系是 $(0001)_\alpha \parallel (110)_\gamma$，$[1\bar{2}10]_\alpha \parallel [110]_\gamma$。在 Mg-Al 系合金中加入 Mn 元素可以细化合金晶粒，并且能与晶界上的 Al 元素形成稳定的化合物，抑制晶界 $Mg_{17}Al_{12}$ 相形成，打破合金组织的网状结构，从而提高合金的强度。Mn 还能与合金中的 Cu、Fe 等有害杂质反应形成稳定的金属间化合物，提高合金耐腐蚀性能。在 Mg-Al 系合金中加入 Si 元素，能增加 Mg-Al 系合金的流动性，改善合金的铸造性能。若冷却速度较快，就会在凝固过程中在晶界上形成 Mg_2Si 沉淀相。Mg_2Si 相具有低密度（$1.90g/cm^3$）、低热膨胀系数（$7.5 \times 10^{-6}/K$）、高熔点（1085℃）、高弹性模量（120GPa）等优良特点，其钉扎晶界能显著提高合金的蠕变抗力。RE 元素能够改善铸造性能，细化晶粒，改善高温抗拉和蠕变性能，但也会提高合金成本。

6.4.3.2 Mg-Zn 系合金的时效

Mg-Zn 系合金是实用镁合金的重要基础，其固溶体存在亚稳的溶解度间隙，因此具有典型的析出强化特征。根据 Mg-Zn 二元相图，如图 6.26 所示，平衡结晶时，341℃发生共晶反应：$L \rightarrow \alpha \rightarrow Mg + M_{51}Zn_{20}$，$M_{51}Zn_{20}$ 属于亚稳相，温度下降到325℃时发生共析反应，即 $M_{51}Zn_{20} \rightarrow \alpha \rightarrow Mg + MgZn$。合金的

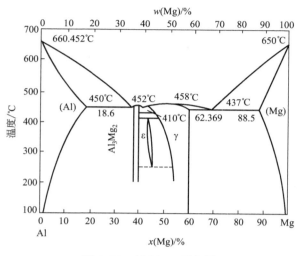

图 6.25　Al-Mg 二元相图

室温平衡组织由 α-Mg 和 MgZn 化合物组成，温度降低时析出强化相 MgZn 化合物。

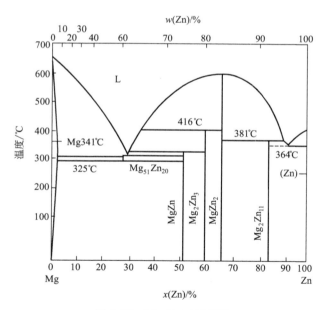

图 6.26　Mg-Zn 二元相图

Mg-Zn 二元合金的沉淀析出过程比较复杂，其沉淀序列为：SSSS（过饱和固溶体）→GP 区（共格）→β_1'（共格）→β_2'（半共格）→β（非共格）。

GP 区形成于时效过程的起始阶段，是从过饱和固溶体中析出且与基体呈共格关系的溶质原子偏聚区，GP 区对合金的时效序列、硬度及强度有着重要的影响。大量研究表明，GP 区对温度十分敏感，其数量会随着时效温度的升高而不断减少。Clark 等对 Mg-(4～8)Zn(质量分数)二元合金在 95～200℃ 范围内时效行为研究中指出：95℃ 以上时效时，从过饱和固溶体中直接析出 β_1'-MgZn$_2$ 相，不存在 GP 区。Murakami 等利用 XRD 分析证明，Mg-1.9Zn（原子分数）合金在 70～100℃ 之间时效，会先析出平行于 $\{10\bar{1}0\}_\alpha$ 的盘状 GP 区。Takahashi 等研究了 Mg-3.6Zn（质量分数）合金在室温到 140℃ 之间的时效时，观察到两种类型的 GP 区：一类是在温度低于 60℃ 时，平行于 $\{11\bar{2}0\}_\alpha$ 的盘状 GP I 区；另一类是在温度低于 80℃ 时，平行于 $\{0001\}_\alpha$ 的椭球体状 GP II 区。Buha 研究 Mg-Zn 合金在室温到 100℃ 之间时效时指出：在所研究温度范围内时效均能观察到两类 GP 区，分别为平行于 $\{11\bar{2}0\}_\alpha$ 的盘状 GP I 区和平行于 $\{0001\}_\alpha$ 的盘状 GP 区。王晓亮等利用热力学分析 Mg-1.9Zn（质量分数）合金 GP 区时指出：Mg-1.9Zn 合金在 70～110℃ 之间时效时首先形成 GP 区，150℃ 以上时效则直接从过饱和固溶体中析出亚稳相，不会产生 GP 区。

在 Mg-Zn 二元合金中，GP 区形成温度低且热稳定性差，但加入一定量的合金元素可有效提高 GP 区的稳定性。J.Buha 在 Mg-6Zn-2Cu-0.1Mn（质量分数）合金经 160℃ 时效（T6）的微观组织中，发现了一些宽度极小、长度为 5～30nm 的薄片状 GP 区，如图 6.27 中黑色箭头所示。

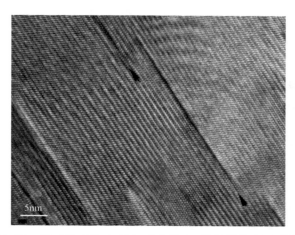

图 6.27　Mg-6Zn-2Cu-0.1Mn 合金经 160℃ 时效的 GP 区形貌

图 6.28 为 Mg-Zn-Y-Zr 合金在 160℃ 时效初期的微观组织，从图 6.28（a）中可以观察到大量平行于镁合金基面的薄片状 GP 区。图 6.28（b）为 GP 区的放大图片，通过精细分析发现 GP 区与基体保持共格关系，但由于溶

质原子在镁合金基面上连续富集，GP 区所在位置的晶面间距发生了微小变化，其变化程度与偏聚的溶质原子类型有关。此外，在 GP 区的顶端都存在着一个刃型位错，这些晶体缺陷的存在有利于溶质原子进一步偏聚。

图 6.28　Mg-Zn-Y-Zr 合金经 160℃时效的 GP 区形貌

β_1' 相被认为是 Mg-Zn 二元合金中最有效的强化相，图 6.29 是 Mg-2.8Zn（原子分数）合金在 160℃经 40h 时效的微观组织，显示 β_1' 相主要呈短杆状或块状，垂直于镁合金的 $\{0001\}_\alpha$，与基体保持共格关系。早期研究指出 β_1' 相是具有密排六方结构的 $MgZn_2$ 相，其晶格参数为：$a = 0.520nm$，$c = 0.857nm$，与基体的位向关系是：$(11\bar{2}0)\,\beta_1' /\!/ (0001)_\alpha$，$[0001]\,\beta_1' /\!/ [11\bar{2}0]_\alpha$。

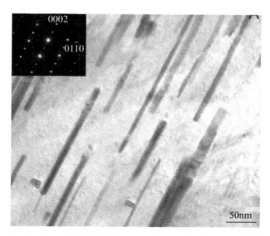

图 6.29　Mg-2.8Zn（原子分数）合金在 160℃经 40h 时效的微观组织

但 2007 年 Gao 等研究 Mg-8Zn（质量分数）在 200℃时效指出，β_1' 相并不是密排六方结构的 $MgZn_2$ 相，而是近似单斜结构的 Mg_4Zn_7 相，其晶格参数为：$a=2.596nm$，$b=1.428nm$，$c=0.524nm$，$\gamma=102.5°$，与基体的位向关系为：$[001]_{\beta_1'}\sim/\!/[0001]_\alpha$，$(630)_{\beta_1'}\sim/\!/(01\bar{1}0)_\alpha$。近年来，Singh 等进一步指出单个杆状 β_1' 相内具有复杂的畴结构，并且部分的 Mg_4Zn_7 相已转化为 $MgZn_2$ 相，两相共存于单个 β_1' 相中。Mendis 等通过微束衍射技术对 Mg-6.1Zn 和 Mg-6.1Zn-2Al（原子分数）合金进行的研究表明，β_1' 相的结构与合金成分密切相关，经 160℃时效后，Mg-6.1Zn（原子分数）合金中的 β_1' 相为六方结构的 $MgZn_2$ 相，添加 2%的 Al 之后，合金中的 β_1' 相全部转变为单斜结构的 Mg_4Zn_7 相。

尽管 Mg-Zn 二元合金中 β_1' 相的取向有利于阻碍位错在基面内的滑移，但 β_1' 相析出密度较低、长大速度快，很容易达到过时效，成为粗大且稀疏分散的板条状相，不足以产生明显的强化效果。研究发现在 Mg-Zn 二元合金中加入一种或多种微量元素可有效控制合金的沉淀析出过程，从而得到析出密度更大、分布更加均匀、与基体呈共格关系且随着时效时间增加不易长大粗化的 β_1' 强化相。图 6.30 是 Mg-Zn 二元合金及 Mg-Zn-Cr 合金经 160℃时效后峰时效的微观组织，从图中可以看出加入微量 Cr 元素后，β_1' 相的析出数量更多、尺寸更小，其时效硬化效果得到显著提高。

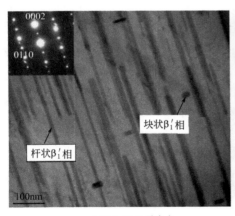

(a) Mg-Zn二元合金　　　　　　　　(b) Mg-Zn-Cr合金

图 6.30　Mg-Zn 二元合金及 Mg-Zn-Cr 合金经 160℃时效后峰时效的微观组织

在 Mg-Zn 二元合金的基础上，选择最优的 Zn/Al 比例并加入适量的 Cr 和 Bi 等元素，制备出一种可时效强化的 Mg-Zn-Al-Cr-Bi 合金。图 6.31 为 Mg-Zn-Al-Cr-Bi 合金在 160℃经 48h 时效达到峰值硬度时的微观组织，电子束方向平行于 $[2\bar{1}10]_\alpha$。从图 6.31（a）可以观察到，在基体上弥散分布着大量沿 $[0001]_\alpha$ 方向生长、长度约为 $150\sim300nm$ 的杆状 β_1'-$MgZn_2$ 相和少数沿

$[0\bar{1}10]_\alpha$ 方向生长的块状 β_1'-$MgZn_2$ 相，以及直径约为 $100\sim280nm$ 的粒状 Bi_2Mg_3 相。进一步放大后还观察到，合金中还存在一些沿 $[0001]_\alpha$ 方向生长、与基体衬度较小、长度约为 $30\sim50nm$ 的细小的短杆状沉淀相[图 6.31 (b)]。此外，合金峰时效的微观组织中还显示许多块状或杆状 β_1'-$MgZn_2$ 相与粒状 Bi_2Mg_3 相相"粘接"的现象，图 6.32（a）和图 6.32（b）分别是短杆状和块状 β_1'-$MgZn_2$ 相与粒状 Bi_2Mg_3 相相"粘接"的微观组织。由于合金在时效过程中粒状 Bi_2Mg_3 相要优先于 β_1'-$MgZn_2$ 相形成，因此图 6.32 中短杆状、块状 β_1'-$MgZn_2$ 相与 Bi_2Mg_3 相相"粘接"的现象要从两方面考虑：一是优先形成的 Bi_2Mg_3 相为 β_1'-$MgZn_2$ 相的形成提供了异质形核位置，促进 β_1'-$MgZn_2$ 相的形核；二是 Bi_2Mg_3 相在一定程度上又阻碍了 β_1'-$MgZn_2$ 相沿轴向方向的长大。这两方面的作用都有助于合金时效硬度的提高，并且缓解过时效阶段合金时效硬度的下降趋势。

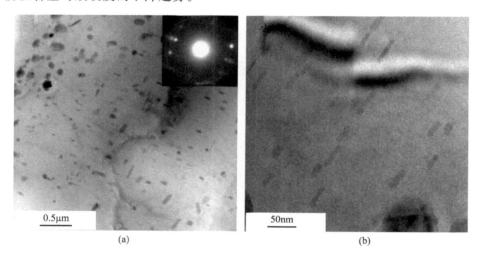

图 6.31　Mg-Zn-Al-Cr-Bi 合金在 $160\,℃$ 经 $48h$ 时效后峰值硬度的微观组织

β_2' 相是具有密排六方结构的 $MgZn_2$ 相，其晶格参数为：$a=0.523nm$，$c=0.858nm$，与基体保持半共格关系。β_2' 相的形貌有两种：一种是平行于 $\{0001\}_\alpha$ 的粗大片状形貌，与镁基体的位向关系为：$(0001)_{\beta_2'}$ ∥ $(0001)_\alpha$，$[11\bar{2}0]_{\beta_2'}$ ∥ $[10\bar{1}0]_\alpha$，如图 6.33 所示；另一种是垂直于 $\{0001\}_\alpha$ 的板条状形貌，与镁基体的位向关系为：$(0001)_{\beta_2'}$ ∥ $(11\bar{2}0)_\alpha$，$[1\bar{1}20]_{\beta_2'}$ ∥ $[0001]_\alpha$，如图 6.34 所示。

β 相是平衡相 Mg_2Zn_3，属于三角晶系，其晶格参数为：$a=1.724nm$，$b=1.445nm$，$c=0.52nm$，$\gamma=138°$，与基体为非共格关系。β-Mg_2Zn_3 相一般在过时效阶段产生，对合金的时效强化效果较弱。

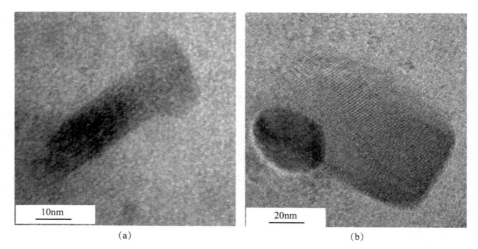

图 6.32　Mg-Zn-Al-Cr-Bi 合金经 160℃时效后峰时效微观组织中块状
和杆状 β_1'-MgZn$_2$ 相与粒状 Bi$_2$Mg$_3$ 相相"粘接"

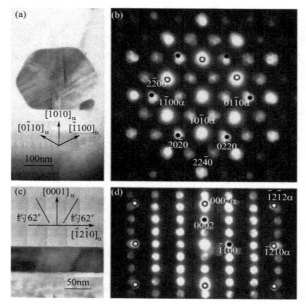

图 6.33　Mg-8Zn（质量分数）合金经 200℃时效的微观组织中
粗大片状 β_2'-MgZn$_2$ 相形貌及其与基体的位向关系

6.4.3.3　Mg-RE 系合金的时效

　　由于 Mg-RE 系合金的固相线温度和再结晶温度较高，且稀土元素原子半径较大，在镁中扩散能力较差，所以在镁中加入稀土元素既可以提高镁合金再

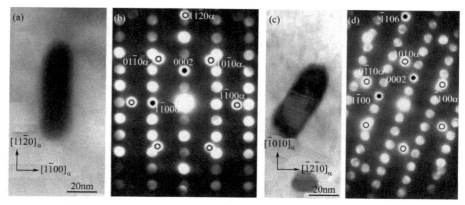

图6.34　Mg-8Zn（质量分数）合金经200℃时效的微观组织中
板条状 β_2'-$MgZn_2$ 相形貌及其与基体的位向关系

结晶温度并减慢再结晶过程，又能够析出具有较高热稳定性的沉淀相，从而有效提高镁合金的高温性能。因此 Mg-RE 系合金在高温和室温条件下均表现出良好的服役性能，已成为应用较为广泛的一类耐热镁合金。

一般来说，稀土元素在镁中的固溶度会随着原子序数的增加而增大，并且固溶度会随着温度的下降而迅速降低，具有典型的固溶强化和时效强化特征。Mg-RE 系合金的时效过程比较复杂，有多种强化效果显著的亚稳相析出，其析出过程也会因加入稀土元素的不同而不同。以 Mg-Gd 为例，548℃时 Gd 在镁中的固溶度可达 23.49%（质量分数），随着温度降低，其固溶度迅速降低，当温度为 200℃时仅为 3.82%（质量分数），因此 Mg-Gd 系合金具有典型的时效强化特征。Mg-Gd 系合金较为公认的时效析出序列为：SSSS（过饱和固溶体）→GP 区/β''→β'→β_1→β。为方便对比和分析，表6.6 列出了 Mg-Gd 合金时效过程中析出相的成分、形貌、晶格参数以及与基体的位向关系。

表6-6　Mg-Gd 合金的析出序列及析出相

参数	时效序列					
	SSSS→	GP 区/	β''→	β'→	β_1→	β
成分	—		Mg_3Gd	Mg_7Gd	Mg_3Gd	Mg_5Gd
晶体结构	hcp		hcp，DO19	cbco	fcc，Fm $\overline{3}$m	fcc，Fm $\overline{3}$m
晶格参数 /nm	$a=0.32$ $c=0.26$	$d=0.37$ （Gd 原子间距）	$a=0.64$ $c=0.52$	$a=0.65$ $b=2.27$ $c=0.52$	$a=0.73$	$a=2.23$
位向关系	—		$[0001]_{\beta'}//[0001]_\alpha$ $[2\overline{1}\overline{1}0]_{\beta'}//[2\overline{1}\overline{1}0]_\alpha$	$[001]_{\beta'}//[0001]_\alpha$ $(100)_{\beta'}//(2\overline{1}\overline{1}0)_\alpha$	$[001]_{\beta_1}//[0001]_\alpha$ $(11\overline{2})_{\beta_1}//(10\overline{1}0)_\alpha$	$[1\overline{1}1]_\beta//[2\overline{1}\overline{1}0]_\alpha$ $(110)_\beta//(0001)_\alpha$
形貌	—	锯齿状 六角形	板状	细小透镜状 棱柱颗粒	盘状	盘状
惯析面	—		$\{2\overline{1}\overline{1}0\}_\alpha$	$\{2\overline{1}\overline{1}0\}_\alpha$	$\{10\overline{1}0\}_\alpha$	$\{10\overline{1}0\}_\alpha$

6.4.3.4　其他镁合金系的时效

除上述镁合金系之外，镁合金系还包含 Mg-Ca 系、Mg-Th 系、Mg-Ag 系及 Mg-Li 系等，添加的合金元素不同，其时效序列也会有很大差别。如在镁中加入 Ca 元素形成的 Mg-Ca 合金系统，一般认为加入 Ca 主要有两方面的作用：一是增加合金的抗蠕变性能；二是提高熔炼时的抗氧化性，即 Ca 的阻燃性能。Mg-Ca 二元相图的共晶点温度为 516.5℃，在时效过程中能够析出 Mg_2Ca 稳定相，这种沉淀相为六方结构，具有较高的熔点。在 Mg-Ca 系合金中加入 Zn 元素，能够在时效过程析出呈粒状或盘状的 $Ca_2Mg_6Zn_3$ 相，且与镁基体具有如下位向关系：$(0001)_{Ca_2Mg_6Zn_3} // (1\bar{2}10)_\alpha$，$[1\bar{2}10]_{Ca_2Mg_6Zn_3} // [0\bar{1}0]_\alpha$，这些呈粒状或盘状的 $Ca_2Mg_6Zn_3$ 相在时效进程中对 MgZn 平衡相的长大有一定的抑制作用。在镁中复合添加 Ag-Nd 元素，其时效过程可以分为两部分：一是在过饱和固溶体中先形成垂直于镁合金基面的杆状 GP 区，随着时效时间的延长，长大为具有六方结构的杆状 γ 相，仍与基体非共格关系；二是在过饱和固溶体中形成平行于镁合金基面的椭球状 GP 区，然后发生预沉淀，形成六方结构的 β 相，其与基体保持如下位向关系：$(0001)_\beta // (0001)_\alpha$，$[11\bar{2}0]_\beta // [10\bar{1}0]_\alpha$，最后生成具有复杂结构的板条状 $Mg_{12}NdAg$ 沉淀相，其与基体非共格。而 Mg-Th 合金的时效序列为：在过饱和固溶体中先形成具有 DO19 超结构的盘状 Mg_3Th 相，其平行于基体 $\{10\bar{1}0\}_\alpha$，并与基体保持共格关系，经过复杂的相变形成 $Mg_{29}Th_6$ 平衡相，具有面心立方结构，此时沉淀相与基体由共格关系转变为非共格关系。

6.4.4 镁合金的应用与发展前景

随着 21 世纪科技的发展，各行各业对金属材料的使用急剧增加，使得许多金属材料储量日益减少甚至趋于枯竭。镁合金因其储量丰富且性能优异，日益受到人们的广泛关注，被誉为"21 世纪绿色环保工程材料"。目前，镁合金在降低能源耗损、减少环境污染以及实现轻量化等方面具有显著作用，已广泛应用于汽车制造、航空航天及电子产品等领域。

（1）汽车制造工业领域

降低汽车自重是减少油耗和污染的有效措施。据计算，汽车重量每减少 10%，油耗可减少 5.5%，污染物排放量可降低 10% 左右，燃料的经济性可提高 3%～5%，因此镁合金在汽车制造工业中的应用与日俱增。目前，镁合金主要用于制造以下汽车部件：

① 车内构件：如仪表盘、操纵台架、转向盘、转向柱支架、车窗马达罩、刹车与离合器踏板托架、安全气囊外罩等；

② 车体构件：如门框、车顶框、车顶板、IP 横梁及尾板等；

③ 汽车发动机及传动系统构件：四轮驱动变速箱体、凸轮盖、阀盖、变速器壳体、齿轮箱壳体、油箱、油泵壳、汽缸头盖、左右侧半曲轴箱、左右抽气管等；

④ 底盘：如汽车轮毂、引擎托架、前后吊杆、尾盘支架等。

近年来，中国汽车制造工业发展迅速，汽车销售量逐年提高，镁合金材料在汽车制造领域的应用将会越来越广泛。

（2）航空航天工业领域

镁合金在第二次世界大战期间就已经广泛应用于飞机制造工业，但随后被铝合金所替代。近年来，随着大量新型高强度镁合金的研制成功及镁合金制备技术的发展，航空航天工业又迎来了镁合金研制和应用的高潮。目前，镁合金主要应用于各种商用及军用飞机的发动机组件、齿轮箱、螺旋桨、支架、座椅等，以及火箭、导弹、卫星的各种零部件。镁合金给航空航天工业带来的性能提高及效益提升效果是非常显著的。在减重相同的情况下，商用飞机节省的燃料费用是汽车的近百倍，战斗机节省的燃料费用是汽车的近千倍，更重要的是其机动性能的改善极大地提高了各种飞机的战斗力和生存能力。

（3）电子产品工业领域

3C产品主要指计算机、通信设备及消费类电子产品，3C产业是目前全球发展速度最快的产业。镁合金在3C产业中几乎受到所有著名电子产品制造公司的关注和青睐，已成为最理想的制备材料。镁合金3C商品最早出现于日本，1998年日本厂商开始采用镁合金制造各种便携式商品，如手机及PAD等。目前，镁合金在电脑、手机、数码相机及电视机等产业的使用中表现出优异的性能。如用镁合金作为电子产品的外壳，不需要做导电处理就能获得良好的屏蔽效果，同时可及时散出部件运行过程中产生的热量，提高产品的工作效率和使用寿命。未来，在3C产品朝着更轻、更薄及更灵活小巧发展趋势的推动下，新型镁合金的开发及应用必将得到持续的关注和发展。

我国镁含量丰富，储量居于世界首位，是世界上最大的镁生产国和出口国。2007年我国就已占全世界镁生产能力的四分之三，产量的三分之二。但由于镁加工制备技术还相对落后于发达国家，我国镁的生产和出口绝大部分以初级产品为主，因此我国虽是镁资源"大国"，却不是镁资源"强国"。近年来，我国在新型高性能镁合金材料的研制、开发及应用中投入大量精力，并在各方面均进展显著。但继续加快高性能镁合金的研制、应用与产品核心技术的开发仍是当务之急，将对"中国制造"抢占相关领域技术制高点，形成具有国际竞争力的新产业群起着至关重要的作用。今后，随着"能源短缺、环境污染、全球变暖"三大世界难题的日益严峻，被誉为"21世纪绿色环保工程材料"的镁合金材料必将在汽车制备、航空航天、国防军工、生物医药、电子产品等领域占据越来越重要的位置。

第7章

铜合金中的相和相变

7.1 铜及铜合金

铜是人类应用最早的一种金属材料，是世界上第二大有色金属，具有高导电性、高导热性、高抗腐蚀性、可镀性、易加工性及良好的力学性能，因此，铜及铜合金被广泛用于机械制造、运输、建筑、电气、电子等工业部门，制作成各种电子材料及结构部件，是电力工业、电子信息产业、航空航天、海洋工程、汽车工业和军事工业的关键材料，也是国民经济和科技发展的重要基础材料。近年来，随着电子信息产业的不断发展，铜及铜合金的应用变得更加广泛，需求量也逐年增加，而且对铜合金的性能要求也愈来愈苛刻。如随着集成电路集成度的提高，其所需端子数不断增加，对铜合金导电性、导热性要求也愈来愈高。而且，随着端子数的增加，集成电路的引线宽度和引线间距必须缩小，进而引线厚度也必然要减薄，这对集成电路引线框架用铜合金的强度提出了更高的要求。

7.1.1 纯铜的性质

铜的化学符号为 Cu，原子量为 63.75，色泽呈紫红色，故称紫铜。铜的导电性很高，导热性好，仅次于银，可以焊接和钎焊，耐腐蚀性也好。在潮湿空气中铜表面生成黑绿色的碱式碳酸铜，俗称绿锈或铜锈。铜在热状态或冷状态下都有非常高的塑性，但机械强度和硬度较低。通过冷加工可以提高铜的强度（一般可达 $40\sim50\mathrm{kgf/mm^2}$）和硬度，但此时塑性明显降低（约降低 6％），电导率下降 1％～3％。冷加工后的铜经 550～600℃退火，可使塑性完全恢复。纯铜制成各种半成品（管、棒、线、条、带、板、箔等），常用于制造电气设备、化工设备、机械零件等。我国纯铜材料的牌号见表 7.1。

表 7.1　纯铜加工产品牌号、成分及用途

组别	牌号	代号	主要成分铜/%,≥	杂质含量/%,≤				用途举例
				Bi	Pb	O_2	总和	
纯铜	一号铜	T1	99.95	0.002	0.005	0.02	0.05	⎫ 导电用 ⎬ 材料
	二号铜	T2	99.90	0.002	0.005	0.06	0.1	⎭
	三号铜	T3	99.70	0.002	0.01	0.1	0.3	⎫ 一般用 ⎬ 材料
	四号铜	T4	99.50	0.003	0.05	0.1	0.5	⎭
无氧铜	一号无氧铜	TU_1	99.97	0.002	0.005	0.003	0.03	真空仪 ⎬ 器仪表 用材料
	二号无氧铜	TU_2	99.95	0.002	0.005	0.003	0.05	
	磷脱氧铜	TUP	99.5	0.003	0.01	0.01 磷 含量<0.04	0.49	焊接用 材料
	锰脱氧铜	TUMn	99.6	0.002	0.007	锰含量 0.1~0.3	0.30	电子管 用材料

7.1.1.1　物理性质

在周期表中铜的原子序数为 29，与金和银一样同属于ⅠB副族，处在第一长周期铁、钴和镍的后面，但位于锌之前。它没有同素异形结构转变。

（1）颜色

纯铜呈紫红色，其合金颜色较多，从红黄、金黄到淡黄、白色，铜锑合金（含 50%锑，50%铜）甚至呈现紫红色。白光透过厚度小于 $0.025\mu m$ 的铜薄膜后变成绿色，熔化后的铜表面同样也显出绿色。

（2）密度

20℃时，纯铜的理论密度为 $8.932g/cm^3$，但是，多晶体试样的实测密度与金属的原始工艺过程有关。国际电化学协会（IEC）经过反复计算，在 1913 年确定工业铜密度的标准数值为 $8.89g/cm^3$，但近代统计分析认为 $8.91g/cm^3$ 更为精确。不过对标准值的任何修改均需经过国际电化学协会的批准。

固态铜在熔点时的密度是 $8.32g/cm^3$，液态铜是 $7.99g/cm^3$，凝固时收缩 4%。

（3）热学性质

铜的熔点是 1083℃，沸点是 2595℃。铜的热传导率约为 $400W/(m\cdot K)$，比其他金属都高。然而，在固溶体中加入少量的其他元素后，热传导率会有明显的降低。热导率和电导率可以通过魏德曼-弗兰兹（Wiedman-Franz）关系联系起来，纯铜近似为直线关系，但在高温下有较大的偏差，电导率降低很慢（甚至可以升高）。在很低的温度下，电导率突然升高而热导率则变化平缓。

（4）电学性质

铜常作为输电材料，主要原因是电导率高。1913 年采用了著名的相对标准退火铜线电导率（称国际退火铜标准 International Annealed Copper Standard，简称 IACS）作为衡量电导率的标准，即在 20℃，铜的电阻率等于 0.017241Ωmm²/m 时，相对标准电导率为 100%。

少量杂质元素或少量合金化元素进入铜中，会明显降低其电导率。不溶于固态铜的元素引起电导率的降低不大，值得注意的是，银实际上对电导率没有影响。此外，冷加工也影响电导率，加工硬化率越大，铜的电阻率越高。

（5）磁学性质

在常温下铜单位质量磁化率为 $-0.086 \times 10.8/kg$ 抗磁体。当 Cu-Zn 系和 Cn-Sn 系合金不含铁时也有很低的磁化率。铁会大大提高其磁化率，而镍虽然也是铁磁体，但只引起磁化率的少量增加。

7.1.1.2 机械性质

铜的可锻性好，强度与塑性的比值范围大。退火铜的抗张强度为 215～245N/mm²，铜的纯度越高其强度值越低，冷加工能使其强度增加，但会降低它的塑性。铸造铜的性质与工艺过程有关，如砂型铸件的机械性能比金属模铸造更低。

铜在拉伸试验时没有明显屈服点，与其他有色金属相同，一般方法是测出变形量为 0.1% 或 0.2% 时的应力作为屈服应力。软铜的屈服应力约为 62N/mm²。铜的抗压强度与抗张强度相同，其剪切强度约为极限抗张强度值的 60%。经过退火的铜进行拉伸试验时，其延伸率和断面收缩率最大，表明它很容易变形。软铜的维氏硬度为 45，布氏硬度为 40，经冷加工后上升到 85～90。

7.1.2 铜合金的分类

铜系庞大铜基合金族中的基体金属，铜基合金的许多性质与铜本身的特性密切相关，它们在各种工程制造业中具有广泛而重要的用途。主要合金分类如下：

低合金铜：基本上由高纯铜添加少量元素形成，目的是为了改善某些性能而又不显著降低其电导率。

黄铜：由铜添加锌（可达 45% 左右）形成，还可以添加其他合金元素以改善其性能，特别是铁、锰和铝，可提高黄铜的抗张强度，铅和镁则主要改善切削加工性。

青铜：通常由铜和锡（一般可达 12%）及其他元素形成，如磷青铜或炮铜。炮铜含锌及其他添加物，有时为镍。

铝青铜：由铜加铝（可达约 12%）形成，并加入少量的铁、锰或镍。

镍铜：由铜加镍（可达 30%）形成，有时还加入铁。

德（镍）银：由铜加锌和镍形成。

硅铜（硅青铜）：硅铜由铜加硅（约 3%，并含有铁或锰）形成。

铍青铜：铜中加入铍（约 2%）形成。

铬铜：铜中加入铬（1%）形成。

锆铜：铜中添加锆（0.1%）形成。

锰铜：铜中加锰（约 50%）形成。

其他一些元素也可以加到铜中，使合金具有特殊的性能，例如砷加至 0.5%能改善金属本身的热强性，少量砷加入某些黄铜中使抗腐蚀性提高。而磷在铜里往往是脱氧剂，有时硼或锂也可做脱氧剂。

7.2 铜合金中的相

相是固态合金的基本组成部分，它具有均匀的化学成分，且具有一定的晶体结构和性质。固态合金一般由一种或多种相组成，其中由一种相组成的合金叫作单相合金，而由几种不同的相组成的合金叫作多相合金。相不同，其晶体结构也不一样。按照合金相中组成合金的组元原子的存在形式，合金相可以分为两大类：固溶体和中间相（化合物）。固溶体是指溶质原子溶入溶剂晶格中而仍保持溶剂类型的合金相。通常是以一种化学物质为基体，溶有其他物质的原子或分子所组成的晶体，在合金和硅酸盐系统中较多见，在多原子物质中亦存在。如果在合金中，组成合金的异类原子有固定的比例，而且其晶体结构与组成合金的任一组元都不相同，则这种合金叫作中间相或化合物。

7.2.1 固溶体

大多数的变形铜合金均为固溶体型合金。晶体结构与纯铜晶体结构相同，为面心立方晶格。

根据溶质原子在溶剂点阵中所占位置的不同，可将固溶体分为间隙固溶体和置换固溶体。间隙固溶体指溶质原子位于溶剂晶格的间隙中，溶质一般为一些原子半径很小的非金属元素，如 H、B、C、N、O 等。而置换固溶体指溶质原子占据溶剂晶格部分正常位置所形成的固溶体，即溶剂原子在晶格中的部分位置被溶质原子所替换。由于溶入了其他元素原子，因而晶格常数有所改变。

大多数元素在铜中均能形成置换固溶体，且其分布一般是无序的，即溶质呈统计分布，此类固溶体又称为无序固溶体。但当某些溶质（X）成分接近于一定原子比，即 Cu_3X、CuX、CuX_3，且温度降至某一临界温度以下时，两种原子会从高温短程有序状态转变成 Cu、X 两种原子在较大范围都占有一定位置的规则排列状态，即发生"有序化"转变，形成有序固溶体。只有在理想配比成分并具有简单金属晶体结构的理想单晶体中，才有可能得到完全有序的状态。实际上，由于晶体中存在各种缺陷和晶界，在绝大多数情况下，不可能存在完全有序的状态。由于有序固溶体在 X 射线衍射图上会出现额外的衍射线条，称为超结构线，故有序固溶体又称超结构。

7.2.1.1 无序固溶体

铜合金中最主要的固溶体相是 α 固溶体。α 固溶体是其他元素溶入铜中所形成的置换固溶体，是铜合金的基体。不同的溶质原子在同一溶剂中的溶解度是有区别的，有的可以以任意比例互溶，比如镍、金等和铜能以任何比例相互固溶，这叫作无限互溶。而有些溶质在溶剂中的溶解度则有一定的限度，叫作有限互溶，如锌在铜中的固溶度达 39%；铝在铜中的固溶度达 9%，而铅则在固态铜中几乎不溶。

长期以来，人们对形成置换固溶体的一些规律进行了大量的研究，但由于影响因素多，情况较复杂，目前尚未发现一个普遍适用的预测置换固溶体固溶度大小的定量规律。20 世纪 60 年代初，Hume-Rothery 通过大量的实验对影响固溶度大小的规律进行了总结，这些规律对于说明铜基固溶体的溶解度有一定的意义。

（1）原子尺寸因素

原子尺寸因素是指溶质和溶剂原子半径差的大小。原子尺寸差别较小（<14%）是形成广阔固溶体区的先决条件。这是由于金属中溶入其他元素形成固溶体时，如果形成合金的元素的原子半径之差超过 14%，则固溶度极为有限。经验表明，在以铜为基体的固溶体中，只有当组元原子中半径差小于 10%时，才可能形成无限固溶体。原子尺寸差别大，晶格畸变能的增值也大，当畸变能增加到一定程度后，晶体就变得不稳定，因而使固溶度不能再增大。

大量事实证明，原子尺寸因素还不是形成大固溶度的充分条件，即原子尺寸相差大时，肯定不利于固溶，但原子尺寸相差小时，未必固溶度就大。这说明固溶度还受其他因素的影响。

（2）电负性因素

元素的电负性是它在和其他元素形成化合物或固溶体时，吸引电子的能力的一个参量。例如，Na 和 Cl 化合成 NaCl 时，Cl 很容易吸引 Na 的外层电子，因而 Cl 的电负性很强，而 Na 的电负性很弱。也就是说，一个元素的电负性是相对于另一元素而言的。在元素周期表中，同一周期内元素的电负性自左向右依次递增，在同一族内，自上至下依次递增。电负性大小表示该元素得失电子的能力。两种元素的电负性值愈大，表示两种原子间的化学亲和力愈强。当然，电负性差值不大时，随电负性差值增加，异种原子间的亲和力加强，也有利于增大固溶度。电负性差值超过某一临界值后，则倾向于形成稳定化合物，此时则电负性差值愈大，形成的化合物愈稳定，固溶度愈低。

元素的电负性与原子序数有关，图 7.1 为元素电负性与原子序数的关系。表 7.2 为 V、Ⅶ族元素在铜的 α 固溶体中的最大固溶度。铜与这些元素的电负性差值不大，但与铜的电负性差值比第 V 族元素与铜的电负性差值更大一些，因此第Ⅶ族元素在铜中的固溶度更大。

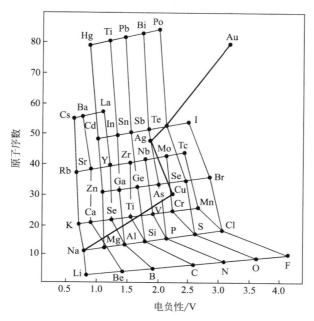

图 7.1　元素电负性与原子序数的关系

表 7.2　V、Ⅶ族元素在铜的 α 固溶体中的最大固溶度

元素族	合金系	尺寸因素	最大溶解度 $x/\%$
V	Cu-P	可能不利	3.4P(700℃)；1.2P(300℃)
V	Cu-As	有利	6.9As(680℃)；6.2As(300℃)
V	Cu-Sb	有利边缘	5.9Sb(630℃)；1.1Sb(210℃)
Ⅳ	Cu-Si	有利	11.6Si(833℃)
Ⅳ	Cu-Ge	有利	12.0Ge
Ⅳ	Cu-Sn	有利边缘	9.26Sn

（3）电子浓度因素

以铜作溶剂，在溶质元素与铜原子尺寸因素有利时，发现溶质元素的化合价愈高，组成固溶体时的最大溶解度愈小。

溶质化合价的影响实质上是由电子浓度所决定的。所谓电子浓度，是指合金中总的价电子数 e 与原子总数 a 的比值，即 e/a。电子浓度 e/a 是决定固溶度的一个重要因素。以 Cu 作溶剂为例，Zn、Ga、Ge、As 等 2～5 价元素在 Cu 中的固溶度分别为 38%、20%、12%、7%（图 7.2），相应的极限电子浓度分别为 1.38、1.40、1.36 和 1.28。

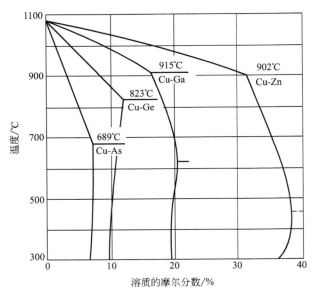

图 7.2　Cu-M 相图的一部分（M 代表 Zn、Ga、Ge、As）

　　一般不同溶质在铜中的最大固溶度对应一定电子浓度极限值，其最大值范围在 1.2～1.4 之间，超过此极限值，固溶体将不稳定而发生分解。但应指出，形成固溶体时的化合价效应（即电子浓度的作用）是一个极为复杂的问题，其电子间的交互作用规律尚未完全建立，因此关于电子浓度的影响仍需要进一步的研究、阐明。

　　还有一个与电子浓度作用不同的化合价效应，即高价金属与低价金属的相互溶解度不同。一般来说，高价元素在低价元素中的溶解度较大，而低价元素在高价元素中的溶解度较小。这个规律称为"相对价效应"。如铜中能溶解 4% 的硅，而硅中几乎不溶解铜。

　　（4）晶体结构因素

　　两种元素要形成无限固溶体的必要条件是它们具有相同的晶体结构。实际上，能够形成连续固溶体的两组元一般均位于同族或相邻族内，并具有相同晶体结构，如 Cu-Au、Cu-Ni、Cu-Pd 等。

7.2.1.2　有序固溶体

　　某些元素与铜形成的无序固溶体，在一定成分以及某一临界温度下时，它们可能局部或全部有序排列。这时溶质原子与铜原子分别占据固定位置，而且每个晶胞中的溶质原子与铜原子的比都是一定的，固溶体由无序状态过渡到有序状态，形成有序固溶体，或称为超结构。

　　有序固溶体的结构类型很多，但主要是面心立方（fcc）、体心立方（bcc）

和密排六方（hcp）三类，其化学分子式多属于 AB、A_3B 或 AB_3 型。表 7.3 列出了几种主要的有序固溶体。

表 7.3 几种有序固溶体

结构类型	典型合金	晶胞类型	合金举例
以 fcc 为基的有序固溶体	Cu_3Au I 型	L12 型	Ag_3Mg、Zr_3、Al、Ni_3Fe、Ni_2Mn、Zr_3Al、Al、Fe_3Pt
	CuAu I 型	L10 型	CuAu、FePt、NiPt、TiAl
	CuAu II 型		CuAu II
	CuPt 型	L11 型	CuPt
以 bcc 为基的有序固溶体	CuZn 型（β 黄铜）	B2 型	β'-CuZn、β-AlNi、β-NiZn、FeCo、FeV、FeAl
	Fe_3Al 型	DO3 型	Fe_3Al、α'-Fe_3Si
以 hcp 为基的有序固溶体	$MgCd_3$ 型	DO19 型	$CdMg_3$、Ag_3In、Ti_3Al
	MgCd 型	B19 型	CdMg、β'-AgCd

例如，人们在 Cu-Au 合金中发现，其具有 Cu_3Au 型结构和 CuAu 型结构。Cu_3Au 型在 390℃ 以上为无序固溶体，390℃ 以下退火缓冷时 Cu 及 Au 原子在点阵中有规则排列，Au 原子位于角部，Cu 原子位于面心，见图 7.3。具有这类超点阵的合金还有 Ni_3Fe、Ni_3Mn、Zr_3Al、CO_3V、Zn_3Ti 等。

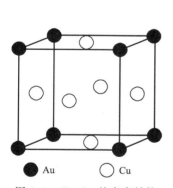

图 7.3 Cu_3Au 的有序结构

● Au   ○ Cu

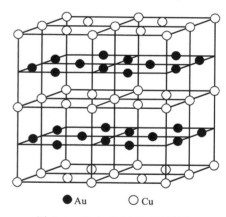

图 7.4 CuAu（I）的有序结构

● Au   ○ Cu

CuAu（I）型有序结构 Cu 及 Au 摩尔分数各为 50%。385℃ 以上为无序固溶体，385℃ 以下为有序固溶体，Cu 与 Au 原子分层排列，见图 7.4。因为 Cu 原子尺寸小，使晶格纵轴变短，成为 $c/a=0.93$ 的四方点阵。具有这类结构的合金还有 AgTi、AlTi、CoPt、HgZr、FePt 等。

CuAu（II）型有序结构见图 7.5。这种结构存在于 385～410℃ 之间。这种超点阵是长周期结构，每隔 5 个小晶胞在（001）面上的原子类别发生变化，原先是 Au 原子的晶面变成 Cu 原子面，原为 Cu 原子面的变成 Au 原子面。在长晶胞的一半处产生一个界面，称为反相畴（antiphase domains）界。两个反相畴界之间的距离为 b（$M+\delta$）。M 为长周期点阵的半周期，δ 为在 b 方向上产生微量胀大。长周期点阵在 Cu_3Au 中也存在，并且不仅是一维长周期，有时是三维长周期。

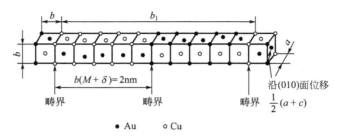

图 7.5 CuAu(Ⅱ)的有序结构

固溶体的无序—有序转变是固态相变的一种类型。有人认为，凡有序相或有序相之一的结构为密排者，这种转变为一级相变，即无序-有序转变时伴随有相变潜热和体积改变；而体心立方的有序化转变则没有相变潜热和体积改变，只有热容量的不连续变化以及压缩系数和膨胀系数的改变，因而属二级相变。

有序固溶体在加热到某一温度以上时，将变为无序固溶体，重新冷却到该温度以下时，又会变为有序固溶体。冷却时发生的这种转变称为有序化。固溶体有序化时，其许多性能会发生变化，主要有以下几点：

① 合金强度、硬度升高而塑性降低。最大硬化发生在出现一定尺寸有序畴时，如 Cu_3Au 合金在有序畴尺寸为 $5\mu m$ 时，屈服强度达最大值。这种强化又叫有序化强化。当完全有序化时，强度、硬度又会降低。

② 合金电阻降低。如 Cu-Au 系合金，其成分相当于 Cu_3Au 及 CuAu 时，电阻最低，因为此时合金呈完全有序状态。当成分偏离此分子式后，有序化程度降低，电阻又增加。

③ 对合金弹性性质也有影响。如 Cu_3Au 有序化使合金弹性模量增加。

7.2.2　中间相

两组元 A 和 B 组成合金时，除了可形成以 A 为基体或以 B 为基体的固溶体外，还可能形成晶体结构与 A、B 两组元均不相同的新相，其成分多处于 A 在 B 中和 B 在 A 中的最大溶解度之间，因此被称为中间相。这种合金相包括化合物和以化合物为溶剂而以其中某一组元为溶质的固溶体，它的成分可以在一定范围内变化，中间相一般都具有金属性，所以有时也叫作金属间化合物。

金属间化合物的键合方式有离子键、共价键，但多数仍属于金属键类型。典型成分的金属间化合物可用化学分子式表示，在相图中是一根竖直线，但有很多金属间化合物在相图中有一定成分范围的单相区，即可以形成以化合物为基的二次固溶体。

金属间化合物一般具有熔点高、硬度高、脆性大的特点，在许多工程用合金中均含有金属间化合物。金属间化合物的存在可使合金的强度、硬度、耐热性、耐磨性等提高。但有些化合物的存在会导致合金变脆，应尽量避免。

中间相可以分为主要受电负性控制的正常价化合物，由电子浓度起控制作用的电子价化合物以及以原子尺寸为主要因素的原子尺寸因素化合物。铜合金中的化合物中间相主要为后两种，但还有一些铜合金相不属于上述三类化合物，如 Cu_2Al 等。

（1）正常价化合物

电负性差别较大的组元可能组成与离子化合物结构相同的中间相。这种化合物中组元的原子数比较符合化合价规律，所以叫作正常价化合物，但它们的组元原子间的结合往往也含有金属结合的成分。

金属和Ⅳ、Ⅴ，Ⅵ族非金属及类金属（或铅）组成正常价化合物，其化合价间的关系符合化学化合物规律。一般电负性差愈大，与金属组成的化合物愈稳定。正常价化合物的分子式一般有 AB、A_2B（AB_2）两种类型，AB 型具有与离子化合物 NaCl 相同的晶体结构，AB_2 则具有离子化合物型的晶体结构，而 A_2B 则为反 CaF_2 型晶体结构。铜的电负性与Ⅳ、Ⅴ、Ⅵ族非金属及类金属元素的电负性差不大，因而属于正常价化合物的铜合金中间相不多，Cu_2Se、CuMgBi、CuCdSb 等属于此类化合物。它们均具有反 CaF_2 型晶体结构。

正常价化合物的键合特征取决于电负性差值的大小。电负性差值愈大，稳定性愈高，愈接近于离子键合；电负性差值愈小，愈不稳定，愈接近于金属键合。正常价化合物成分比较固定，在相图中相区为一竖直线，一般具有较高的硬度和脆性。

（2）电子价化合物

电子价化合物是一种主要受电子浓度控制的中间相。Hume-Rothery 在研究铜、银、金等典型一价金属与ⅡB、ⅢB、ⅣB 族元素（如 Zn、Ga、Ge 等）所组成的合金时，发现随者ⅡB、ⅢB、ⅣB 族元素的增加，超过固溶度极限后会依次出现一系列金属间化合物（α、β、γ 等）。这些化合物不符合化学价规律，但相对应的化合物却具有相同的电子浓度和相同的晶体结构类型。例如Cu-Zn 二元系中，随锌含量增加依次出现 α(CuZn)、β(Cu_5Zn_8)、γ($CuZn_3$)三种化合物，其电子浓度分别为 3/2、21/13、7/4，其对应的晶体结构分别为体心立方、复杂立方（称 γ 黄铜结构）和密排六方。在其他铜合金、银合金及金合金以及一些铁、镍合金中均可发现类似化合物。因此，将这类化合物称为"电子化合物"或"Hume-Rothery 相"。在计算含有过渡族元素铁、镍等化合物的电子浓度时，将过渡族元素价电子浓度视为零。

决定电子化合物晶体结构的基本因素是电子浓度，但尺寸因素和电化学性质等对结构也有影响。例如，电子浓度为 3/2 的电子化合物，当两组元的原子尺寸相近时，倾向于形成密排六方结构；当原子尺寸相差较大时，则倾向于形成体心立方结构。与铜形成电子化合物的第二组元化合价增高，有利于形成密排六方和 β-Mn 结构（复杂立方），而不利于形成体心立方。有的结构还受温度影响，如 Cu_3Ga 在高温时为体心立方，低温时为密排六方。

电子化合物的成分可在一定范围内变化，在相图中表现为有一定成分范围的单相区，因此其电子浓度亦可在一定范围内变化，此时就可以将它们视为以化合物为基的固溶体。

电子化合物以金属键结合为主，它们具有明显的金属特性。有的电子化合物，如 β（CuZn）存在着无序向有序转变，高于 450℃ 为无序状态，低于 450℃ 则为 B2 型结构的有序固溶体相（β'）。

（3）原子尺寸因素化合物

当形成金属间化合物的组元原子间直径相差大时，则形成主要受尺寸因素的支配。这类化合物有两种类型：即间隙相和拓扑密堆相。铜合金中一般不存在间隙相，故下面主要介绍拓扑密堆相。

若将纯金属原子视为等径刚性球，它们在空间的堆垛只能是由等棱四面体和八面体构成的面心立方和密堆六方结构这两种最密堆的结构，能够得到的最大配位数均为 12，存在着四面体和八面体两种间隙，这种密堆结构称为几何密堆相。由于四面体间隙比八面体间隙小，所以如果都是四面体堆垛的话，空间利用率比较高。但是，一种等径原子堆垛不可能由四面体堆满整个空间，因此等径原子纯金属一般只能堆垛成配位数为 12、致密度为 0.74 的几何密堆结构。

如果用大小不同的两种原子进行最紧密堆垛，通过合理搭配，就有可能获得全部或主要由四面体堆垛中整个空间，达到空间利用率和配位数更高的密堆结构，配位数可为 12、14、15、16。这种结构称为拓扑密堆结构。具有这种结构的中间相称为拓扑密堆相。拓扑密堆相很多，最常见的有 Laves 相、σ 相、χ 相、μ 相等。后三种多出现在合金钢中，而铜合金中存在 Laves 相，如 Cu_2Mg、Cu_3Mg_2Al 就是 Laves 相的典型代表。

7.3　铜合金中的相变

相变在自然界是非常普遍的现象。物质三态的相互转变、固态物质内部结构的转变等都属于相变的范畴。

固态相变是材料科学中的一个重要课题，固态物质内部结构的转变（即固态相变）是金属材料热处理的基础。通过固态相变的热处理，可以改善材料的性能，强化材料，充分发挥材料的潜力。因此，了解固态相变的基本规律，掌握适当的控制相变过程的方法，对于研制新材料和改善现有材料的性能有着非常重要的意义。

铜合金中发生的固态相变类型很多，例如无序-有序转变（如 Cu-Zn 系、Cu-Al 系等）、共析转变、脱溶转变、Spinodal 分解（调幅分解）、贝氏体转变（如 Cu-Zn、Cu-Al、Cu-Sn 等合金系）、马氏体转变及块型转变（如 Cu-Zn、Cu-Al 等合金系）等。不同的合金系中相变类型不同，同一合金系在不同条件下也可能发生几种不同类型的相变，可以说就所发生的固态相变类型而言，铜合金比铝合金要复杂得多。

7.3.1　无序-有序转变

在许多合金系统中，符合一定成分范围的合金，在高温时，原子排列呈无序状态，而在低温时则呈有序状态，这种转变随温度的上升和下降是可逆的，且是在一定的温度范围内进行的，故称这种转变为无序-有序转变。如铜与贵金属形成的固溶体合金、铜-锌和铜-铝等系固溶体、中间相（如 Cu-Zn 系中的 CuZn）在一定条件下（成分、温度）会发生无序-有序转变。

7.3.1.1　无序-有序转变机制

由无序到有序状态的转变机制有两种观点。

第一种观点认为，超结构形成是形核至长大的过程。温度在 T_c 以上，晶粒内存在的短程有序小区可作为有序相晶核，温度降低，这些小区尺寸加大，直至 T_c 时，这些小区相互接触，形成一种由大量小有序区（有序畴）组成的网络状结构。由于有序小区各自形成，当它们相遇时，相位上不一定一致（即不同种类原子排列方式可能不一致），它们之间的界面（畴界）可能为反畴界，因而整个结构必然是一种反相畴结构，如图 7.6 所示。

与大多数其他相变比较，有序相形核时表面能及应变能较小，因为晶格常数与晶格类型的改变不如其他相变大，因而形核功较小，这就使有序相晶核能在原来无序固溶体晶粒内均匀生成，而不会只在晶界或其他缺陷处局部产生。

生成反相畴结构较为迅速，因而在 $T < T_c$ 温度以下，有序化的主要过程是有序畴的长大。与此同时，畴内有序度也不断增加。由完全有序的有序畴形成的反相畴结构，在许多方面类似于多晶体，畴界具有高的反相畴界能。根据热力学，当真正达到平衡时，畴界会消失。但有时可能会产生

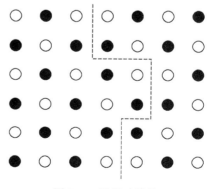

图 7.6　反相畴结构

一种亚稳结构，此时反相畴结构会长期保留下来。有序畴的长大分为两个阶段，首先畴界收缩成一系列平面或接近平面的畴界，此后畴的长大变得更为缓慢，畴界处原子改变相位可通过位错的移动或高度协同的运动来达到。在条件允许时，小畴消失，大畴长大，有序畴将一直长大到晶粒尺寸数量级为止。

第二种观点认为，生成超结构的反应是在整个晶体的所有部分同时发生的，以连续的原子交换方式进行。因而是一种均匀反应。而且，在 $T<T_c$ 的超结构稳定区域内，长程有序程度随温度改变而发生的变化显然也可认为是均匀反应。

有序化转变速度与温度有关。同一合金无序相及有序相一般结构相近，有序化驱动力不大，当温度略低于 T_c 时，因成核难，反应缓慢，形成尺寸较大的有序畴，温度降低，转变会加速，因为驱动力较大易于形核，但有序畴尺寸较小，长大过程相应会缓慢一些。因此，由于形核速度和长大速率的综合影响，有序化过程也会具有 S 形动力学曲线，另外，有序化转变速度还与合金的本性有关。Cu-Zn 合金中 β 相超结构形成的时间短得无法测量，因而不能将无序状态用淬火方法固定到室温，但是，形成 Cu_3Au 超结构需要数小时，而 Ni_3Mn 超结构的生成则需要一个星期以上，以上三种合金无序相熔点相近，无序-有序转变温度也相近，反应速率不同主要是它们结晶学上的差别造成的，Bragg 指出，有序化速度主要取决于有序畴的长大速率，而有序畴的长大难易与不同种类原子在有序相中可能存在的分布方案数有关。Cu-Zn 合金中 β 相为最简单体心型结构，这种结构只有两种方案，即铜原子占据单位晶胞角部而锌原子占据心部或相反，因而只有一种反向畴界，易于改变相位形成长程有序。Cu_3Au 合金具有 $L1_2$ 型超结构，原子分布可能有四种方案，因而达到完全有序缓慢。此外，原子扩散速率不同也是造成有序化速率差别的原因之一，但对于是否形成亚稳定的反相畴结构，影响是极次要的。

7.3.1.2 有序化强化及其本质

从无序到有序的转变可使合金强度明显提高，如 Cu-Au 合金时效处理后，合金有序化使强度提高近一倍。但应指出的是，强度性质是当达到一定的有序程度（即一定尺寸的有序畴）时才达最大值，此后随有序程度增加，强度又会降低，当完全有序化时，强度性能处于较低值。例如 Cu_3Au 合金在 350℃ 退火 5min 后迅速冷却的样品达最高强度，此时，该合金的有序畴尺寸约 6nm 左右，有序畴尺寸增大，强化效应降低。

目前，利用有序化强化效应来强化的铜合金有 Cu-8Al-2Ni、Cu-2.8Al-1.8Si-0.4Co、Cu-22.7Zn-3.4Al-0.4Co 及 Cu-22.7Zn-3.4Al-0.6Ni 等。

研究认为，有序化过程中合金强化可能有两个原因：①位错运动在有序畴内造成反相畴界。有序化过程开始时，有序畴界很小，畴内无法产生一定宽度的超点阵位错，则常规位错的运动使有序畴内产生反相畴界。有序畴尺寸增大，所产生的反相畴面积增大，因而强度性能升高。有序畴达一定尺寸后，畴内可产生超点阵位错。自此，虽然畴尺寸增大，超点阵位错密度不变，不会增加位错本身导致的反相畴界面积。由于位错运动穿越的畴界减少，强化作用将随畴尺寸增大而下降，直到完全有序状态所对应的数值为止。②应变强化。有序化除使邻近原子种类发生变化外，一些合金原子间距也会发生明显变化。例如，由无序的立方晶格转变成有序正方晶格，就会在晶格中造成一种应变，产生很大的强化效应。

7.3.2 调幅分解

调幅（Spinodal）分解现象的发现首先来自对铜合金的研究，20 世纪 40 年代初，Bradley 将 Cu-Ni-Fe 合金淬火后在某温度下退火，在 X 射线衍射分析中发现了卫星线。Daniel 和 Lipson 在随后的研究中发现，卫星线的现象可用晶体中沿某方向成分呈周期性分布来解释，并推算出周期性调幅组织的周期约 10nm 左右。60 年代初，Hillert 首先解释了上坡扩散现象，接着 Cahn 提出了 Spinodal 分解的原始理论。

调幅分解会产生所谓的"调幅组织"。在调幅分解过程中，固溶体中产生一个高于平均浓度的溶质原子偏聚区，在偏聚区周围将出现溶质贫乏区。贫乏区又造成了它外沿部分的浓度起伏，这又是再次构成原子偏聚的条件。如此的连锁反应将使浓度起伏现象迅速遍及整个固溶体晶格。这种浓度起伏具有周期性，恰似弹性波的传递，称为成分波。成分波具有正弦波性质。溶质进一步偏聚，成分波的振幅加大，由于浓度差增大导致的弹性应变能增加，最后将使共格性消失而出现明显的相界面。Spinodal 分解时成分波的形成及振幅增大依靠溶质原子的上坡扩散。

Spinodal 分解过程中在出现明显相界面之前，溶质浓度高的偏聚区将始终维持规律性分布，这就是调幅组织的特征。调幅周期即为成分波波长，它与成分、温度有关。当存在调幅组织时，在 X 射线衍射图上会出现"卫星线"和"卫星斑"。调幅组织也有一定的方向性，在像铜合金这样的立方系中，成分波传播矢量沿立方轴方向。这种分解的开始必须形成具有一定浓度的晶核，而晶核长大依靠周围基体中溶质原子的正常扩散来进行。晶核形成不仅需要浓度起伏，更需要能量起伏，因而一般不出现溶质偏聚周期性分布的特征。

许多二元系或三元系中在发生 Spinodal 分解的同时，还观察到了有序现象。调幅分解是异类原子趋向于相互分离，而有序是异类原子相互吸引，因此两种现象同时共存似乎矛盾，但若考虑 Spinodal 分解为一种长程作用，调整幅周期达数十埃至数百埃，而有序是一种近邻作用，那么两种现象共存就可以解释，这种现象称为 Spinodal 有序，在 Cu-Ti、Cu-Ni-Sn 合金中均观察到了这种 Spinodal 分解和连续有序现象。

Spinodal 分解生成调幅组织，可以有效地提高合金的强度性能。目前，在工业中也有应用，如 Cu-30Ni-2.8Cr 合金，在 900～1000℃ 保温，然后在 760～450℃ 区间慢冷，可以得到调幅组织，获得最高力学性能。其他可进行 Spinodal 分解热处理的铜合金还有 Cu-Ni-Sn、Cu-Ni-Sn-Nh、Cu-Ni-Si 等。

7.3.3 时效转变

过饱和固溶体在热力学上是亚稳定的，在一定的条件下（加热至一定温度，使原子扩散能力增强）会自动发生分解过程，析出多余的第二相，使固溶体达到所处温度下的平衡（饱和）状态，这个过程就是时效过程，这种转变称为时效（脱溶）转变。在时效（脱溶）过程中，合金将产生强化现象，时效强化是某些铜合金（如 Cu-Be、Cu-Cr、Cu-Zr）的重要强化手段。

时效过程就是过饱和固溶体的分解过程。根据固态相变的阶次规则，时效过程往往具有阶段性，即通常在平衡脱溶相出现之前会出现一种或两种亚稳定的结构。通过 X 射线衍射分析及电子显微镜研究证明，时效的一般顺序如下：

过饱和固溶体→偏聚区（或称 GP 区）→过渡相（亚稳相）→平衡相

时效时不直接析出平衡相的原因在于，平衡相一般与基体形成新的非共格界面，界面能高，而亚稳定的时效产物往往与基体完全或部分共格，界面能低。在相变初期，界面能起着关键性的作用。界面能小的相，形核功小，容易形成。所以首先形成形核功小的过渡结构，再演变成平衡稳定相。

但是，时效过程极为复杂，并非所有合金的时效均按同一顺序进行。如各个合金的时效序列不一定相同，有些合金不一定出现 GP 区或过渡相；同一系不同成分的合金，在同一温度下时效，可能有不同的时效序列；过饱和度大的合金更易出现偏聚区（GP 区）或过渡相；同一成分合金，时效温度不同，脱溶序列也不一样；合金在一定温度下时效，由于多晶体各部位的能量条件不同，在同一时期可能出现不同的脱溶产物。

根据时效析出相与基体间界面的结构，析出相与界面间主要有完全共格、部分共格及非共格三类。在不同条件下，同一合金可能析出不同界面结构的析出相。例如 Cu-Be 合金中的 GP 区为完全共格的脱溶相，γ' 为部分共格脱溶相，而 γ_2 则为非共格脱溶相。

时效时由过饱和固溶体中析出的相主要有薄片状（一般为盘状）、等轴状（一般为球状或立方体）及针状等基本形状。析出相的形状主要取决于两个因素，即界面能及应变能。等轴状脱溶相具有最小界面能，若使应变能最小，则应呈薄片状。因此，究竟脱溶相是何种形状，由起主要作用的因素而定。

完全及部分共格脱溶相在相界面上晶格连续过渡，因而弹性应变由界面附近的基体扩展到脱溶相内部，两相晶格错配度愈大，则应变能愈大。当固溶体组元间原子直径差<3％时，共格脱溶相的形状主要按界面能最小原则趋于等轴状。当组元原子直径差≥5％时，应变能较高，为降低应变能，共格脱溶相就呈薄片状（盘状）。有时共格脱溶相呈针状，这种形状较盘状脱溶相应变能大，但比等轴状应变能小。生成非共格脱溶相时，无共格应变能，但基体与脱溶相总会存在比容上的差异。在基体与脱溶相比容差很小时，不论什么形状比容应变能都不大，因此脱溶相将力图使界面能减小而呈球状。反之，在比容差很大时，应变能的作用占优势，将使脱溶相变成片状而使应变能减小。当应变能及界面能的作用相当时，脱溶相可能以针状出现。

时效处理是某些铜合金的主要强化手段。金属的强度是由位错的产生和位错的可动性所控制的。经时效的合金，强度的增量来自弥散脱溶相与位错的交互作用，这种作用机制可分为两类：①在质点周围生成位错环的机制。当脱溶质点尺寸一定时，脱溶质点体积分数愈大，强化值愈大。当体积分数一定时，强化值与脱溶质点半径成反比，质点愈小，强化值愈大。②脱溶质点被位错切割的机制。

图7.7综合了两种主要机制的强化值，即屈服临界切应力增量。由奥罗万机制所产生的屈服切应力增量 Δr 与质点半径关系用线 A 表示。原则上，在达到临界切应力增量前，Δr 随质点尺寸减小而增大，临界切应力增量就是强化的上限。质点被位错切割机制导致的强化增量如曲线 B 所示。位错在质点周围成环只是在位错无法切过质点时才有可能，因此，当质点半径由零开始增加时，屈服应力增量会循曲线 B 增大直至与线 A 相交为止。此后，位错在质点周围成环较切割质点易于进行。因此，在质点半径继续增大时，屈服临界切应力增量不断减小，说明强化作用在质点粗化时降低。

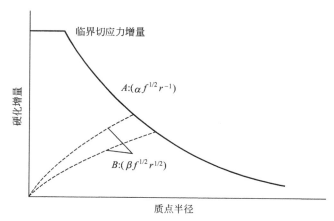

图 7.7　质点半径对强化的影响

在实际工作中，要得到高强度合金，首先希望获得体积分数大的脱溶相。因为在一般情况下，如果其他条件相同，脱溶相的体积分数愈大，则强度愈高。例如，Cu-Be 合金具有较高的体积分数，强度可达 980MPa，这是时效强化合金的突出例子。休积分数大的合金要求高温下固溶度大，通常可由相图来确定获得高固溶度的成分及工艺。影响强化的第二个因素是第二相质点的弥散度。一般来说，平衡脱溶相与基体不共格，界面能比较高，形核的临界尺寸大。晶粒长大的驱动力也大，不易获得高度弥散的质点。因此，生成 GP 区以及共格或部分共格的过渡相可使合金得到高的强度。通常，为使合金有效强化，脱溶相间的间距应小于 $1\mu m$。影响强化的另一个因素是脱溶相质点本身对位错的阻力。大的错配度引起大的应变场，对强化有利，界面能或反相畴界能高，也对强化有利。这些都是时效强化合金时所需考虑的因素。

7.3.4　共析转变

共析转变指在一个固溶体中同时析出两个或两个以上固相的转变。图 7.8 为一含有共析转变的二元相图的示意图，成分为 C_γ 的合金在 t_E 温度以下将由 γ 相分解为成分为 C_α 的 α 相和成分为 C_β 的 β 相，即

$$\gamma\ (C_\gamma) \longrightarrow \alpha\ (C_\alpha) + \beta\ (C_\beta)$$

此即为共析转变。转变形成的是 α 相和 β 相的机械混合物，称为共析体或共析组织。

共析转变是形核长大的过程，其形核一般优先在母相晶界上进行。在共析转变的形核过程中，两个新生相中必然有一个领先形核。假定图 7.9 中 C_γ 合金共析转变时先在 γ 相晶界形成一片 β 相，由于 β 相溶质浓度高，使 β/γ 界面处溶质贫乏，又促使 α 相形成，这样相互促进形成的 α+β 便构成了共析体的晶核。晶核形成之后，一方面以重复形核的方式向侧面（横向）扩展，同时由于 α/γ 界面和 β/γ 界面前沿溶质浓度差并引起溶质原子扩散而向端向（纵向）长大，最后使 γ 相全部转变为（α+β）共析组织。

由图 7.8 可知，亚共析合金（成分在 C_α 与 C_γ 之间）和过共析合金（成分在 C_γ 与 C_β 之间）从 γ 相区连续冷却时，在发生共析转变之前会从 γ 相中分别先析出 α 和 β，这种先析出的初晶相（α 或 β）称为先共析相。在极缓慢冷却情况下，先共析相的析出温度及析出量可根据相图确定。但在实际冷却条件下，给定成分合金（如 C_1 合金或 C_2 合金）先共析相析出的温度以及共析反应的开始和终了温度都与从 γ 相区冷却时的冷却速度有关，即与发生转变时的过冷度有密切的关系。

为了表示不同过冷度下等温转变的转变速率和转变产物的变化，一般采用等温转变曲线即 TTT 曲线（time temperature transformation）来描述。图

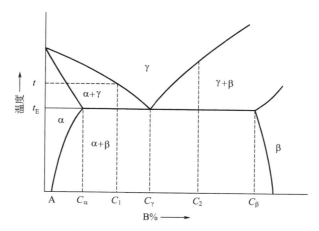

图 7.8 具有共析转变的二元相图

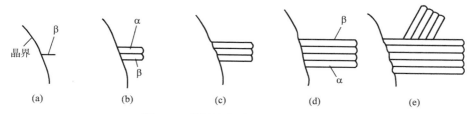

图 7.9 共析转变形核和长大示意图

7.10 为图 7.8 中 C_1 合金亚稳 γ 固溶体转变的 TTT 示意图。

由图 7.10 可知，图 7.8 中的 C_1 合金自 γ 相区冷至 $t_1 \sim t_E$ 区间等温保持时，只析出 α 相初晶，过冷度较大时，开始析出先共析相的时间缩短。合金过冷至 t_E 以下时，在 α 先共析相析出后，随时间延长会发生共析反应，生成（α+β）共析产物。随过冷度增大，α 先共析相开始析出的时间进一步缩短。当过冷至某一温度以下时，α 先共析相的析出将完全被抑制，C_1 合金（虽然不是共析成分）的 γ 相会完全转变成共析组织。这种共析组织称为伪共析组织。

铜合金中发生共析转变的合金系很多，包括 Cu-Al、Cu-Sn、Cu-Sb、Cu-Be、Cu-Ga、Cu-Ge、Cu-In、Cu-Si 等。一般情况下，变形铜合金中的共析转变会生成脆性的共析产物，因而应予避免。其中在实际生产中有较大影响的有 Cu-Au 二元系富铜端的共析转变（图 7.11）。

图 7.12 为 Cu-11.8%Al 合金在 800℃固溶处理后随炉冷却得到的共析产物，类似于 Fe-C 合金中的珠光体。图中白色为 α 相，黑色为 γ_2 相。其中的 γ_2 相为一硬脆相（520HV）。

含 8.5%～11%Al 的铝青铜在缓慢冷却时，β 相分解为共析体（α+γ_2），并形成条状的粗大 γ_2 颗粒，导致合金变脆，这一现象称为自动回火，实际生

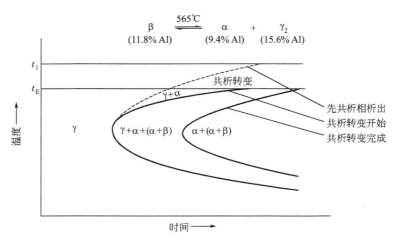

图 7.10 亚共析合金 TTT 示意图

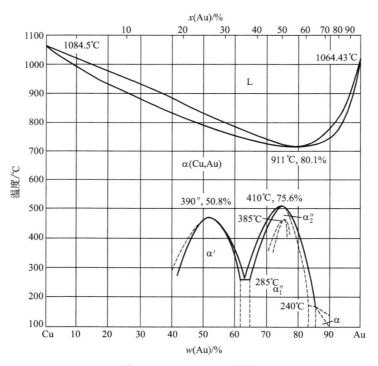

图 7.11 Cu-Au 二元相图

产中应当避免。在 Cu-Al 合金中加入铁、锰等元素可抑制自动回火脆性。

Cu-Al 铜合金中的 β 相的共析分解比较缓慢，在快速冷却时，分解反应来不及进行，β 相将以无扩散型相变转变为马氏体 β'。实验表明，含铝量较高时转变为马氏体 β' 要经过一个中间过渡阶段，即先形成有序相 β_1，而后才转变

为马氏体 β′（或 γ′），即

$$\beta \xrightarrow{\text{有序化}} \beta_1 \xrightarrow{\text{无扩散相变}} \beta'\ (\gamma')$$

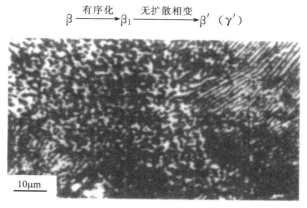

图 7.12　Cu-11.8％Al 合金的共析产物（800℃）

如图 7-13 所示，图中 β 为体心立方晶格的固溶体，β_1 为有序固溶体，β′ 和 γ′ 为含铝量不同的马氏体。工业用二元铝青铜中的含铝量通常不超过 13％，因此，它们在快冷后往往得到的是 β′马氏体组织。

由于 Cu-Al 合金中过冷 β 相转变产物比较复杂，故其 TTT 图也比较复杂，图 7.14 为 Cu-12Al 合金自 950℃淬火后再生不同温度下进行回火时的等温转变图。参考该图可以大致确定获得所需组织的回火温度和时间。

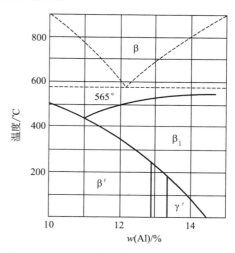

图 7.13　Cu-Al 合金快冷时 β 相的转变

7.3.5 马氏体相变

将钢淬火可使钢变硬这一现象在古代就已为人们所知，但直到 19 世纪才了解这种硬化的本质在于淬火后钢中生成了一种硬而脆的相。科学家将这种相命名为马氏体，并将钢由奥氏体转变为马氏体的相变称为马氏体相变。20 世纪 40 年代前后，不但在铁合金中，而且在铜等很多有色金属及合金中也发现了马氏体相变。这些马氏体相变的特征与钢中马氏体类似。如无扩散性；表面浮凸；惯析面及其不应变性；与母相间具有一定的位向关系；马氏体内有亚结构以及相变的可逆性等。

在铜合金中，发现 Cu-Al、Cu-Sn、Cu-Zn 和 Cu-Ga 系合金中都存在由 β 相转变成的马氏体。由其相图和形成马氏体的浓度范围可以看出，各合金系的

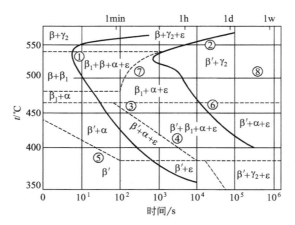

图 7.14　Cu-12Al 合金等温转变图
① 共析转变开始；② 共析转变终止；③ β′相上限；④ 最初出现的 β₁ 相；
⑤ 开始出现 α 相；⑥ β₁ 相转变终止；⑦ β 相转变终止；⑧ 共析组织

马氏体形成温度（M_s）均随溶质浓度增加而降低，若在这些二元合金中加入第三组元，其规律性相同。

Cu-12Al 合金的 β_1' 马氏体金相组织为层错马氏体，层错可横贯整个马氏体片，而中止在不全位错处。Cu-14Al 合金中的 γ′ 马氏体的内部亚结构为孪晶，其孪晶带宽约为 $10\sim50\mu m$，由同一孪生系形成，横贯整个马氏体片，孪晶带内还有细层结构。

铜合金马氏体强化主要为固溶强化，其马氏体的强度一般在固溶体强度的外延线上，马氏体的弹性模量也符合这种外延规律。

另一个重要的强化因素是有序化效应。如 Cu-Al 合金马氏体的固溶强化效应不大，但显示出有序化强化。其合金中的马氏体有 β′（六方或面心立方，$20\sim22.5$Al）和 β_1' 马氏体（正方，$22.5\sim26.5$Al）。在马氏体范围的硬度高于固溶体，淬火冷速较小时，形成有序程度较高的马氏体，因而显示较高的硬度。在 20.7％Al 和 22％Al 之间硬度（峰值）的差值，表示无序马氏体 β′ 和有序马氏体 β_1' 之间的硬度差。在 β′ 范围内，硬度差表示成分偏离理想完全有序相时硬度降低。无序马氏体 β′ 的硬度高于退火固溶体，原因在于淬火时形成的点缺陷和不均匀切变所形成的层错强化。可见，在这些钢合金中，马氏体的强化效应是固溶强化（超过相变强化）、有序化强化和相变强化的综合效应。

7.3.6　脱溶转变

发生脱溶转变的前提是获得过饱和固溶体。除少数情况外，一般都先进行固溶处理，才能获得过饱和固溶体。

图 7.15 为具有溶解度变化的二元合金相图。图中成分为 C_0 的合金在室

温下的平衡组织为 $\alpha+\beta$ 两相，α 为基体固溶体，β 为第二相。若将其加热至 t_1 温度，β 相将溶入基体而得到单相 α 固溶体，这就是所谓固溶化。如果以足够快的冷却速度将 C_0 合金从 t_1 温度冷到室温，由于溶质原子来不及进行扩散和重新分配，α 相中不可能析出 β 相，此时得到的是成分为 C_0 的 α 单相过饱和固溶体。这种处理称为固溶处理。

值得注意的是，经过固溶处理后，不一定都是单相的过饱和固溶体。如 C_0 合金在低于共晶温度的任何温度下都含有 β 相。将其加热至 t_1，合金的组织为 m 点成分的饱和 α 固溶体和 β 相。如果自 t_1 温度淬火，α 固溶体中的 β 相来不及析出，合金的室温组织与高温时相同（α 相 $+\beta$ 相），但 α 相为过饱和的固溶体。

经过固溶处理后合金性能的变化与诸多因素有关，不同合金的性能变化大不相同。一些合金固溶处理后，强度提高而塑性降低；另一些合金则相反，固溶处理后强度降低而塑性提高，还有些合金强度与塑性均有所提高。但是，在包括铜合金在内的基体不发生同素异构转变的合金中，经固溶处理后基本上未发现急剧强化及塑性明显降低的现象，变形合金最常见的情况是在保持高塑性的同时提高强度。有少数合金固溶处理后与退火状态相比，强度降低而塑性提高，其典型代表是铍青铜（QBe2）。该合金冷变形后经退火处理，其强度为 539MPa，伸长率为 22%；若冷变形后进行固溶处理，则强度为 500MPa，伸长率提高至 46%。因此，像铍青铜这类合金，在其半成品生产过程中，为提高或恢复冷变形塑性往往采用淬火而不用退火，亦即利用固溶处理作为冷变形之前的软化手段，起中间退火的作用。

过饱和固溶体在热力学上是亚稳定的，在一定的条件下，它会发生分解。如图 7.15 中的 C_0 合金，若将通过淬火所获得的过饱和 α 固溶体重新加热至 t_2 温度，则由于原子扩散能力的增强，β 相会自 α 相中重新析出，同时使 α 固溶体达到所处温度（t_2）下的平衡状态（O 点成分），这个过程就是脱溶过程（时效过程），这种转变称为脱溶转变。在时效（脱溶）过程中，合金将产生强化现象。

脱溶过程明显遵循固态相变的阶次规则，整个过程往往分阶段进行，即在形成平衡相之前会出现一种或几种亚稳定的结构。时效时脱溶的一般顺序为：

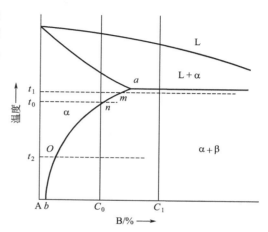

图 7.15　具有溶解度变化的二元合金相图

过饱和固溶体→偏聚区（或称 GP 区）→过渡相（亚稳相）→平衡相。

例如，Al-Cu 合金（其平衡相为 θ 相——CuAl₂）的脱溶顺序为：过饱和固溶体→GP 区→θ''→θ'→θ（CuAl₂）

上述脱溶产物中，GP 区是溶质原子的偏聚区，其晶体结构与基体相同，因为富集了溶质原子而使原子间距有所改变。它们与基体完全共格，界面能小，但可能导致较大的共格应变，产生高的应变能。GP 区尺寸很小，其大小与时效温度有关，在一定温度范围内，GP 区尺寸随时效温度升高而增大。过渡相与基体可能有相同的晶体结构，也可能晶体结构不同，它们往往与基体共格或部分共格，并有一定的结晶学位向关系。由于过渡相与基体在晶体结构上的差别比 GP 区与基体更大一些，故过渡相的形核功比 GP 区大得多。为降低应变能和界面能，过渡相往往在位错、小角度晶界、堆垛层错及空位团处不均匀形核。因此，它们的形核速率主要受材料中位错密度的影响。此外，过渡相也可以在 GP 区中形核。平衡相的成分与结构均处于平衡状态，一般与基体非共格结合，但有一定的结晶学位向关系。平衡相形核是不均匀的，由于界面能很高，故往往在晶界或其他明显的缺陷处形核以减小形核功。

应当指出，脱溶过程极为复杂，合金不同或条件不同，可能出现不同的脱溶顺序。例如 Cu-Be（铍青铜）合金的脱溶序列为：过饱和固溶体→偏聚区（γ'' 相）→过渡相（γ' 相）→平衡相（γ₂）；而 Cu-Co 合金则为：过饱和固溶体→偏聚区→平衡 β（α-Co）相，在后者的脱溶过程中就不出现过渡相。在同一合金系成分不同的合金中，过饱和度大的合金更易出现 GP 区或过渡相。合金成分一定时效温度不同，脱溶情况也不一样。通常时效温度高，GP 区或过渡相可能不出现或出现的过渡结构种类较少，温度低时则可能只停留在偏聚区或过渡相阶段。即使一定成分的合金在确定的温度下时效，晶体内部不同部位也可能由于能量条件不同而在同一时期出现不同的脱溶产物。例如，在晶内广泛出现 GP 区或过渡相的同时，在晶界可能出现平衡相，亦即 GP 区、过渡相和平衡相在同一合金中出现。

7.3.7 贝氏体相变

产生马氏体相变的非铁金属合金多有发生贝氏体相变的，早在 1938 年 Greniger-Mooradian 发现，60：40 黄铜在相变过程中发生相变应变和结构的变化。1942 年 Smith 指出，含 38.0%～56%Zn（质量分数）的 β 相 Cu-Zn 合金，经 850℃加热后快速冷至室温，可使 β 相转变为具有 CsCl 结构的有序 β′ 相。Titchener-Wever 的实验表明，β′ 相冷却到 M_s 点以下，或在 M_d 点以下形变，可转变为马氏体。而在 M_s 点以上等温，则出现一非稳定相，它类似于钢中贝氏体，故称之为贝氏体。Garwood1954 年报道，如将 Cu-41.3Zn 合金经 820℃固溶处理后，迅速淬入 170℃～470℃盐浴中，于 350℃以下等温时，形

成片状 α_1 产物，而在 350℃ 上等温，则出现不规则碎片、杆状或针状的 α_1 产物，并首先见到 α_1 片具有类似于柯-Cottrell 在钢中贝氏体相变时所发现的表面倾动效应，于是便认为 α_1 片为 Cu-Zn 合金的贝氏体。Flewitt-Towner 以 40.5Zn～44.1Zn 的 Cu-Zn 合金经淬火所得的亚稳 β' 相在 M_s 点以上回火，观察到两种沉淀产物，在较高温度等温时呈杆状，在较低温度等温时呈片状，两者均呈现表面倾动效应，但对应着各自不同的转变曲线。α_1 片的形成表现出长大缓慢特征，很像 Fe-C 合金等温形成的贝氏体，使确定 α_1 片为 Cu-Zn 合金的贝氏体。至今已相继在许多非铁金属合金中，诸如 Cu-Al，Ag-Cd，Ag-Zn，Au-CdC91，Cu-Sn，Cu-Be，Al-Ag，In-Pb 和 U-Cr 等合金中观察到类似贝氏体的相变及其组织。

目前，有关非铁金属合金贝氏体的研究，人们更多的是着眼于相变机制本质的揭示。长期以来，Fe-C 合金贝氏体相变机制的探索存在切变和扩散两种观点剧烈的争论，同样的争论亦见于此，且同等的剧烈。这是必然的发展，关于相变机制的思考有其连贯性和共性。另外，观点分歧是暂时性的，终将协调统一，这个发展趋势也是必然的。

现在得到较多研究的 Cu-Zn 和 Cu-Zn-X（X＝Al、Ag、Au 等）的 α_1 相变具有不变平面切变应变性质的表面浮凸效应，其惯析面和相变取向关系类似于相同成分合金低温马氏体相变，相变晶体学与马氏体相变晶体学表象理论符合得很好。所有这些是各学派所共同认定的。如今虽然很多问题的观点仍有矛盾，但并非莫衷一是。这些问题是：①相变孕育期的实质，与溶质贫化微区的形成；②初生贝氏体片层错亚结构的存在；③在 α_1 片形成过程中溶质元素成分的变异；④相变产物对母相长程有序（long period stacking order-LPSO）的保持与继承；⑤片相界面结构；⑥相变动力学的 Frank-Zener 模式和 Trivedi 模式；⑦α_1 片全饱和假定和相变热力学计算；⑧切变—扩散耦合机制与扩散控制台阶长大机制。

7.4　铜合金材料的应用

铜被广泛应用于航空航天、海洋工艺、电气工业，例如仪器仪表、罗盘、雷达、蜗轮、轴瓦、舰船、饮用水管道、家用电器、形状记忆合金、超弹性和减震性合金等。

7.4.1　铜在电气工业中的应用

经济的发展使电量需求大量增加，而在电力的输送过程中需要消耗高导电性的铜，主要用于动力电线电缆、变压器、开关等。在电线电缆的输电过程中，由于电阻发热而白白浪费电能。我国在过去一段时间内，由于铜供不应求，且铝的比重只有铜的 30%，在希望减轻重量的架空高压输电线路中曾采取以铝代替铜的措施。但从保护环境方面考虑，需要将空中输电线转为铺设地下电缆。这样铝与铜相比，存在导电性差和电缆尺寸大等缺点。

电机使用的电能约占全部电能供应的 60%。如果电机效率提高，不但可以节能，还可以获得显著的经济效益。开发和应用高效电机，是当前世界上的一个热门课题。在电机制造中广泛采用高导电和高强度铜合金，如电机的定子、转子和轴头等。

7.4.2　铜在电子工业中的应用

在电子工业的发展过程中，需要不断开发铜合金的新产品。目前它的应用已从电真空器件和印刷电路，发展到微电子和半导体集成电路。

电真空器件是由电子通过真空或气体的运动来实现电传导的一种器件。在通讯、电子、工业加热、民用家电、国防建设等领域大量应用。电真空器件主要用的材料为高纯度无氧铜和弥散强化无氧铜。

铜印刷电路，是把铜箔作为表面，粘贴到作为支撑的塑料板上，用照相的办法把电路布线图印制在铜版上，通过侵蚀把多余的部分去掉而留下相互连接的电路。采用印刷电路可以节省大量布线和固定回路的劳动，因而得到广泛的应用，这就需要消耗大量的铜箔。

7.4.3　铜在交通运输方面的应用

铜合金具有良好的耐海水腐蚀性能，如铝青铜、锰青铜、铝黄铜、锡黄铜、锡锌青铜已成为造船的标准材料。在军舰和商船的自重中，铜及铜合金占 2%～3%，其螺旋桨都用铝青铜或黄铜制造。

铜的标准电极电位约为 +0.34V，电位高于铁的 -0.44V，因此铜的耐腐蚀性能良好，在许多介质中都是很稳定的。大部分铜合金在大气和海水中有很高的耐腐蚀性能，在稀的非氧化性氢氟酸、盐酸及磷酸中亦有很高的化学稳定性。

铜在汽车中主要用于制造散热器、变速箱同步齿环、汽车电气、电子接插件、空调、制动器、增压器、气门嘴等。

我国汽车工业已进入高速增长期，汽车产销量逐年大幅增加，汽车零部件的需求量也随之快速增长，给汽车用铜合金提供了广阔的市场空间。随着电动汽车研发和应用步伐的加快，未来汽车的用铜量将会有大幅增加。

铜在飞机上也有很多的应用，如飞机中的配线，液压、冷却和气动系统均需使用铜合金。飞机起落架轴承采用铝青铜管材，导航仪表应用抗磁合金，众多仪表中使用铍铜弹性元件等。

铍青铜是典型的沉淀强化型高传导、高弹性铜合金。它除具有高的强度、弹性、硬度、耐磨性和抗疲劳性等优点外，还具有优良的导电性、导热性、耐蚀性、耐高低温、无磁、冲击时不产生火花等特性。由于铍青铜具有仪表小型化必不可少的独特性能，使其在飞机仪表中得到大量的运用。

7.4.4　铜在轻工业方面的应用

在铜镍二元系合金中添加第三元素锌，则得到一系列具有美观银白色的锌白铜合金。它具有优良的耐磨性及抗应力松弛能力，较高的弹性和强度，良好的耐蚀性等，使其在医药行业中的光学仪器等方面得到大量应用。

印刷中用铜版进行照相制版。表面抛光的铜版用感光乳胶敏化后，在它上面照相成像。感光后的铜版需加热使胶硬化。为避免受热软化，铜中往往含有少量的银或砷，以提高软化温度。在自动排字机上，要通过黄铜字型块的编排，来制造版型，这是铜在印刷中的另一个重要用途。字型块通常用的是含铅黄铜，有时也用铜或青铜。

◆ 参考文献 ◆

[1] 李见. 材料科学基础. 北京：冶金工业出版社，2000.

[2] 石德珂. 材料科学基础. 北京：机械工业出版社，2003.

[3] 康煜平. 金属固态相变及应用. 北京：化学工业出版社. 2007.

[4] 徐洲，赵连城. 金属固态相变原理. 北京：北京科学技术出版社，2006.

[5] 崔忠圻，覃耀春. 金属学与热处理. 北京：机械工业出版社，2007.

[6] 靳正国，郭瑞松，侯信，等. 材料科学基础. 天津：天津大学出版社，2015.

[7] 胡庚祥，蔡珣，戎咏华. 材料科学基础. 上海：上海交通大学出版社，2010.

[8] 陈惠芬. 金属学与热处理. 北京：冶金工业出版社，2009.

[9] 张伟强. 固态金属及合金中的相变. 北京：国防工业出版社，2016.

[10] 赵乃勤. 合金固态相变. 长沙：中南大学出版社，2008.

[11] 肖纪美. 合金相与相变. 北京：冶金工业出版社，2004.

[12] 侯增寿，卢光熙. 金属学原理. 上海：上海科学技术出版社，1990.

[13] 李恒德. 现代材料科学与工程辞典. 济南：山东科学技术出版社，2001.

[14] 刘宗昌，任慧平，宋义全，等. 金属固态相变教程. 北京：冶金工业出版社，2011.

[15] 李松瑞，周善初. 金属热处理. 长沙：中南工业大学出版社，2003.

[16] 戚正风. 金属热处理原理. 北京：机械工业出版社，1987.

[17] 陈景榕，李承基. 金属与合金中的固态相变. 北京：冶金工业出版社，1997.

[18] 刘宗昌，袁泽喜，刘永长. 固态相变. 北京：机械工业出版社，2010.

[19] 胡赓祥，钱苗根. 金属学原理. 上海：上海科学技术出版社，1980.

[20] Grossmann M A，Bain E C. Principles of Heat Treatment. 5th ed. ASM，1964.

[21] ASTM Standard Test Methods for Determining Average Grain Size：E112—96.

[22] Melloy G F. Austenite Grain Size——Its Control and Effects. ASM，1968.

[23] 肖纪美，等. 特殊钢——航空结构钢奥氏体晶粒度专辑. 冶金部特殊钢情报网，1982：6.

[24] 白静. Ni-Mn（Fe，Co）-Ga（In）磁致形状记忆合金的结构、热稳定性和磁性能的第一原理计算. 沈阳：东北大学，2012.

[25] Kennon N F. 钢的组织转变. 姚忠凯，等译. 北京：机械工业出版社，1980.

[26] 刘云旭. 钢的等温处理. 北京：机械工业出版社，1981.

[27] 刘云旭. 金属热处理原理. 北京：机械工业出版社，1981.

[28] 上海交通大学. 金相分析. 北京：国防工业出版社，1980.

[29] 杨静. 高碳合金钢低温等温转变组织特征与力学性能的研究. 秦皇岛：燕山大学，2011.

[30] 王亚男，陈树江，董希淳. 位错理论及其应用. 北京：冶金工业出版社，2007.

[31] 王世洪. 铝及铝合金热处理. 北京：机械工业出版社，1986.

[32] 耿振华，陈志谦，李春梅，等. 双级时效对 AA7050 合金组织和性能的影响. 金属热处理，2012，37（12）：60-64.

[33] 唐剑，王德满，刘静安. 铝合金熔炼与铸造技术. 北京：冶金工业出版社，2009.

[34] 李念奎，凌昊. 铝合金材料及其热处理技术. 北京：冶金工业出版社，2012.

[35] 邢淑仪，王世洪．铝合金和钛合金．北京：机械工业出版社，1987.

[36] 刘静安，谢水生．铝合金材料的应用与技术开发．北京：冶金工业出版社，2004.

[37] 康建可，郑英，周筱静，等．循环加载时效对 Al-Cu 铸造材料组织与性能的影响．中国有色金属学报，2014，24（3）：637-642.

[38] 权力伟．2××× 高强铝合金在加载时效过程析出相的形成规律及力学性能研究．沈阳：东北大学，2011.

[39] 李景坤．浅谈铝合金在汽车上的应用．内燃机与配件，2017，18：32-33.

[40] 丁文江．镁合金科学与技术．北京：科学出版社，2007.

[41] 徐河，刘静安，谢水生．镁合金制备与加工技术．北京：冶金工业出版社，2007.

[42] 刘静安，盛春磊．镁及镁合金的应用及市场发展前景．有色金属加工，2007，36（2）：1-5.

[43] 孙全喜，战中学，李进军．汽车用镁合金的现状和发展前景．内蒙古科技与经济，2008，9：73-76.

[44] 张津，章宗和．镁合金及应用．北京：化学工业出版社，2000.

[45] 刘兵．镁行业的发展趋势．有色金属工业，2002，9：10-12.

[46] 耿浩然，滕新营，王艳．铸造铝、镁合金．北京：化学工业出版社，2007.

[47] 余琨，黎文献，李松瑞．变形镁合金材料的研究进展．轻合金加工技术，2001，29（7）：6-11.

[48] 杨程，杜红星，刘晓平．镁合金在 3C 产品中应用现状及前景展望．铸造设备研究，2005，6：46-49.

[49] 丁文江，吴玉娟，彭立明，等．高性能镁合金研究及应用的新进展．中国材料进展，2010，29：37-45.

[50] 汤伊金．Mg-Gd 二元合金的时效析出相变研究，上海：上海交通大学，2014.

[51] 李元元，张卫文，刘英，等．镁合金的发展动态和前景展望．特种铸造及有色合金，2004，1：14-17.

[52] 石雅静，李全安，任文亮．耐热镁合金的开发与研究现状．轻合金加工技术，2009，37（5）：1-6.

[53] 曾荣昌，柯伟，徐永波．镁基轻质合金材料的最新发展及应用前景．金属学报，2001，37（7）：673-685.

[54] 张诗昌，魏伯康，林汉同．耐热高温压铸镁合金的发展及研究现状．中国稀土学报，2003，21：150-152.

[55] 高自省．镁合金压铸生产技术．北京：冶金工业出版社，2012.

[56] 田畅．铸造 Al-Si-X 系合金时效初期组织演变的计算与模拟，沈阳：沈阳工业大学，2014.

[57] 曾小勤，王渠东，吕宜振．镁合金应用新进展．铸造，1998，11：39-43.

[58] 梁艳，黄晓锋，王韬，等．高强镁合金的研究状况及发展趋势．中国铸造装备与技术，2009，1：8-12.

[59] 邓志谦．铜及铜合金物理冶金基础．长沙：中南大学出版社，2010.

[60] 约翰·D·费豪文．物理冶金学基础．卢光熙，赵子伟，译．上海：上海科学技术出版社，1980.

[61] 韦斯特，铜和铜合金．陈北盈，等译．长沙：中南工业大学出版社，1987.

[62] 汪复兴．金属物理．北京：机械工业出版社，1981.

[63] 郭凯旋．铜和铜合金牌号与金相图谱速用速查及金相检测技术创新应用指导手册．北京：中国知识出版社，2005.

[64] 侯增寿．实用三元合金相图．上海：上海科学技术出版社，1983.

[65] 刘平，任凤章，贾淑果．铜合金及其应用．北京：化学工业出版社，2007.